普通高等教育"十二五"规划教材

U0143571

多媒体技术与应用

主　编　郭小燕　张　明

副主编　张　娟　郭　丽

中国水利水电出版社
www.waterpub.com.cn

内容提要

本书以多媒体作品的开发流程为顺序，以能够开发出一个完整而又实用的多媒体作品为目的进行编写。作者在结合多年对多媒体技术及应用这门课程教学经验的基础上，对多媒体技术及其常用软件的使用进行了深入的探讨和研究，并且将其思想和经验贯穿于整个写作过程中。

全书共 7 章，主要内容包括多媒体技术基础知识、图像处理技术、音频处理技术、动画制作技术、视频处理技术、多媒体平台设计和光盘制作技术等内容。每章后均配有习题、习题参考答案和综合应用实训，有利于读者巩固所学知识和进行实训。

本书结构新颖、选材丰富、叙述简明、深入浅出、重点突出，可作为高等院校计算机相关专业的教材，也可作为社会培训人员和多媒体创作爱好者的必备读物。

为了方便课堂教学，本书配有免费电子教案和书中所有实例源文件及相关素材，读者可到中国水利水电出版社网站（http://www.waterpub.com.cn/softdown）下载。

图书在版编目（ＣＩＰ）数据

多媒体技术与应用 / 郭小燕，张明主编. -- 北京：
中国水利水电出版社，2012.6
普通高等教育"十二五"规划教材
ISBN 978-7-5084-9855-3

Ⅰ．①多… Ⅱ．①郭… ②张… Ⅲ．①多媒体技术－
高等学校－教材 Ⅳ．①TP37

中国版本图书馆CIP数据核字(2012)第127159号

书　　名	普通高等教育"十二五"规划教材 **多媒体技术与应用**
作　　者	主编 郭小燕 张 明 副主编 张 娟 郭 丽
出版发行	中国水利水电出版社 （北京市海淀区玉渊潭南路 1 号 D 座　100038） 网址：www.waterpub.com.cn E-mail：sales@waterpub.com.cn 电话：（010）68367658（发行部）
经　　售	北京科水图书销售中心（零售） 电话：（010）88383994、63202643、68545874 全国各地新华书店和相关出版物销售网点
排　　版	北京零视点图文设计有限公司
印　　刷	北京瑞斯通印务发展有限公司
规　　格	184mm×260mm　16 开本　18 印张　507 千字
版　　次	2012 年 6 月第 1 版　2012 年 6 月第 1 次印刷
印　　数	0001—3000 册
定　　价	32.00 元

前　　言

随着科学技术的进步与多媒体计算机的逐渐普及，多媒体技术及其应用已经逐渐融入到人们工作生活中的各个方面。多媒体技术的发展推动了一大批多媒体制作软件的产生，本书将其中较为优秀的软件组合在一起，构成了一本集 ACDSee、GoldWave、Flash、会声会影、Authorware、AutoPlay Media Studio 等当今流行的多媒体软件于一体，从基础操作逐渐过渡到作品开发高级应用的教材。通过本书的学习，可以让读者开发出一个完整而又实用的多媒体作品。

本书采用了目前最为流行的任务驱动式的教学模式编写，深入浅出地介绍了利用多媒体制作软件完成某一开发任务的操作方法。本书为每个重要的知识点均设计了经典的操作实例，并且对实例进行了详细的解析，在每章的最后还精心设计了综合性实例，同时配以大量的课后习题与上机操作题，因此本书是一本可读性强和实用性高的教材。

全书共分为 7 章，主要内容如下：

（1）第 1 章多媒体技术基础知识：主要介绍多媒体与多媒体技术的基本概念，多媒体的组成以及多媒体的基本特征，并在此基础上介绍多媒体计算机系统的基本组成，引申出多媒体作品的开发流程，引入了相关多媒体素材制作软件和多媒体作品开发软件。

（2）第 2 章图像处理技术：以图形和图像的基本概念以及图像的参数和图像文件格式为基础，介绍图像的各种获取和处理方法，着重介绍图像浏览与简单处理软件 ACDSee 在多媒体开发中的应用。

（3）第 3 章音频处理技术：在介绍音频的基本概念、特征和相关技术参数、文件格式的基础上介绍几种常用的音频文件的获取方法，并着重介绍音频处理软件 GoldWave 的使用方法。

（4）第 4 章动画制作技术：介绍动画的基本概念，Flash 的工作界面及基本操作，介绍矢量图形的绘制方法，重点介绍在 Flash 中导入外部素材、进行逐帧动画、动作动画、形状动画、引导动画和遮罩动画的制作。

（5）第 5 章视频处理技术：以视频的基本概念和视频文件的常见格式为出发点重点介绍如何利用视频处理软件——会声会影进行视频文件的捕获、编辑和分享处理的过程。

（6）第 6 章多媒体平台设计：介绍 Authorware 的主界面和基本操作以及各种媒体元素的设计、动画制作、交互设计、变量和函数、作品的打包发布等内容。重点介绍多媒体元素的整合以及多媒体作品的整体开发。

（7）第 7 章光盘制作技术：以 AutoPlay Media Studio 工具软件为主介绍光盘自动启动系统的制作、光盘的外包装设计，然后以 Nero 为例介绍光盘的刻录技术。

本书结构新颖、选材丰富、叙述简明、深入浅出、重点突出，可作为高等院校计算机相关专业的教材，也可作为社会培训人员和多媒体创作爱好者的必备读物。

虽然作者在编写过程中力求严谨，但也难免存在不足与疏漏之处，敬请广大读者朋友批评指正。

作者
2012 年 1 月

目 录

第 1 章　多媒体技术基础知识

多媒体技术是计算机技术和社会需求的综合产物。迄今为止，计算机技术已经渗透到人类社会的方方面面。计算机技术由早期的以数值计算、自动控制等为主，过渡到了以多媒体技术和网络技术为主。随着计算机软硬件技术的发展和提高，多媒体技术已成为当前最受人们关注的热点技术之一，也成为计算机技术的重要发展方向。

本章主要内容（主要知识点）：

- 多媒体的概念、组成元素、发展及应用
- 多媒体计算机的系统
- 开发多媒体作品的流程结构
- 多媒体技术的相关应用软件

教学目标：

- 掌握多媒体相关概念、媒体组成元素
- 掌握多媒体计算机硬件系统和软件系统的组成
- 了解多媒体的发展和应用
- 了解多媒体元素加工软件和多媒体平台软件

本章重点：

- 多媒体与多媒体技术的概念
- 多媒体计算机系统的组成

本章难点：

- 多媒体计算机系统的组成

1.1　多媒体技术概述

自 20 世纪 80 年代末以来，随着电子技术和大规模集成电路的发展，计算机技术、通信技术和广播电视技术迅速发展并相互渗透，相互融合，形成了一门崭新的技术，即多媒体技术。多媒体技术是利用计算机对文本、图形、图像、音频、视频和动画等多种媒体信息进行采集、压缩、存储、控制、编辑、变换、解压缩、播放、传输等数字化综合处理，使多种媒体信息建立逻辑连接，使之具有集成性和交互性等特征的系统技术。

1.1.1　多媒体与多媒体技术

1. 多媒体

多媒体的英文单词是 Multimedia，它由 media 和 multi 两部分组成。一般理解为多种媒体的综合。媒体（Media）就是人与人之间实现信息交流的中介，简单地说，就是信息的载体，也称为媒介。国际电信联盟远程通信标准化组 ITU-T 将媒体分为感觉媒体、表示媒体、表现媒体、存储媒体和传输媒体。

- 感觉媒体：感觉媒体指的是能直接作用于人们的感觉器官，从而能使人产生直接感觉的媒体。如文字、数据、声音、图形、图像等。
- 表示媒体：表示媒体指的是为了传输感觉媒体而人为研究出来的媒体，借助于此种媒体，能有效地存储感觉媒体或将感觉媒体从一个地方传送到另一个地方，如语言编码、电报码、条形码等。
- 表现媒体：表现媒体指的是用于通信中使电信号和感觉媒体之间产生转换用的媒体，如输入、输出设备，包括键盘、鼠标器、显示器、打印机等。
- 存储媒体：存储媒体指的是用于存放表示媒体的媒体，如纸张、磁带、磁盘、光盘等。
- 传输媒体：传输媒体指的是用于传输某种媒体的物理媒体，如双绞线、电缆、光纤等。

多媒体就是多重媒体的意思，在多媒体计算机技术中，我们可以理解为直接作用于人感官的文字、图形、图像、动画、声音和视频等各种媒体的统称，即多种信息载体的表现形式和传递方式。按照使用领域的不同多媒体可以分为广义多媒体和狭义多媒体。广义多媒体指的是能传播文本、图形、图像、声音、动画和视频等多种类型信息的手段、方式或载体。包括电影、电视、CD-ROM（Compact Disc Read-Only Memory）、VCD、DVD（Digital Versatile Disc）、电脑、网络等。狭义多媒体指的是融合两种以上传播手段、方式或载体的，用以人机交互式信息交流和传播的媒体，或者说是指在计算机控制下把文本、图形、图像、声音、动画和视频等多种类型的信息混合在一起交流传播的手段、方式或载体，如多媒体电脑、Internet 等。

2．多媒体技术

多媒体技术是一个涉及面极广的综合技术，是开放性的没有最后界限的技术。多媒体技术就是把文字、图片、声音、视频等媒体通过计算机集成在一起的技术。即通过计算机把文本、图形、图像、声音、动画和视频等多种媒体综合起来，使之建立起逻辑连接，并对它们进行采样量化、编码压缩、编辑修改、存储传输和重建显示等处理。多媒体技术的研究涉及计算机硬件、计算机软件、计算机网络、人工智能、电子出版等，其产业涉及电子工业、计算机工业、广播电视、出版业和通信业等。

1.1.2　多媒体的组成元素

多媒体是多种媒体的有机组合，在计算机领域是指计算机与人进行交流的多元化信息，常用的媒体元素主要包括文本、图形、图像、声音、动画和视频等。

1．文本

文本是以字母、数字、汉字和各种专用符号表达信息的形式，是现实生活中使用最多的一种信息存储和传递方式。文本主要用于对多媒体对象的知识描述性表示。在多媒体应用中主要采用文字编辑软件（例如 Word）生成文本文件或者使用图像编辑软件形成图形方式的文字。

2．图形

图形是采用算法语言或应用软件生成的从点、线、面到三维空间的黑白或彩色的几何图，它多为矢量图，如几何图、工程图、统计图等。图形文件的常见格式有：PIF、DXF、SLD、DRW、GKS、IGS、SWF 等。

3．图像

图像是多媒体软件中最重要的信息表现形式之一，它是决定一个多媒体软件视觉效果的关键因素。图像是指通过计算机图像处理软件（如 Photoshop）等绘制、处理的或者通过数码相机实际拍摄得到的各种图片。图像文件的主要格式有：BMP、JPEG、GIF、TIF、PSD、PNG 等。

4.　声音

声音是人们用来传递信息、交流感情最方便、最熟悉的方式之一。声音在计算机领域主要指储存在计算机里的各种数字化音频文件。人能够听到的各种声音都称之为音频，音频可以通过声卡和音乐编辑处理软件采集，存储下来的音频文件可以使用相应的音频播放软件进行播放。

数字音频主要分为波形声音和 MIDI 音乐两类：波形声音通过录音方式生成，在录音过程中对声音进行采样量化，再进行数字化处理后保存就会生成相应的音频，其主要文件格式有：WAV、MP3 等；MIDI 音乐是符号化了的声音，它将乐谱转变为符号媒体进行存储。也就是说 MIDI 音乐是利用计算机技术合成的声音，其主要文件格式有 MID、CMF 等。

5.　动画

动画是利用人的视觉暂留特性，利用计算机技术合成一系列连续运动变化的图形序列，并快速播放这些连续运动变化的图形图像，使人在视觉上产生连动效应，它包括画面的缩放、旋转、变换、淡入淡出等特殊效果。通过动画可以把抽象的内容形象化，使许多难以理解的教学内容变得生动有趣。合理使用动画可以达到事半功倍的效果。动画有矢量动画和帧动画之分，动画文件的常见格式有：GIF、Flash 等。

6.　视频

视频是指现实生活中动态的影像，如电影、VCD 等。视频影像具有丰富的信息内涵，常用于交待事物的前后发展过程。视频主要通过摄像机、摄像头等视频采集工具采集得来，视频文件的格式有：AVI、MOV、MPEG、RMVB 等。

1.1.3　多媒体技术的特征

多媒体技术有以下几个主要特征。

1.　集成性

多媒体技术的集成性包括两个方面的含义，一方面是指通过多媒体技术可以将原来独立的媒体如文本、图形、图像、声音、动画和视频等融合为一个有机的整体。另一方面是指需要处理这些媒体信息的硬件系统和软件系统的集成。

2.　交互性

交互性是多媒体应用有别于传统信息交流媒体的主要特点之一，也是多媒体技术的关键特征，是指用户可以与计算机进行多种媒体信息的交互，从而实现对媒体信息的有效控制和利用。传统信息交流媒体只能通过广播、电视、报纸等媒介单向地、被动地传播信息，而多媒体技术则可以通过计算机实现人对信息的主动选择和控制。

3.　非线性

多媒体技术的非线性特点将改变人们传统顺序性的读写模式。以往人们的读写方式大都采用章、节、页的框架，循序渐进地获取知识，而多媒体技术将借助超文本链接（Hyper Text Link）的方法，把内容以一种更灵活、更具变化的方式呈现给读者。

4.　实时性

多媒体技术中的很多元素，如声音、视频、动画等都与时间密切相关，这就对多媒体技术在时序性上提出了很高的要求，实时性也正是应对于这一要求而发展起来的新的特性。当用户给出操作命令时，相应的多媒体信息都能够得到实时控制。

5.　信息使用的方便性

利用多媒体技术，用户可以按照自己的需要、兴趣、偏爱、任务要求和认知特点来使用信息，任意选择文本、图形、图像、声音、动画和视频等信息进行使用处理。

6. 信息结构的动态性

多媒体技术具有灵活多样性，其表现形式丰富多彩，用户可以按照自己的目的和认知特征重新对现有的信息进行组织加工、增加、删除或修改节点，生成新的信息表现形式。

1.1.4　多媒体技术的发展

1. 多媒体技术发展的历史

1984 年 Apple 公司推出的 Macintosh 计算机引入了 Bitmap（位映射）的概念来对图形进行处理，并使用了窗口和图形符号（Icon）作为用户接口。Apple 公司的 MAC 计算机被公认为是最佳的个人计算机之一。新版本的 Macos 7.0 新加入了语音压缩功能，加上全真彩色图像的快速绘图系统以及 Hypercard 的应用，它将成为多媒体开发的理想环境。著名的多媒体简报系统 Director 也使用在 MAC 计算机上。

1986 年 3 月，荷兰的 Philips 公司和日本的 Sony 公司共同制定了交互式紧凑光盘系统 CD-I（Compact Disc Interactive）。同时还公布了 CD-ROM 的文件格式，这就是以后的 ISO 标准。该系统把高质量的声音、文字、计算机程序、图形、动画以及静止图像等均以数字的形式存放在容量为 650MB 的 5 英寸只读光盘上，从而使多媒体信息的存储规范化和标准化。

1987 年 3 月，RCA 公司推出了交互式数字视频系统 DV-I（Digital Video-Interactive）。它以计算机技术为基础，用标准光盘片来存储和检索静止图像、活动图像、声音和其他数据。

1989 年 IBM 又推出 AVC（Audio Visual Connection）系统，可作为多媒体简报系统，提供立体声输入输出、全真彩色图像输入输出，以及声音和图像编辑、展示等功能。与此同时，IBM 与 Intel 公司签订了数字视频交互技术（DVI）授权，并推出 Action Media 多媒体系统，包含有：声音/视频摄像版、DVI 压缩/解压缩版以及相应的软件，以此满足动态实时图像放录的需要。

1990 年 11 月由 PHILIPS 等 14 家厂商组成的多媒体市场协会应运而生。今后要用 MPC 这个标志，就要按这个协会所定的技术规格。MPC 标准的第一个层次是在一台 10MHz 286AT 的基础上增加硬盘和 CD-ROM，现在这个标准改为采用 16MHz 的 386SX。1993 年推出的第二个层次的标准包括全活动视频图像，并将音频采样提高到 16 位。

1991 年第六届国际多媒体和 CD-ROM 大会上宣布的扩展结构体系标准 CD-ROM/ XA，目的是填补原有标准在音频方面的漏洞。

1993 年 MPC Level Ⅱ 引入的软件，使人们能够在计算机上播放和欣赏 VCD 及动画。

1995 年公布了 MPC3 标准。MPC3 标准制定了视频压缩技术 MPEC 的技术指标，使视频播放技术更加成熟和规范化，并且制定了采用全屏幕播放和使用软件进行视频数据解压缩等技术标准。

2. 多媒体技术的发展方向

总的来看，多媒体技术正向两个方向发展。

（1）网络化。技术的创新和发展将使诸如服务器、路由器、转换器等网络设备的性能越来越高，包括用户端 CPU、内存、图形卡等在内的硬件能力空前扩展，人们将受益于无限的计算和充裕的带宽，它使网络应用者改变以往被动地接受处理信息的状态，以更加积极主动的姿态去参与眼前的网络虚拟世界。多媒体技术的发展使多媒体计算机将形成更完善的计算机支持的协同工作环境，消除了空间距离的障碍，也消除了时间距离的障碍，为人类提供更完善的信息服务。交互的、动态的多媒体技术能够在网络环境创建出更加生动逼真的二维与三维场景，人们还可以借助摄像等设备，把办公室和娱乐工具集合在终端多媒体计算机上，可在世界任一角落与千里之外的同行在实时视频会议上进行市场讨论、产品设计，欣赏高质量的图像画面。新一代用户界面（UI）与智能人工（Intelligent Agent）等网络化、人性化、个性化的多媒体软件的应用还可使不同国籍、不同文化背景和不同文化程度的人们通过"人机对话"，消除他们之间的隔阂，自由地沟通与了解。

世界正迈进数字化、网络化、全球一体化的信息时代。信息技术将渗透着人类社会的方方面面，其中网络技术和多媒体技术是促进信息社会全面实现的关键技术。MPEG 曾成功地发起并制定了 MPEG-1、MPEG-2 标准，现在 MPEG 组织也已完成了 MPEG-4 标准的 1、2、3、4 版本的标准，2001 年 9 月完成 MPEG-7 标准的制定工作，同时在 2001 年 12 月完成 MPEG-21 的制定工作。

（2）多媒体终端的部件化、智能化和嵌入化。目前多媒体计算机硬件体系结构，多媒体计算机的视频音频接口软件不断改进，尤其是采用了硬件体系结构设计和软件、算法相结合的方案，使多媒体计算机的性能指标进一步提高，但要满足多媒体网络化环境的要求，还需对软件作进一步的开发和研究，使多媒体终端设备具有更高的部件化和智能化，对多媒体终端增加文字的识别和输入、汉语语音的识别和输入、自然语言理解和机器翻译、图形的识别和理解、机器人视觉和计算机视觉等智能。

嵌入式多媒体系统可应用在人们生活与工作的各个方面，工业控制和商业管理领域，如智能工控设备、POS/ATM 机、IC 卡等；家庭领域，如数字机顶盒、数字式电视、WebTV、网络冰箱、网络空调等消费类电子产品，此外，嵌入式多媒体系统还在医疗类电子设备、多媒体手机、掌上电脑、车载导航器、娱乐、军事方面等领域有着巨大的应用前景。

1.1.5　多媒体技术的应用

多媒体技术的应用领域非常广泛，几乎遍布各行各业以及人们生活的各个角落。由于多媒体技术具有直观、信息量大、易于接受和传播迅速等显著的特点，多媒体应用领域的拓展也十分迅速。近年来，随着国际互联网的兴起，多媒体技术也渗透到国际互联网上，并随着网络的发展和延伸不断地成熟和进步。

1. 教育领域

教育领域是应用多媒体技术最早的领域，也是进展最快的领域。通过电子教案、形象教学、模拟交互过程、网络多媒体教学、仿真工艺过程等多媒体方式，以最容易接受的多媒体形式使人们接受教育，增加学习的主动性和趣味性。

（1）CAI 计算机辅助教学。CAI（Computer Assisted Instruction）计算机辅助教学是多媒体技术在教育领域中应用的典型范例，它是新型的教育技术和计算机技术相结合的产物，其核心内容是指以计算机多媒体技术为教学媒介而进行的教学活动。教育领域最适合使用多媒体进行辅助教学，以多媒体计算机为辅助设备的教学手段丰富多彩，通过多媒体教学课件进行课堂教学比传统的教学方式更加生动、有趣。

（2）CAL 计算机辅助学习。CAL（Computer Assisted Learning）计算机辅助学习也是多媒体技术应用的一个方面，CAL 向受教育者提供有关学习的帮助信息。

（3）CBI 计算机化教学。CBI（Computer Based Instruction）计算机化教学是近年来发展起来的，它代表了多媒体技术应用的最高境界，CBI 将使计算机教学手段从"辅助"位置走到前台来，成为主角，CBI 也成为教育方式的主流和发展方向。

（4）CBL 计算机化学习。CBL（Computer Based Learning）计算机化学习是充分利用多媒体技术提供学习机会和手段。在计算机技术的支持下，受教育者可在计算机上自主学习多学科、多领域的知识。

（5）CAT 计算机辅助训练。CAT（Computer Assisted Training）计算机辅助训练是一种教学辅助手段，它通过计算机提供多种训练科目和练习，使教育者加速消化所学知识，充分理解与掌握重点和难点。

（6）CMI 计算机管理教学。CMI（Computer Managed Instruction）计算机管理教学，主要是利用计算机技术解决多方位、多层次教学管理的问题。

2. 商业广告领域

多媒体技术被广泛应用在影视商业广告、公共招贴广告、大型显示屏广告、市场广告、企业广告等，利用多媒体技术制作的广告不同于普通的平面广告，它可以调动人们的视觉、听觉、感觉，所以在商业广告中占绝对的优势。图 1-1 展示了多媒体技术在互联网广告领域的直观性和交互性。

图 1-1　搜狐网商业广告

3. 影视娱乐领域

多媒体技术在影视娱乐业作品的制作和处理上被广泛采用，主要应用于电影特技，变形效果，电视、电影或卡通混编特技，演艺界 MTV 特技制作，三维成像模拟特技，仿真游戏，特殊视觉和听觉效果合成和制作等方面。

4. 过程模拟

使用多媒体技术可以模拟再现一些难以描述或再现的自然现象、操作环境等过程。例如火山喷发、战斗模拟、天体演化、分子运动等过程。使用多媒体技术来模拟这些事物的发生过程，可以使人们轻松、形象地了解事物变化的原理和关键环节，使复杂、难以用语言准确描述的不同变化过程变得简单具体。图 1-2 展示了军事战斗模拟过程。

图 1-2　军事太空激光武器作战模拟过程

5. 互联网领域

多元化信息自由发展和国际互联网的迅猛发展，在很大程度上促进了多媒体技术的发展，同时多媒体技术的发展也进一步推动了互联网的繁荣。互联网领域的多媒体技术主要应用于现代网络远程教育、网络广告、远程网络诊疗、基于网络的虚拟现实等方面。当前用于互联网络的多媒体关键技术，可以分为媒体处理与编码技术、多媒体系统技术、多媒体信息组织与管理技术、多媒体通信网络技术、多媒体人机接口与虚拟现实技术，以及多媒体应用技术这 6 个方面。

1.2　多媒体计算机系统的构成

多媒体计算机系统不是单一的技术，它是多种信息技术的集成，多媒体计算机系统将多种技术综合应用到一台计算机系统中，实现了信息输入、信息处理和信息输出等多种功能。一般的多媒体计算机系统由多媒体硬件系统和多媒体软件系统两大部分的内容组成。

1.2.1　多媒体计算机

所谓多媒体计算机（Multimedia Personal Computer，MPC）就是指具有了多媒体处理功能的个人计算机，它的结构与一般所用的个人机并无太大的差别，只不过在软硬件配置方面要求高了一些。多媒体计算机的基本组成如图 1-3 所示。

图 1-3　多媒体计算机的基本组成

1. 多媒体计算机的硬件系统

多媒体硬件系统包括计算机基本硬件、声音/视频处理器、多种媒体输入/输出设备及信号转换装置、通信传输设备及接口装置等。其中，最重要的是根据多媒体技术标准而研制生成的多媒体信息处理芯片、板卡和光盘驱动器等。

（1）基本硬件配置。一般来说，多媒体个人计算机（MPC）的基本硬件要求至少配置一个功能强大、速度快的中央处理器（CPU），它可以管理、控制各种接口与设备的配置；并且具有一定容量的存储空间，可以存放大量数据；性能优越的输入设备和输出设备等。

1）中央处理器（Central Processing Unit，CPU），是计算机的核心配件，如图 1-4 所示，CPU只有火柴盒那么大，几十张纸那么厚，但它却是一台计算机的运算核心和控制核心。计算机中所有的操作都是由 CPU 负责读取指令，对指令译码并执行的。其功能主要是解释计算机指令以及处理计算机软件中的数据。CPU 由运算器和控制器组成的。运算器是运算逻辑部件，可以执行定点数或浮点数的算术运算操作、移位操作以及逻辑操作，也可以执行地址的运算和转换。控制器是主要控制部件，主要负责对指令译码，并且发出为完成每条指令所要执行的各个操作的控制信号。

2）存储器。存储器（Memory）是计算机系统中的记忆设备，用来存放程序和数据。计算机中的全部信息，包括输入的原始数据、计算机程序、中间运行结果和最终运行结果都保存在存储器中。

它根据控制器指定的位置存入和取出信息。有了存储器,计算机才有记忆功能,才能保证正常工作。按用途存储器可分为主存储器(内存)和辅助存储器(外存),也有分为外部存储器和内部存储器的分类方法。外存通常是磁性介质或光盘等,能长期保存信息。外存储器存储容量大,价位较高,一般用于存放系统程序和大型数据文件及数据库,关闭电源断电后外存储器中的内容不会丢失。内存储器存储容量较小,价位较低。一般又可将内存储器分为只读存储器(ROM)和随机存储器(RAM)两种。随机存储器(RAM)一般用来存放当前正在执行的数据和程序,但仅用于暂时存放程序和数据,关闭电源或断电,数据会丢失,随机存储器(RAM)是既能读出又能写入的半导体存储器。只读存储器(ROM)在制造过程中,将资料以一种特制光罩(Mask)烧录于线路中,其资料内容在写入后就不能更改,所以有时又称为"光罩式只读内存"(Mask ROM)。此内存的制造成本较低,常用于计算机中的开机启动,如计算机启动用的 BIOS 芯片。只读存储器(ROM)较随机存储器(RAM)而言存取速度很低,且不能改写。图1-5 为各种存储器。

图1-4 CPU

图1-5 各种存储器

3)输入设备。输入设备是向计算机输入数据和信息的设备。输入设备是用户和计算机系统之间进行信息交换的主要装置之一。常用的主要输入设备有键盘、鼠标、摄像头、扫描仪、数码照相机、数码摄像机、手写输入板、游戏杆、语音输入装置等。各种多媒体信息如文本、声音、图形、图像、动画、视频等通过输入设备输入到计算机中,可以进行存储,处理和输出等操作。图1-6 为常用的输入设备。

手写笔   手持扫描仪   摄像头

数码照相机   数码摄像机

图1-6 输入设备

4)输出设备。输出设备是人与计算机交互的一种部件,用于数据的输出。它把各种计算结果数据或信息以数字、字符、图像、声音等形式表示出来。常见的有显示器、打印机、绘图仪、投影仪、语音输出系统、磁记录设备等。图1-7 为常用的输出设备。

打印机

绘图仪

投影仪

图 1-7 输出设备

（2）扩充硬件配置。

1）光盘驱动器。光盘驱动器包括 CD-ROM 驱动器、可重写光盘驱动器（CD-R）和 WORM 光盘驱动器。其中 CD-ROM 驱动器为 MPC 带来了价格便宜的 650M 存储设备。目前市场中存有图形、动画、图像、声音、文本、数字音频、程序等资源的 CD-ROM 早已广泛使用，光驱已经是多媒体计算机中最基本的配置了。可重写光盘和 WORM 光盘价格较贵，目前还不是非常普及。随着 DVD 在市场中的出现，由于它的存储量更大，双面可达 17GB，因此逐渐替代了 VCD，也是升级换代的理想产品。

2）音频卡。在音频卡上连接的音频输入输出设备包括话筒、音频播放设备、MIDI 合成器、耳机、扬声器等。数字音频处理的支持是多媒体计算机的重要方面，音频卡具有 A/D 和 D/A 音频信号的转换功能，可以合成音乐、混合多种声源，还可以外接 MIDI 电子音乐设备。

3）图形加速卡。图文并茂的多媒体表现需要分辨率高，而且同屏显示色彩丰富的显示卡的支持，同时还要求具有 Windows 的显示驱动程序，并在 Windows 下的像素运算速度要快。所以现在带有图形用户接口 GUI 加速器的局部总线显示适配器使得 Windows 的显示速度大大加快。

4）视频卡。视频卡可细分为视频捕捉卡、视频处理卡、视频播放卡以及 TV 编码器等专用卡，其功能是连接摄像机、VCR 影碟机、TV 等设备，以便获取、处理和表现各种动画和数字化视频媒体。

5）扫描卡。扫描卡用来连接各种图形扫描仪，是常用的静态照片、文字、工程图输入设备。

6）打印机接口。打印机接口用来连接各种打印机，包括普通打印机、激光打印机、彩色打印机等，打印机现在已经是最常用的多媒体输出设备之一了。

7）交互控制接口。交互控制接口用来连接触摸屏、鼠标、手写笔等人机交互设备，这些设备将大大方便用户对 MPC 的使用。

8）网络接口。网络接口是实现多媒体通信的重要 MPC 扩充部件。计算机和通信技术相结合的时代已经来临，这就需要专门的多媒体外部设备将数据量庞大的多媒体信息传送出去或接收进来，通过网络接口相接的设备包括视频电话机、传真机、LAN 和 ISDN 等。

2. 多媒体计算机的软件系统

多媒体软件系统包括多媒体操作系统、媒体处理系统工具、用户应用软件等。

（1）多媒体操作系统。多媒体操作系统是多媒体核心系统（Multimedia Kernel System），负责控制和管理计算机的所有软硬件资源，对各种资源进行合理的调度和分配，改善资源的共享和利用状况，最大限度地发挥计算机的效能。操作系统还控制计算机的硬件和软件之间的协调运行，改善工作环境并向用户提供友好的人机交互界面。多媒体操作系统就是具有多媒体操作功能的系统。具有实时任务调度、多媒体数据转换等功能，保证音频、视频同步控制以及信息处理的实时性，并为用户提供多媒体信息的各种基本操作和管理。

（2）多媒体数据处理软件。多媒体数据处理软件是帮助用户编辑和处理各种媒体数据的工具软件。例如音频文件的处理软件（GoldWave、SoundEdit、CoolEdit 等）、图形图像的处理软件

（ACDSee、Photoshop、CorelDraw 等）、视频的处理软件（会声会影）、动画的编辑制作软件（Flash、3ds max）等。

（3）多媒体制作软件。多媒体制作软件是多媒体系统的重要组成部分，是帮助用户制作多媒体作品的工具。它们能够对文本、声音、图形、图像、动画、视频等多媒体数据进行控制和管理，按照要求制作多媒体作品。常见的多媒体制作软件有 Authorware、PowerPoint、Director 等。

（4）用户应用软件是根据多媒体系统终端用户要求而定制的应用软件或面向某一领域的用户应用软件系统，它是面向大规模用户的系统产品。多媒体用户应用软件是直接面向用户的，涉及的应用领域包括制造生产、教育培训、医疗卫生、广告影视等社会生活的各个方面。

1.2.2　多媒体辅助设备

常见的多媒体辅助设备有打印机、投影机、扫描仪、数码相机和触摸屏等。

1. 打印机

按照打印机的工作原理，可以将打印机分为击打式和非击打式两大类。击打式打印机主要有针式打印机；非击打式打印机主要有喷墨打印机和激光打印机。图 1-8 为各种打印机。

针式打印机　　　　　　喷墨打印机　　　　　　激光打印机

图 1-8　各种打印机

（1）针式打印机。针式打印机在打印机历史的很长一段时间中曾经占有着重要的地位，从 9 针到 24 针，可以说针式打印机的历史贯穿着这几十年的始终。针式打印机之所以在很长的一段时间内能长时间地流行不衰，这与它极低的打印成本和很好的易用性以及单据打印的特殊用途是分不开的。当然，它很低的打印质量、很大的工作噪声也是它无法适应高质量、高速度的商用打印需要的根结，所以现在只有在银行、超市等用于票单打印的很少的地方还可以看见它的踪迹。

（2）彩色喷墨打印机。彩色喷墨打印机因其有着良好的打印效果与较低价位的优点因而占领了广大中低端市场。此外喷墨打印机还具有更为灵活的纸张处理能力，在打印介质的选择上，喷墨打印机也具有一定的优势：既可以打印信封、信纸等普通介质，还可以打印各种胶片、照片纸、光盘封面、卷纸、T 恤转印纸等特殊介质。

（3）激光打印机。激光打印机则是近年来高科技发展的新产物，也是有望代替喷墨打印机的一种机型，分为黑白和彩色两种，它为我们提供了更高质量、更快速度、更低成本的打印方式。其中低端黑白激光打印机的价格目前已经降到了几百元，达到了普通用户可以接受的水平。它的打印原理是利用光栅图像处理器产生要打印页面的位图，然后将其转换为电信号等一系列的脉冲送往激光发射器，在这一系列脉冲的控制下，激光被有规律的放出。与此同时，反射光束被接收的感光鼓所感光。激光发射时就产生一个点，激光不发射时就是空白，这样就在接收器上印出一行点来。然后接收器转动一小段固定的距离继续重复上述操作。当纸张经过感光鼓时，鼓上的着色剂就会转移到纸上，印成了页面的位图。最后当纸张经过一对加热辊后，着色剂被加热熔化，固定在了纸上，就完成打印的全过程，这整个过程准确而且高效。虽然激光打印机的价格要比喷墨打印机昂贵的多，但从单页的打印成本上讲，激光打印机则要便宜很多。彩色激光打印机的价位很高，几乎都要在万元上下，应用范围较窄。

2．投影机

所谓投影机又称投影仪，投影机主要通过 3M LCOS RGB 三色投影光机和 720P 片解码技术，把传统庞大的投影机精巧化、便携化、微小化、娱乐化、实用化，使投影技术更加贴近生活和娱乐。投影机主要可分为家用视频型和商用数据型两类。

家用视频型投影机针对视频方面进行优化处理，其特点是亮度都在 1000 流明左右，对比度较高，投影的画面宽高比多为 16:9，各种视频端口齐全，适合播放电影和高清晰电视，适于家用用户使用。

商用数据型投影机主要显示微机输出的信号，用来商务演示办公和日常教学，亮度根据使用环境高低都有不同的选择，投影画面宽高比都为 4:3，功能全面，对于图像和文本以及视频都可以演示，基本所有型号都同时具有视频及数字输出接口。

投影机自问世以来发展至今已形成三大系列：LCD（Liquid Crystal Display）液晶投影机、DLP（Digital Lighting Process）数字光处理器投影机和 CRT（Cathode Ray Tube）阴极射线管投影机。

LCD 投影机的技术是透射式投影技术，目前最为成熟。投影画面色彩真实鲜艳，色彩饱和度高，光利用效率很高，LCD 投影机比用相同瓦数光源灯的 DLP 投影机有更高的 ANSI 流明光输出，目前市场高流明的投影机主要以 LCD 投影机为主。它的缺点是黑色层次表现不是很好，对比度一般都在 500:1 左右徘徊，现在有达到 10000:1 以上的了。投影画面的像素结构可以明显看到。

DLP 投影机的技术是反射式投影技术，是现在高速发展的投影技术。它的采用使投影图像灰度等级、图像信号噪声比大幅度提高，画面质量细腻稳定，尤其在播放动态视频时图像流畅，没有像素结构感，形象自然，数字图像还原真实精确。出于成本和机身体积的考虑，目前 DLP 投影机多采用单片 DMD 芯片设计，所以在图像颜色的还原上比 LCD 投影机稍逊一筹，色彩不够鲜艳生动。

CRT 投影机采用技术与 CRT 显示器类似，是最早的投影技术。它的优点是寿命长，显示的图像色彩丰富，还原性好，具有丰富的几何失真调整能力。由于技术的制约，无法在提高分辨率的同时提高流明，直接影响 CRT 投影机的亮度值，到目前为止，其亮度值始终徘徊在 300 流明以下，加上体积较大和操作复杂，已经被淘汰。

3．扫描仪

扫描仪（Scanner）是一种计算机辅助输入设备，利用光电技术和数字处理技术，以扫描的方式将图形或图像等信息转换为数字信号。如果配合适当的应用软件，扫描仪还可以进行文字的识别。

扫描仪的类型主要是滚筒式扫描仪和平面扫描仪，其他的还有笔式扫描仪、便携式扫描仪、馈纸式扫描仪、胶片扫描仪、底片扫描仪、名片扫描仪等。

4．数码照相机

数码相机又名数字式相机（Digital Camera，DC），是一种利用电子传感器把光学影像转换成电子数据的照相机。数码相机与普通照相机在胶卷上靠溴化银的化学变化来记录图像的原理不同，数码相机的传感器是一种光感应式的电荷耦合或互补金属氧化物半导体（CMOS）。在图像传输到计算机以前，通常会先储存在数码存储设备中。数码相机按用途分可为单反相机、卡片相机、长焦相机和家用相机等。

5．触摸屏

触摸屏（Touch Panel）又称为触控面板，是一个可接收触头等输入信号的感应式液晶显示装置，当接触了屏幕上的图形按钮时，屏幕上的触觉反馈系统可根据预先的编程驱动各种连结装置，可用以取代机械式的按钮面板，并借由液晶显示画面制造出生动的影音效果。触摸屏作为一种最新的计算机输入设备，它是目前最简单、方便、自然的一种人机交互方式。它赋予了多媒体以崭新的面貌，是极富吸引力的全新多媒体交互设备。触摸屏在我国的应用范围非常广，主要是公共信息的查询，如电信局、税务局、银行、电力等部门的业务查询；城市街头的信息查询；还应用于领导办公、工业控制、军事指挥、电子游戏、点歌点菜、多媒体教学、房地产预售等，将来触摸屏还要走入家庭。

1.3　多媒体作品的开发流程

多媒体产品就像一件艺术作品。好的表现形式能很好地表现主题，使人产生极深的印象。多媒体作品的开发是一个艰苦的创作过程，它不仅需要我们注意观察，多进行思考，更需要独特的创意。通常多媒体课件的开发流程主要包括以下几个步骤。

1. 需求分析

开发一个多媒体作品首先要进行市场需求分析，确定制作这个多媒体作品的必要性以及可行性，这些都是需求分析要解决的问题。

2. 课题分析

通过需求分析，确定一个多媒体作品的开发制作是必要的、可行的，那么下一步就要考虑这样的课题是否有必要以多媒体的形式表现，即对课题进行全面的分析，确定多媒体作品的主题、内容、规模和设计风格等。通常为了很好地表现主题，多媒体作品需要使用文本、声音、图形、图像和视频等多种媒体来表现，从而更好地发挥多媒体作品集文本、声音、图形、图像和视频等综合表现功能于一体的特点。

3. 多媒体作品的开发流程

整个多媒体作品的开发流程包括以下几个步骤：

（1）系统设计。系统设计就是规划设计多媒体作品的系统结构，系统结构就是根据课题分析的结构，按照由大到小、由轮廓到具体、由总体到详细的流程进行的一系列设计，从总体上把握整个多媒体的框架体系。

（2）编写脚本。在完成了对多媒体作品的系统结构设计以后，需要将系统结构设计中产生的各种细节性的想法表现出来，则需要编写出相应的脚本，它的作用相当于影视剧本或者多媒体教案。脚本中确定了各种媒体在计算机屏幕上的摆放位置、相互关系，以及什么时候出现音乐、解说词、动画、视频等内容。

（3）媒体素材的搜集与处理。以上工作完成之后，就需要搜集各种媒体素材，并按照要求进行加工处理。素材在多媒体课件中具有举足轻重的地位，同时也是多媒体开发过程中最花时间的一项繁重工作，搜集素材应根据脚本的需要来进行，素材的获取可以通过多种途径，如从 Internet 中获取、利用扫描仪扫描图像、利用数码相机获取图像、利用动画制作软件生成动画、用话筒输入语音或从各种多媒体素材光盘中获取素材等。

（4）多媒体元素的整合。素材准备好后，就要将这些素材按照设计的要求进行连接，形成完整的多媒体作品，这叫做整合。其主要任务是根据脚本和总体设计的要求，选用多媒体制作工具将各种多媒体素材组织起来，并加入各种控制，制作成操作灵活、视听效果好的多媒体作品。

（5）多媒体作品的测试与发行。多媒体作品制作完成后，要经过多次调试、修改、完善才能趋于成熟。这也是很重要的一个环节，是确保多媒体作品质量的最后一关，如果存在某些问题或不满意的地方，应继续修改，直到满意为止。

1.4　多媒体技术相关软件

多媒体作品的开发是一个系统而又复杂的工程，涉及文本、图形、图像、动画、视频、整合等诸多处理软件才能完成。

1.4.1　多媒体元素加工软件

1. 图形图像处理和浏览软件

在制作或后期处理图形图像时，应用最广泛的工具软件有 Photoshop，它主要用来进行专业的图形图像处理，应用灵活，功能强大，但学习起来比其他同类软件如 CorelDraw 和 FreeHand 较为复杂。如果用户需要更易学的工具，则友立公司（Ulead，现被 Corel 公司收购）的 PhotoImpact 和 Cool 3D 则更适合。前者内嵌了各种图形图像处理效果，能让用户非常轻松地编辑出各种特效图片。后者的主要功能是制作立体字、GIF 动画、标题、对象、标志等，使用起来也非常方便。另外，微软公司的 Office 套件——Photo Edit 和 FrontPage 伴侣——Image 同样也具有简单的图形图像处理功能。图形图像浏览软件最常用的有 ACDSee，它不仅支持 BMP、GIF、JPG、TGA、TIF 等常见的图形图像文件格式，还可以直接查看 GIF 格式的动画文件，并且打开文件的速度非常快。另外，CompuPic 和 PicView 也是高性能的看图软件。这几种软件除了有浏览功能外，还可方便地进行图形图像的格式、分辨率、色彩数的转换。ACDSee 的图像处理功能非常强大，所以本教材所涉及的图像处理都以 ACDSee 为主。

2. 音频处理软件

（1）Windows 自带的"录音机"程序。Windows 系统在其附件中都带有一个叫"录音机"的小程序。它不但可以播放、录制 WAV 格式的音频文件，还可以对 WAV 文件进行音量的增大和减小、对音频加速或减速、添加回音、进行反转等处理，另外可以对多个 WAV 文件进行合并，将两个 WAV 文件进行混合等。

（2）Adobe Audition。音频处理专业软件 Adobe Audition 的前身为 Cool Edit。2003 年 Adobe 公司收购了 Syntrillium 公司的全部产品，用于充实其阵容强大的音频视频处理软件系列。

Adobe Audition 功能强大，控制灵活，除了常规的播放多种格式的音频文件和录制声音文件的功能外，使用它可以剪切、合并、混合音频，还可以进行音频格式转换、改变频率、改变声道等，同时可以对音频进行降噪处理。另外还可以利用它创建数字音乐、制作广播短片、修复录制缺陷等。使用 Adobe Audition 2.0 软件，通过与 Adobe 视频应用程序的智能集成，还可将音频和视频的内容结合在一起，实现给视频配音的功效。

（3）GoldWave Editor。除了常规的音频处理功能外，GoldWave Editor 还能将编辑好的文件保存为 WAV、OGG、VOC、IFF、AIF、AFC、AU、SND、MP3、MAT、DWD、SMP、VOX、SDS、AVI、MOV、APE、MID 等格式，而且如果 CD-ROM 传输接口为 SCSI，它可以不经声卡，直接读取 CD-ROM 中的音乐来录制和编辑。另外，它内含丰富的音频处理特效，不仅支持一般的如多普勒、回声、混响、降噪等特效，还支持高级的公式计算，利用公式在理论上可以产生任何想要的声音效果。

本教材所涉及的音频处理以 GoldWave 为主。认真学完 GoldWave 的强大音频处理功能，就能够进行专业级别的音频处理，也能够为学习其他专业音频处理软件打下坚实的基础。

3. 视频处理软件

（1）Adobe Premiere。Premiere 是 Adobe 公司一款非常优秀的基于非线性编辑设备的音视频非线性编辑软件，它配合相关硬件被广泛地应用于广告制作、电影剪辑等。在电视台或专业视频处理领域，Premiere 结合专业的视频处理硬件系统可以制作出高水准的视频作品，在普通的微机上，配合压缩卡或输出卡也可以制作出视频作品和 MPEG 压缩影视作品。它的功能十分强大，可以实现如：影音素材的转换和压缩、视频/音频捕捉和剪辑、视频编辑等功能，同时又支持丰富的过渡效果和运动效果。

（2）Corel Video Studio。Corel Video Studio 也叫会声会影，是友立公司推出的一款非线性编辑软件，它主要是为个人家庭影片的编辑以及一般工作中使用数码影像产品的普通用户提供的简单易用的工具，利用它可以轻松实现个性化创意、管理和分享数码生活。虽然功能较Premiere 单一，但其操作简单、容易上手，是初学者的最佳选择。因此，本教材视频处理以会声会影为主，学完会声会影以后能够为进一步学习其他专业视频处理工具打下坚实的基础。

4. 动画制作软件

（1）Flash。Flash 的前身是 Future Wave 公司的 Future Splash，是世界上第一个商用的二维矢量动画软件，用于设计和编辑 Flash 文档。Flash 是一种创作工具，设计人员和开发人员可使用它来创建演示文稿、应用程序和其他允许用户交互的内容。Flash 可以包含简单的动画、视频内容、复杂演示文稿和应用程序以及介于它们之间的任何内容。Flash 使用向量运算（Vector Graphics）的方式，产生出来的影片占用存储空间较小，特别适用于创建通过 Internet 提供的内容。Flash 通过广泛使用矢量图形使得产生的影片文件占用存储空间较小，与位图图形相比，矢量图形需要的内存和存储空间小很多，因为它们是以数学公式而不是大型数据集来表示的。位图图形之所以大，是因为图像中的每个像素都需要一组单独的数据来表示。

（2）Ulead GIF Animator。Ulead GIF Animator 是友立公司出版的动画 GIF 制作软件，内建的Plugin 有许多现成的特效可以立即套用，可将 AVI 文件转成动画 GIF 文件，而且还能将动画 GIF图片最佳化，能将你放在网页上的动画 GIF 图片"减肥"，以便让用户能够更快速的浏览网页。这是一个很方便的 GIF 动画制作软件，由 Ulead Systems.Inc 创作。Ulead GIF Animator 不但可以把一系列图片保存为 GIF 动画格式，还能产生二十多种 2D 或 3D 的动态效果，该软件在网页上许多都是以 GIF 格式来呈现的，Ulead Gif Animator 可以快速制作出多变的 GIF 动画。在 Ulead Gif Animator 中内建了各种制作动画时会使用的功能，其中包括变形特效、图形最佳化以及动画编辑工具等。

1.4.2　多媒体平台软件

（1）PowerPoint。PowerPoint 和 Word、Excel 等应用软件一样，都是 Microsoft 公司推出的 Office系列产品之一。运行在 Windows 环境中，人们通常把用 PowerPoint 制作的多媒体作品简称 PPT。主要用于制作幻灯片、演讲文稿、电子讲义等，可有效帮助演讲、教学以及各种产品的演示，是一款简单易学的多媒体平台设计软件。PowerPoint 是用于设计制作专家报告、教师授课、产品演示、广告宣传的电子版幻灯片，制作的演示文稿可以通过计算机屏幕或投影机播放。PowerPoint 演示文稿集文字、图形、图像、声音和视频剪辑等多媒体元素于一体，可以很好地利用这些多媒体信息表达设计者的意图和思想。

对于 PowerPoint 演示文稿用户不仅可以在投影仪和计算机上进行演示，也可以将演示文稿打印出来，制作成胶片，以便应用到更广泛的领域中。而 PowerPoint 演示文稿的设计过程无需专业的程序设计思想和手段，但同样可开发出具有丰富演示效果和良好视觉效果的多媒体产品，因此，PowerPoint 也成为教师制作课件、公司进行产品演示的首选软件。

（2）Director。Director 是美国 MacroMedia 公司推出的又一款多媒体开发工具，市面上 90%以上的多媒体光盘由 Director 制作，内置强大的 Lingo 语言使 Director 成为顶级的多媒体开发工具，是多媒体专家和艺术工作者的首选，很多教师也将 Director 做为开发多媒体课件的常用工具。

（3）Authorware。Authorware 是著名的多媒体软件公司——Macromedia 公司开发的专业多媒体平台设计制作软件，其主要特点体现在基于流程线和图标的开发形式，制作课件如同搭积木，并且支持丰富的媒体，可以直接调用文本、图形、图像、声音和视频等多媒体信息。由于丰富的外部插件的支持，使 Authorware 的功能显得更加强大，这些外部插件一般包括 UCD（扩展函数库）、Xtras（过渡效果或扩展函数库）、KO（可自主开发的知识对象）、控件（如 ActiveX 控件），内置的跟踪变量等。

Authorware 在设计开发多媒体软件时，基于设计图标和程序流程图，无需编写大量的代码，因此方便简洁，易学易用；Authorware 本身还有大量的系统函数和变量，可以设计出的多媒体软件可交互性强，更富有表现力。

本教材所涉及的多媒体平台设计以 Authorware 为主，Authorware 的学习能够为开发优秀的多媒体软件打下坚实的基础。

1.5　综合应用实训

实训 1：网上查询。

（1）主流的音频处理软件有哪些？GoldWave 音频处理软件的最新版本是什么？最新功能有哪些？

（2）主流的图像处理软件有哪些？ACDSee 图像浏览与编辑软件的最新版本是什么？最新功能有哪些？

（3）主流的视频处理软件有哪些？会声会影视频处理软件的最新版本是什么？最新功能有哪些？

实训 2：熟悉本书所用的主要软件。

（1）启动 GoldWave 音频处理软件，单击工具栏的"打开"图标按钮，任意选取一个音乐文件，如图 1-9 所示，对打开的音乐文件进行各种效果测试，试听加入每种效果后与原来的声音有何区别？熟悉 GoldWave 软件的其他菜单项。

（2）打开任意一幅图片，在该图片上右击，选择"用 ACDSee 相片管理器 2009 编辑"命令。打开如图 1-10 所示的界面。利用图形左面编辑面板的工具对图形进行简单的修改，观察每次修改后的图形效果。启动"ACDSee 相片管理器 2009"，如图 1-11 所示，熟悉相片管理器的每个菜单项和工具栏。

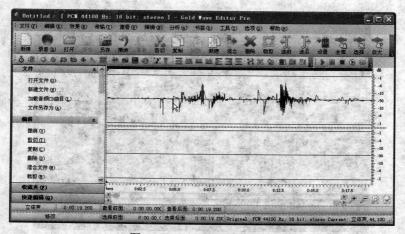

图 1-9　GoldWave 操作界面

图 1-10　ACDSee 图像编辑窗口

图 1-11　ACDSee 相片管理器

（3）打开会声会影，如图 1-12 所示为会声会影启动后的主界面，根据提示，选择"会声会影编辑器"，熟悉该视频软件操作环境。加载一段视频，如图 1-13 所示，在"编辑"选项的 FX（滤镜）中测试各种滤镜效果，观察会声会影每种滤镜效果加载后与没有加载之前的区别，如图 1-14 所示。

图 1-12　会声会影主界面

图 1-13　用会声会影加载视频

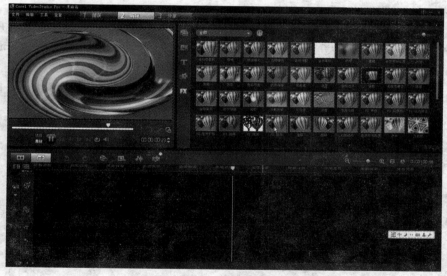

图 1-14　会声会影滤镜效果加载

1.6　本章小结

　　本章介绍了多媒体的相关基本概念，媒体的组成元素、多媒体技术的应用领域、发展方以及多媒体计算机系统的组成，还介绍了多媒体技术的相关软件。

　　多媒体技术是指把文本、声音、图形、图像、动画、视频等多媒体信息元素通过计算机进行数字化采集、存储、加工处理的过程。多媒体技术具有集成性、控制性、交互性、非线性、实时性等特征。多媒体系统由硬件和软件两个系统组成。多媒体技术软件分为元素加工软件和平台软件。在学习的过程中应该掌握相关基本概念和计算机系统的组成，初步了解多媒体元素加工软件和多媒体平台制作软件，为今后的学习打下基础。

课后习题

1．填空题

（1）根据 ITU 对媒体的定义，媒体可以分为感觉媒体、_____媒体、表现媒体、存储媒体和_____媒体 5 种类型。

（2）多媒体技术具有的特性是集成性、_____、非线性、_____、使用方便性和信息结构的动态性。

（3）常用的媒体元素主要包括文本、_____、图像、_____、动画和视频等。

（4）CAI 是指_____。

（5）计算机的系统一般由_____和_____组成。

（6）CPU 又被称为_____，是计算机的核心部件。

（7）按用途存储器可分为_____和_____，一般又可将内存储器分为只读存储器（ROM）和_____两种。

（8）按照打印机的工作原理，可以将打印机分为_____和_____两大类。

（9）击打式打印机主要有_____；非击打式打印机主要有_____和激光打印机。

（10）投影机自问世以来发展至今已形成三大系列：_____、DLP（Digital Lighting Process）数字光处理器投影机和 CRT（Cathode Ray Tube）阴极射线管投影机。

2．思考题

（1）什么是多媒体技术？

（2）多媒体技术的应用领域主要有哪些？

（3）什么是图形？什么是图像？二者的主要区别是什么？

（4）互联网领域的多媒体技术主要有哪些？

第 2 章　图像处理技术

图像处理（Image Processing）是用计算机对图像进行分析，以达到所需结果的技术，又称影像处理。图像处理一般指数字图像处理，数字图像是用数码相机、扫描仪等设备经过采样和数字化得到的能够在计算机中存储的图像。常见的图像处理有图像数字化、图像形态尺寸调整、图像色彩调整、图像修复复原、图像分割、图像压缩存储和图像格式转换等。多媒体产品制作、平面广告设计、教育教学等经常会用到图像处理技术。

本章主要内容（主要知识点）：

- 图形与图像的概念与区别
- 图像文件的压缩方式、图像文件的格式
- 图像的获取方法
- 常用图像制作软件、画图软件的介绍
- 图像处理软件 ACDSee 的使用

教学目标：

- 掌握图形与图像的区别
- 掌握常用的屏幕截取方法
- 掌握画图软件、ACDSee 软件的使用
- 了解图像压缩方式、常见图像格式
- 了解图像获取的常用方式

本章重点：

- 常用的屏幕截取方法
- ACDSee 图像管理器的使用

本章难点：

- 屏幕截取
- ACDSee 图像处理

2.1　图像概述

2.1.1　图形与图像

1. 矢量图与位图

矢量图也称为面向对象的图像或绘图图像，在数学上定义为一系列由线连接的点。矢量文件中的图形元素称为对象。每个对象都是一个自成一体的实体，它具有颜色、形状、轮廓、大小和屏幕

位置等属性。矢量图中的每个对象都是一个自成一体的实体，可以在维持它原有清晰度和弯曲度的同时，多次移动和改变它的属性，而不会影响图例中的其他对象。这些特征使基于矢量的程序特别适用于图例和三维建模，因为它们通常要求能创建和操作单个对象。基于矢量的绘图同分辨率无关。这意味着它们可以按最高分辨率显示到输出设备上。矢量图是用一系列计算指令来表示的图，因此矢量图是用数学方法描述的图，本质上是很多个数学表达式的编程语言表达。画矢量图的时候如果速度比较慢，可以看到绘图的过程，可以理解为一个"形状"，比如一个圆、一个抛物线等，因此缩放不会影响其质量。矢量图以几何图形居多，图形可以无限放大，不变色、不模糊，常用于图案、标志、VI、文字等的设计。常见的工程制图软件 AutoCAD 制作的图像多属于矢量图，矢量图的文件格式有 DWG、DXB、DXF 等。如图 2-1 所示为矢量图。

位图图像也称为点阵图像或绘制图像，是由称作像素（图片元素）的单个点组成的。这些点可以进行不同的排列和染色以构成图样。当放大位图时，可以看见赖以构成整个图像的无数单个方块。扩大位图尺寸的效果是增多单个像素，从而使线条和形状显得参差不齐，缩小位图尺寸也会使原图变形。处理位图时，输出图像的质量决定于处理过程开始时设置的分辨率高低。操作位图时，分辨率既会影响最后输出的质量也会影响文件的大小。无论是在一个 300dpi 的打印机还是在一个 2570dpi 的打印机设备上印刷位图文件，文件总是以创建图像时所设的分辨率大小印刷，除非打印机的分辨率低于图像的分辨率。

位图文件以点阵形式存储，这些点可以进行不同的排列和染色以构成图样，从而真实细腻地反映图片的层次、色彩。缺点是文件的存储需要较大的空间，图像放大缩小后会变形，常会出现马赛克现象。一般的，位图适合描述照片等高质量的图片，常见的位图格式为 BMP 格式。如图 2-2 所示位图图像放大的效果。

图 2-1　矢量图

图 2-2　位图图像放大的效果

2．图形

图形是指由外部轮廓线条构成的矢量图，即由计算机绘制的直线、圆、矩形、曲线、图表等。图形用一组指令集合来描述图形的内容，如描述构成该图的各种图元位置维数、形状等。描述对象可任意缩放不会失真。在显示方面，图形使用专门的软件将描述图形的指令转换成屏幕上的形状和颜色，适用于描述轮廓不很复杂，色彩不是很丰富的对象，如几何图形、工程图纸、CAD、3D 造型软件等。图形的编辑通常用 Draw 程序，可对矢量图形及图元独立进行移动、缩放、旋转和扭曲等变换。

3．图像

图像是由扫描仪、摄像机等输入设备捕捉实际的画面产生的数字图像，是由像素点阵构成的位图。图像用数字任意描述像素点、强度和颜色。描述信息文件存储量较大，所描述对象在缩放过程中会损失细节或产生锯齿。在显示方面它是将对象以一定的分辨率分辨以后将每个点的色彩信息以数字化方式呈现，可直接快速在屏幕上显示。分辨率和色度是影响显示的主要参数。图像适用于表现含有明暗变化、场景复杂、轮廓色彩丰富等大量细节的对象，如照片、绘图等，通过图像软件可进行复杂图像的处理以得到更清晰的图像或产生特殊效果。常用的图像处理软件有 Photoshop、ACDSee 等，图像在计算机中的存储格式有 BMP、PCX、TIF、GIFD 等。

2.1.2 图像技术参数

1．分辨率

一般分为图像分辨率和输出分辨率两种。前者用图像每英寸显示的像素数表示，分辨率数值越大，则图像质量越好；后者是衡量输出设备的精度，以输出设备（如显示器）每英寸的像素数表示，如显示器分辨率为 1024×768，其中 1024 就代表显示器横向像素数为 1024，纵向像素数为 768。

图像分辨率是用于度量位图图像内数据量多少的一个参数，通常表示成每英寸像素（Pixel per inch，ppi）和每英寸点（Dot per inch，dpi），包含的数据越多，图形文件的长度就越大，也越能表现更丰富的细节。但更大的文件也需要耗用更多的计算机资源、更多的内存空间等。如果图像包含的数据不够充分，分辨率较低，那么图像也就会显得比较粗糙，特别是把图像放大尺寸后观看时。在图片创建的时候，我们必须根据图像最终的用途决定相应的分辨率，才能生成需要的图像大小和图像清晰度，生成图像的时候要尽量保证图像包含足够多的数据，能满足最终输出的需要，但同时也要适量，尽量少占用一些计算机资源。分辨率和图像的像素有直接的关系，通常，"分辨率"被表示成每一个方向上的像素数量，比如 640×480 等。而在某些情况下，它也可以同时表示成"每英寸像素"（ppi）以及图形的长度和宽度。比如 72ppi 和 8×6 英寸。一张分辨率为 640×480 的图片，它的分辨率就达到了 307.200 像素，也就是常说的 30 万像素；一张分辨率为 1600×1200 的图片，它的像素就是 200 万。

2．图像色彩模式

色彩模式是把色彩表示成数据的一种方法。一般情况下计算机处理的色彩模式有以下两种：

（1）RGB 模式。RGB 模式是基于可见光的原理而制定的，R 代表红色，G 代表绿色，B 代表蓝色，如图 2-3 所示。根据光的合成原理，不同颜色的色光相混合可以产生另一种颜色的光。其中 R、G、B 这三种最基本的色光以不同的强度相混合可以产生人眼所能看见的所有色光，所以 RGB 模式也叫加色模式。 在 RGB 模式中，图像中每一个像素的颜色由 R、G、B 三种颜色分量混合而成，如果规定每一颜色分量用一个字节（8 位）表示其强度变化，则 R、G、B 三色就会各自有 256 级不同强度的变化，各颜色分量的强度值在 0 时为最暗，在 255 时最亮，这样的规定每一像素表现颜色的能力达到 24 位（8*3），所以 8 位的 RGB 模式图像一共可表现出 1677 万种颜色。

（2）HSB 模式。HSB 模式基于人类对颜色的感觉，也是最接近人眼观察颜色的一种模式，如图 2-4 所示。H 代表色相，S 代表饱和度，B 代表亮度。

- 色相：是人眼能看见的纯色，即可见光光谱的单色。在 0～360 度的标准色轮上，色相是按位置度量的，如红色为 0 度，绿色为 120 度，蓝色为 240 度等。
- 饱和度：即颜色的纯度或强度。饱和度表示色相中灰度成分所占的比例，

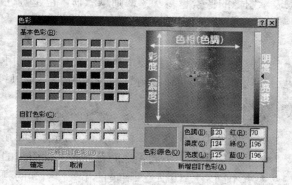

图 2-3 RGB 色彩模式

用从 0%（灰）～100%（完全饱和）来度量。在标准色轮上，从中心向边缘饱和度是递增的。

- 亮度：那颜色的明亮程度，通常用 0%
（黑）～100%（白）的百分比来度量。
色相、饱和度、亮度是学习图像处理常
用的概念。

（3）CMYK 模式。CMYK 色彩模式包括青
（Cyan）、品红（Magenta）、黄（Yellow）、黑（Black，
为避免与蓝色混淆，黑色用 K 表示），青、品红、
黄分别是红、绿、蓝三基色的互补色，如图 2-5 所
示。彩色打印、印刷等应用领域采用打印墨水、彩
色涂料的发射光来显现颜色，是一种减色方式。
CMYK 模式以打印在纸上的油墨的光线吸收特
性为基础。当白光照射到半透明油墨上时，某些
可见光波长被吸收（减去），而其他波长则被反射
回眼睛。这些颜色因此称为减色。理论上，纯青
色（C）、品红（M）和黄色（Y）色素能够合成吸
收所有颜色并产生黑色。但在实际应用中，由于
彩色墨水、油墨的化学特性，色光反射和纸张对
颜料的吸附程度等因素，用青、品红、黄三色得
不到真正的黑色。因此，印刷行业使用黑色油墨
产生黑色，CMYK 色彩模式中就增加了黑色。

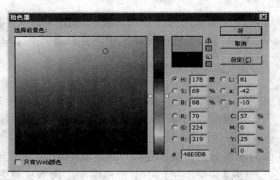

图 2-4　HSB 模式

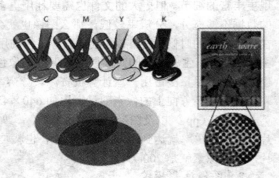

图 2-5　减色 CMYK 模式

3．像素

　　像素（Pixel）是由 Picture（图像）和 Element
（元素）这两个单词的字母所组成的，一个像素通常被视为图像的最小的完整采样。像素这个概念
可以出现在很多方面，如图像中的像素、显示器的像素、数码相机的像素、摄影机的像素、投影机
的像素等。像素通常可以用一个数字或者一对数字表示，譬如一个"0.3 兆像素"的数码相机，它有
额定 30 万像素；一个 640×480 的显示器，其横向像素为 640、纵向像素为 480，因此其总数为 640
×480=307,200 像素。

　　图像像素是图像的彩色采样点，取决于计算机显示器，但不一定和屏幕像素一一对应。用
来表示图像的像素越多，图像则越清晰，也越接近原始的图像。

2.1.3　图像文件压缩

　　图像压缩是数据压缩技术在数字图像上的应用，它的目的是减少图像数据中的冗余信息从而用
更加高效的格式存储和传输数据。图像压缩是指以较少的比特有损或无损地表示原来的像素矩阵的
技术，也称图像编码。

　　图像数据之所以能被压缩，就是因为数据中存在着冗余。图像数据的冗余主要表现为：

- 图像中相邻像素间的相关性引起的空间冗余。
- 图像序列中不同帧之间存在相关性引起的时间冗余。
- 不同彩色平面或频谱带的相关性引起的频谱冗余。

　　数据压缩的目的就是通过去除这些数据冗余来减少表示数据所需的比特数。为了节省图像在计
算机中的存储容量，以及提高在网络上的传输速度，通常要把较大的图像进行压缩。根据压缩后图
像质量和原图像相比损坏和失真的程度，可以将图像压缩分为两大类：有损压缩和无损压缩。

1. 有损压缩

计算机处理的信息是以二进制数的形式表示的，有损压缩软件就是把二进制信息中相同的字符串以特殊字符标记来达到压缩的目的。利用有损压缩技术可以大大减少文件的数据，从而减少图像在磁盘上的存储空间，但这是以损失图像的质量为代价的，因此，称为有损压缩。一些应用中图像的微小损失是可以接受的（有时是无法感知的），有损方法非常适合于自然图像的压缩。有损压缩的特点是保持颜色的逐渐变化，删除图像中颜色的突然变化。生物学中的大量实验证明，人类大脑会利用与附近最接近的颜色来填补所丢失的颜色。例如，对于蓝色天空背景上的一朵白云，有损压缩的方法就是删除图像中景物边缘的某些颜色部分，当在屏幕上看这幅图时，大脑会利用在景物上看到的颜色填补所丢失的颜色部分，进行有损压缩时，某些数据被有意地删除了，从而节约了存储空间。

使用有损压缩的图像如果仅在屏幕上显示，对图像质量影响不大，但如果要把一幅经过有损压缩技术处理的图像用高分辨率打印机打印出来，则图像就会有明显的受损痕迹。

2. 无损压缩

无损压缩格式，是利用数据的统计冗余进行压缩，可完全恢复原始数据而不引起任何失真，此方法广泛用于文本数据、程序和特殊应用场合的图像数据（如指纹图像、医学图像等）的压缩。无损压缩的基本原理是相同的颜色信息只需保存一次。无损压缩图像的软件首先会确定图像中哪些区域是相同的，哪些是不同的，包含了重复数据的图像（如蓝天）就可以进行无损压缩，只有蓝天的起始点和终结点被记录下来，但是蓝色可能还会有不同的深浅，天空有时也可能被树木、山峰或其他的对象掩盖，这些就需要另外记录。从本质上看，无损压缩的方法可以删除一些重复数据，减少图像在磁盘上的存储空间。但压缩率是受到数据统计冗余度的理论限制，一般为 $2:1 \sim 5:1$，如果要大幅减少图像占用的存储容量，最好使用有损压缩。

无损压缩方法的优点是能够比较好地保存图像的质量，但是这种方法相对有损压缩来说压缩率比较低。如果需要把图像用高分辨率的打印机打印出来，最好使用无损压缩。

2.1.4　图像文件格式

图像格式是指图像文件在存储器上的存放形式，常见的图像文件格式有 BMP、JPEG、TIFF、GIF、SVG、PDF、PCX、TGA、CDR 等。

1. BMP 图像格式

BMP 图像即通常所说的位图（Bitmap），是 Windows 系统中最为常见的图像格式。采用位映射存储格式，除了图像深度可选以外，不采用其他任何压缩，因此，BMP 文件所占用的空间很大。BMP 文件的图像深度可选为 1bit、4bit、8bit 及 24bit。BMP 图像的扫描方式是按从左到右、从下到上的顺序，由于 BMP 文件格式是 Windows 环境中与图有关的数据的一种标准，因此在 Windows 环境中运行的图形图像软件都支持 BMP 图像格式。

2. JPEG 图像格式

JPEG 即联合图像专家组（Joint Photograhic Experts Group），文件扩展名为 JPG 或 JPEG，是最常用的图像文件格式，由一个软件开发联合会组织制定，是一种有损压缩格式。它利用一种失真式的图像压缩方式将图像压缩在很小的储存空间中，图像中重复或不重要的资料会被丢失，因此容易造成图像数据的损伤，尤其是使用过高的压缩比例，将使最终解压缩后恢复的图像质量明显降低。

JPEG 压缩技术用有损压缩方式去除冗余的图像数据，在获得极高的压缩率的同时能展现十分丰富生动的图像，换句话说，就是可以用最少的磁盘空间得到较好的图像品质。JPEG 也具有调节图像质量的功能，允许用不同的压缩比例对文件进行压缩，支持多种压缩级别，压缩比率通常在 $10:1 \sim 40:1$ 之间，压缩比越大，品质就越低；相反的，压缩比越小，品质就越好。JPEG 图像占用较小的存储空间，很适合应用在网页图像中，JPEG 格式的图像压缩的主要是高频信息，对色彩的信息保留较好，因此也普遍应用于需要连续色调的图像中。

3. TIFF 图像格式

TIFF 图像文件的扩展名是 TIF，全名是 Tagged Image File Format，是由 Aldus 和 Microsoft 公司为桌上出版系统研制开发的一种较为通用的图像文件格式。它是一种非失真的压缩格式（最高也只能做到 2～3 倍的压缩比），能保持原有图像的颜色及层次，但占用空间较大。一个 200 万像素的图像，要占用 6MB 左右的存储容量，故 TIFF 常被应用于较专业的用途，如书籍出版、海报等，极少应用于互联网上。TIFF 图像定义了 4 类不同的格式：TIFF-B 适用于二值图像，TIFF-G 适用于黑白灰度图像，TIFF-P 适用于带调色板的彩色图像，TIFF-R 适用于 RGB 真彩图像。

4. GIF 图像格式

GIF（Graphics Interchange Format）的原义是"图像互换格式"，是 CompuServe 公司在 1987 年开发的图像文件格式，文件扩展名是 GIF，GIF 文件的数据是一种基于 LZW 算法的连续色调的无损压缩格式。其压缩率一般在 50％左右。在压缩过程中，图像的像素资料不会丢失，丢失的仅是图像的色彩。GIF 格式最多只能存储 256 色，所以通常用来显示简单的图形及文字。有一些数码相机有一种名为 Text Mode 的拍摄模式，就可以储存成 GIF 格式。GIF 格式的特点是在一个 GIF 文件中可以存储多幅彩色图像，如果把存于一个文件中的多幅图像数据逐幅读出并显示到屏幕上，就可以构成最简单的 GIF 动画。目前几乎所有的图像软件都支持 GIF 格式的文件。

5. SVG 图像格式

SVG 是可缩放的矢量图形格式。它是一种开放标准的矢量图像，可任意放大缩小图形，边缘非常清晰，文字在 SVG 图像中保留可编辑和可搜寻的状态，没有字体的限制，生成的文件很小，下载速度快，一般适合用于设计高分辨率的 Web 图形页面。

6. PSD 图像格式

PSD 是 Photoshop 图像处理软件的专用文件格式，可以支持图层、通道、蒙板和不同色彩模式的各种图像，是一种非压缩的原始文件保存格式，扫描仪不能直接生成该格式的文件。PSD 文件占用的存储空间很大，但由于可以保留所有原始信息，在图像处理中对于尚未制作完成的图像，选用 PSD 格式保存是最佳的选择。

7. PCX 图像格式

PCX 是最早支持彩色图像的一种文件格式，现在最高可以支持 256 种彩色。PCX 是 PC 机画笔的图像文件格式。PCX 的图像深度可选为 1bit、4bit、8bit。由于这种文件格式出现较早，它不支持真彩色。PCX 文件采用 RLE 行程编码，文件体中存放的是压缩后的图像数据。因此，将采集到的图像数据写成 PCX 文件格式时，要对其进行 RLE 编码：而读取一个 PCX 文件时首先要对其进行 RLE 解码，才能进一步显示和处理。

8. TGA 格式

TGA 格式（Tagged Graphics）是由美国 Truevision 公司为其显卡开发的一种图像文件格式，文件后缀为.tga。TGA 的结构比较简单，属于一种图形、图像数据的通用格式，在多媒体领域有很大影响，是计算机生成图像向电视转换的一种首选格式。TGA 图像格式最大的特点是可以做出不规则形状的图形、图像文件，一般图形、图像文件都为四方形，若需要有圆形、菱形甚至是镂空的图像文件时，TGA 就派上用场了。TGA 格式支持压缩，使用不失真的压缩算法。

9. CDR 格式

CDR 格式是著名绘图软件 CorelDRAW 的专用图形文件格式。由于 CorelDRAW 是矢量图形绘制软件，所以 CDR 可以记录文件的属性、位置和分页等。但它在兼容度上比较差，所有 CorelDRAW 应用程序中均能够使用，但其他图像编辑软件打不开此类文件。

2.2　图像获取

　　将现实世界的景物或物理介质上的图文输入计算机的过程称为图像的获取（Capturing）。在多媒体应用中的基本图像可通过不同的方式获得，一般来说，可以直接利用数字图像库的图像；也可以利用绘图软件创建图像；还可以利用数码设备或数字转换设备采集图像。

2.2.1　从 Internet 中获取图像

　　在专门的图像素材光盘中和 Internet 的图像库里，图像的内容较丰富，图像尺寸和图像质量可选的范围也较广。通常可以满足一般用户的要求，可根据需要选择相关的图像，但如果图像的内容不具备用户的设计创意，则可利用相关的图像处理软件再做进一步的编辑和修改。随着 Internet 的发展，网络中可以共享的图像越来越多，有很多网站都提供各种类型的图像下载服务，如图 2-6 所示为网络图片下载。

图 2-6　网络图片下载

2.2.2　扫描仪获取图像

　　扫描仪是一种光、机、电一体化的高科技产品，它是将各种形式的图像信息输入计算机的重要工具，是继键盘和鼠标之后的第三代计算机输入设备。扫描仪具有比键盘和鼠标更强的功能，从最原始的图片、照片、胶片到各类文稿资料都可用扫描仪输入到计算机中，进而实现对这些图像形式的信息的处理、管理、使用、存储、输出等，配合光学字符识别软件 OCR（Optic Character Recognize）还能将扫描的文稿转换成计算机的文本形式。扫描仪利用光学反射的原理来完成对文件的读取。自然界的每一种物体都会吸收特定的光波，而没被吸收的光波就会反射出去。扫描仪工作时发出的强光照射在稿件上，没有被吸收的光线将被反射到光学感应器上，光感应器接收到这些信号后，将这些信号传送到数模（D/A）转换器，数模转换器再将其转换成计算机能读取的信号，然后通过驱动程序转换成显示器上能看到的正确图像。

　　1.　扫描仪的分类

　　常见的扫描仪有滚筒式扫描仪、平面扫描仪和笔式扫描仪等。

（1）滚筒式扫描仪。滚筒式扫描仪一般使用光电倍增管 PMT（Photo Multiplier Tube），它的密度范围较大能够捕获到正片和原稿的最细微的色彩。一台 4000 dpi 分辨率的滚筒式扫描仪，按常规的 150 线印刷要求，可以把一张 4×5 的正片放大 13 倍（4000÷300≈13）。滚筒式扫描仪是目前最精密的扫描仪器，它一直是高精密度彩色印刷的最佳选择。它也叫做"电子分色机"，它的工作过程是将正片或原稿用分色机扫描存入电脑，因为"分色"后的图像是以 C、M、Y、K 或 R、G、B 的形式记录正片或原稿的色彩信息，这个过程就被叫做"分色"或"电分"（电子分色）。而实际上，"电分"就是我们所说的用滚筒式扫描仪扫描，如图 2-7 所示为滚筒式扫描仪及其原理。

 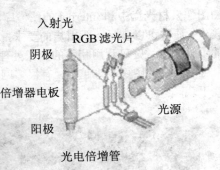

图 2-7　滚筒式扫描仪及其原理

（2）平面扫描仪。平面扫描仪使用的是光电耦合器件 CCD（Charged-Coupled Device），其扫描的密度范围较小。CCD（光电耦合器件）是一长条状有感光元器件，在扫描过程中用来将图像反射过来的光波转化为数位信号，平面扫描仪获取图像的方式是先将光线照射扫描的材料，光线反射回来后由 CCD 光敏元件接收并实现光电转换。当扫描不透明的材料如照片、打印文本以及标牌、面板、印制板实物时，由于材料上黑的区域反射较少的光线，亮的区域反射较多的光线，CCD 器件可以检测到图像上不同光线反射回来的不同强度的光，通过 CCD 器件将反射光光波转换成为数字信息，用 1 和 0 的组合表示，最后控制扫描仪操作的扫描仪软件读入这些数据，并重组为计算机图像文件。而当扫描透明材料如制版菲林软片、照相底片时，扫描工作原理相同，所不同的是此时不是利用光线的反射，而是让光线透过材料，再由 CCD 器件接收，扫描透明材料需要特别的光源补偿——透射适配器（TMA）装置来完成这一功能。

（3）笔式扫描仪。笔式扫描仪又称为扫描笔或微型扫描仪，是 2000 年左右才出现的一种扫描产品。早期的产品是直接连接计算机进行扫描的，并且其扫描宽度约为四号汉字的大小，使用时贴在纸上一行一行地扫描，主要用于文字识别，代表产品有汉王、晨拓系列的翻译笔与摘录笔等。2002年，3R 推出了普兰诺 RC800 产品，可以扫描 A4 幅度大小的纸张，扫描分辨率高达 400dpi，也是贴着纸张拖动进行扫描。2009 年 10 月，3R 推出了第三代扫描笔艾尼提微型扫描笔 HSA600，其不仅可以扫描 A4 幅度大小的纸张，扫描分辨率高达 600dpi，而且自带 TF 卡，可以脱机扫描，方便外出携带，随时进行扫描。这种扫描仪不仅可以扫描文字，还可以扫描图片，然后输出彩色或黑白 JPG 格式的图片。

2．扫描获取图像

通过扫描仪可以扫描图像、文字以及照片等来获取多媒体图像信息，不同的扫描对象有其不同的扫描方式。扫描仪的驱动界面提供了 3 种扫描选项，其中"黑白"方式适用于白纸黑字的原稿，扫描仪会按照 1 个位来表示黑与白两种像素，这样会节省磁盘空间。"灰度"则适用于既有图片又有文字的图文混排稿样，扫描该类型兼顾文字和具有多个灰度等级的图片。"照片"适用于扫描彩色照片，它要对红绿蓝三个通道进行多等级的采样和存储。在扫描之前，一定要先根据被扫描的对象，选择一种合适的扫描方式，才有可能获得较高的扫描效果。扫描图像之前应该注意以下几点：

（1）扫描分辨率。扫描分辨率越高得到的图像越清晰，但是扫描图像时也要考虑到输出设备的分辨率，如果输出设备的分辨率过低，再高分辨率的扫描图像都得不到应有的输出效果，反而浪费存储空间。

（2）扫描参数设置。扫描仪在预扫描图像时，都是按照系统默认的扫描参数值进行扫描的，对于不同的扫描对象以及不同的扫描方式，效果可能是不一样的，为了能获得较高的图像扫描质量，可以用人工的方式来进行调整参数。

（3）设置文件大小。扫描仪扫描对象后输出的都是图像，图像尺寸的大小直接关系到图像文件容量的大小，为了尽可能地节约存储空间，方便网络传输，在扫描前应设置好文件尺寸的大小。

（4）放置扫描对象。在实际使用图像的过程中，有时需要获得倾斜效果的图像，很多设计者往往都是通过扫描仪把图像输入到电脑中，然后使用专业的图像软件来进行旋转，以使图像达到旋转效果，但是这种操作过程不仅浪费时间，还会降低图像的质量。如果事先就知道图像在页面上是如何放置的，那么使用量角器和原稿底边在滚筒和平台上放置原稿成精确的角度，就会得到更高质量的图像，而不必在图像处理软件中再做旋转。

（5）找到最佳扫描区域。为了能获得最佳的图像扫描质量，可以找到扫描仪的最佳扫描区域，然后把需要扫描的对象放置在这里，以获得最佳的图像效果。

2.2.3　数码相机获取图像

使用数码相机直接拍摄也是一种简单而方便的获取图像素材的方法。数码相机的结构原理如图 2-8 所示，其主要由镜头、电荷耦合器件（CCD）、模/数转换器（A/D）、微处理器（MPU）、内存、液晶显示器（LCD）、可移动存储器（PC 卡）和接口等部件组成。数码相机的基本工作原理是：当按下快门时，镜头将光线会聚到感光器件 CCD 上，CCD 是半导体器件，它取代了一般相机中胶卷的地位，它的功能是把光信号转换为电信号，这样就得到了对应于拍摄景物的电子图像，然后通过 A/D 将模拟信号转换为数字信号，接下来 MPU 对数字信号进行压缩并转化为特定的图像格式如 JPG 格式，最后将图像文件存储到存储器中。

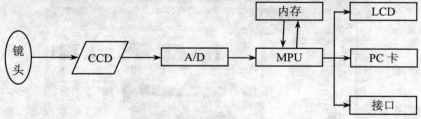

图 2-8　数码相机的结构原理图

常用的数码相机可以分为单反相机、卡片相机和长焦相机 3 类：

- 单反相机是指单镜头反光数码相机，单反数码相机的一个很大的特点就是可以交换不同规格的镜头，这是单反相机天生的优点，是普通数码相机不能比拟的，这类数码相机一般体积较大，比较重。
- 卡片相机一般指那些具有小巧的外形、相对较轻机身以及超薄时尚设计的数码相机。其主要特点是卡片相机可以随身携带、方便使用。卡片相机的功能并不强大，但是最基本的曝光补偿功能还是超薄数码相机的标准配置，可以对画面曝光度进行基本控制，再配合色彩、清晰度、对比度等选项，也能拍摄出优美的照片。

- 长焦相机指的是具有较大光学变焦倍数的机型，光学变焦倍数越大，能拍摄的景物就越远。长焦数码相机的镜头越长，内部的镜片和感光器移动空间就越大，变焦倍数也就越大。长焦数码相机的主要特点和望远镜的原理差不多，都是通过镜头内部镜片的移动而改变焦距。

数码相机捕获图像的质量一般由数码相机的像素来决定，数码相机的像素数包括有效像素（Effective Pixels）和最大像素（Maximum Pixels）。有效像素数是指真正参与感光成像的像素值，而最高像素的数值是感光器件的真实像素，这个数据通常包含了感光器件的非成像部分。数码相机的像素数越大，所拍摄的静态图像的分辨率也越大，相应的一张图片所占用的空间也会增大。在大部分数码相机内，可以选择不同的分辨率拍摄图像。分辨率和图像的像素有直接的关系，一张分辨率为 640×480 的图像，分辨率可达到 307，也就是 30 万像素；一张分辨率为 1600×1200 的图像，它的像素就是 200 万。像素是衡量数码相机的最重要指标。

2.2.4 抓图软件获取图像

当多媒体作品中需要从计算机屏幕上的任何地方来获取图像时，可以通过屏幕截取的方法来获得。屏幕截取的方法可以使用键盘上的 Print Screen 键来获取图像，也可以使用相应的抓图软件来获取图像。

1. Print Screen 键获取图像

直接按下键盘上的 Print Screen 键可以将整个电脑屏幕的图像复制放入剪贴板；按下 Alt + Print Screen 组合键可以将电脑屏幕上的活动窗口复制放入剪贴板，剪贴板中的内容可以粘贴到很多文件中，如 Word、Powerpoint、画图软件等。

【例 2-1】 使用 Print Screen 键获取整个屏幕图像，具体步骤如下：

① 打开要获取的图像界面，直接按下 Print Screen 键，将屏幕图像内容复制到剪贴板。

② 执行"开始"→"程序"→"附件"→"画图"命令，启动画图程序。

③ 在画图程序窗口执行"编辑"→"粘贴"命令，将剪贴板中的内容粘贴到画图程序主界面中，如图 2-9 所示。

图 2-9　画图程序中粘贴捕获的图像

④ 执行"文件"→"保存"或"另存为"命令，打开"保存为"对话框保存图像，如图 2-10 所示。

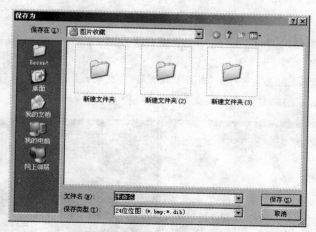

图 2-10　"保存为"对话框

Alt + Print Screen 组合键可以对屏幕上的活动窗口图像进行捕捉，利用同样的方法操作可以实现图像的存储应用。

【例 2-2】　使用 Alt + Print Screen 组合键获取"页面设置"对话框图像，将其直接应用到 Word 文件中去。

① 在 Word 程序窗口中执行"文件"→"页面设置"命令，打开"页面设置"对话框。

② 按下 Alt + Print Screen 组合键，将"'页面设置'对话框"图像复制到剪贴板中。

③ 启动 Word 应用程序，执行"编辑"→"粘贴"命令，将剪贴板中的"'页面设置'对话框"直接粘贴到 Word 编辑界面，结果如图 2-11 所示。

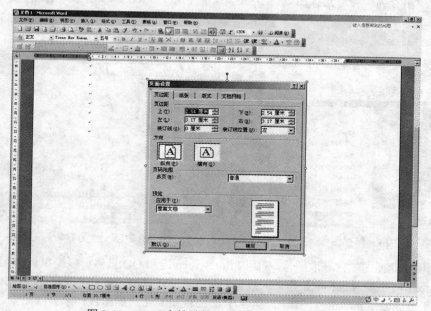

图 2-11　Word 中粘贴的"'页面设置'对话框"

2. 抓图软件获取图像

（1）利用 QQ 获取图像。QQ 是一款基于 Internet 的即时通信（IM）软件，此软件已被广大网络用户接受并使用，该软件也具备屏幕图像抓取的功能。

【例2-3】利用 QQ 工具捕获屏幕图像，具体操作步骤如下：

① 打开 QQ 通信界面，如图 2-12 所示。单击 QQ 界面中的 ▦ 按钮，然后在所需的图像区域进行拖动选取图像。

② 在拖动完成后出现的工具栏中，单击工具栏中的完成截图按钮 ✓ 进行选取图像的确认，单击退出截图按钮 ✕ 可以取消选择的图像。界面如图 2-13 所示。

图 2-12　QQ 界面

图 2-13　利用 QQ 获取图像

③ 确认图像成功选取后，被抓取的图像会自动显示到 QQ 界面中，右击在弹出的快捷菜单中选择"另存为"命令，如图 2-14 所示。

④ 执行"另存为"命令后弹出 "保存图片"对话框，如图 2-15 所示，对图像进行保存。

图 2-14　保存图像

图 2-15　"另存为"对话框

（2）利用专业抓图软件获取图像。利用 Print Screen 键和 QQ 虽然可以简单、方便地获取图像，但是在进行截图时不能对鼠标、按钮、工具条、菜单等进行截图，有时不能达到多媒体作品的设计需要。为了更好、更专业地进行图像的获取，有必要使用专业的抓图软件来获取图像。市场中专业的抓图软件较多，有 SnagIt 截图软件、红蜻蜓抓图精灵等，都可以较为专业地获取所需图像。

SnagIt 截图软件可以捕捉、编辑计算机屏幕上的很多图像，可以捕获 Windows 屏幕、DOS 屏幕；RM 电影、游戏画面；菜单、窗口、客户区窗口、最后一个激活的窗口或用鼠标定义的区域。图像可保存为 BMP、PCX、TIF、GIF 或 JPEG 格式，也可以存为视频动画。使用 JPEG 可以指定所需的压缩级（从 1%～99%）；可以选择是否包括光标，添加水印；另外还具有自动缩放、颜色减少、单色转换、抖动，以及转换为灰度级等操作。如图 2-16 所示为 SnagIt 截图软件主界面。红蜻蜓抓图精灵是一款界面较为简洁、功能较为完善的抓图软件，使用此软件可以完成电脑屏幕抓图、活动窗口抓图、选定区域抓图、固定区域抓图、控件抓图、菜单抓图、网页抓图等操作。如图 2-17 所示为红蜻蜓抓图精灵主界面。

图 2-16　SnagIt 主界面

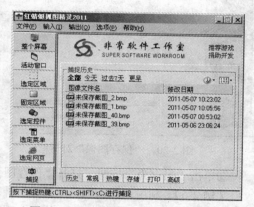

图 2-17　"红蜻蜓抓图精灵"主界面

【例 2-4】利用"红蜻蜓抓图精灵"捕获活动窗口的"打印"对话框。

① 启动"红蜻蜓抓图精灵"，单击左侧选项栏中的"活动窗口"按钮，单击"热键"选项卡，确定捕捉热键为 Ctrl+Shift+C，如图 2-18 所示。

② 在 Word 应用程序中执行"文件"→"打印"命令，打开"打印"对话框，按 Ctrl+Shift+C 组合键捕捉活动窗口，结果如图 2-19 所示。

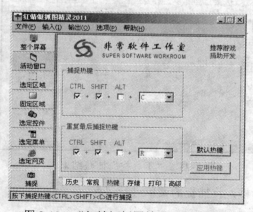

图 2-18　"红蜻蜓抓图精灵"热键设置

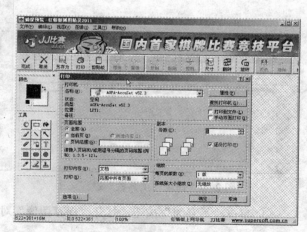

图 2-19　捕捉的活动窗口

③ 单击"另存为"按钮，打开"保存图像"对话框，将捕捉的活动窗口进行保存，如图 2-20 所示。

【例 2-5】利用"红蜻蜓抓图精灵"捕获"背景"菜单。

① 启动"红蜻蜓抓图精灵"，单击左侧选项栏中的"选定菜单"按钮，单击"热键"选项卡，

确定捕捉热键为 Ctrl+Shift+C，执行"输入"→"包含光标"命令。

② 在 Word 中执行"格式"→"背景"命令，按 Ctrl+Shift+C 组合键捕获菜单图像，结果如图 2-21 所示。

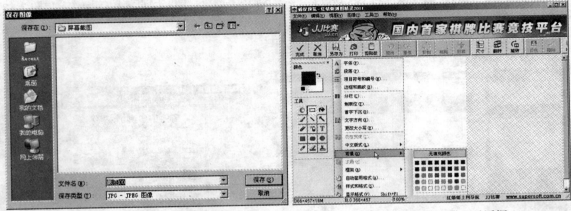

图 2-20 "保存图像"对话框   图 2-21 "保存图像"对话框

③单击"另存为"按钮，打开"保存图像"对话框，将捕捉的菜单进行保存。

【例 2-6】 利用"红蜻蜓抓图精灵"捕获工具栏。

① 启动"红蜻蜓抓图精灵"，单击左侧选项栏中的"选定控件"按钮，单击"热键"选项卡，确定捕捉热键为 Ctrl+Shift+C。

② 打开 Word 应用程序窗口主界面，按 Ctrl+Shift+C 组合键，将鼠标移动到工具栏，等出现红色矩形框时单击，捕获菜单图像，过程如图 2-22 所示，结果如图 2-23 所示。

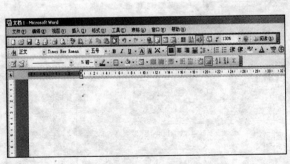
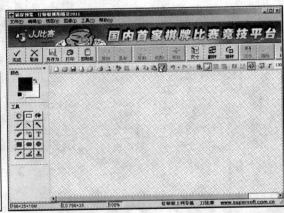

图 2-22 捕获"工具栏"过程   图 2-23 "工具栏"捕获结果

③ 单击"另存为"按钮，打开"保存图像"对话框，将捕捉的菜单进行保存。

2.2.5 绘图软件制作图像

目前 Windows 环境的大部分图像编辑软件都具有一定的绘图功能。这些软件大多具有较好的用户接口，可以利用鼠标、画笔及画板来绘制各种图形，并进行彩色、纹理、图案等的填充和加工处理。对于一些小的图形、图标、按钮等，一般用户都可以直接制作。如果图像制作者具有一定的美术知识及创意基础，可通过数字化画板和画笔直接绘制较为复杂的图像。

2.3　图像制作

2.3.1　Windows 画图软件简介

Windows 自带的 "画图" 程序是一个位图编辑器，可以对各种位图格式的图画进行编辑，用户可以自己绘制图画，也可以对扫描的图片进行编辑修改，在编辑完成后，可以以 BMP、JPG、GIF 等格式保存，用户还可以发送到桌面和其他文本文档中。

1. 启动 Windows 画图程序

执行 "开始" → "程序" → "附件" → "画图" 命令可以启动 Windows 画图程序，启动后其主界面如图 2-24 所示。

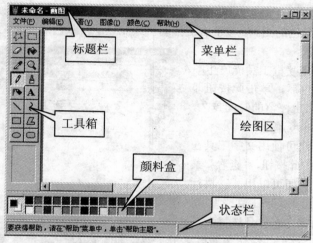

图 2-24　"画图" 程序主界面

2. 画图程序主界面

画图程序主界面包括标题栏、菜单栏、工具箱、颜料盒、状态栏和绘图区 6 个区域。

（1）标题栏：标明了用户正在使用的程序和正在编辑的文件。

（2）菜单栏：提供了用户在操作时使用的各种菜单命令。

（3）工具箱：包含了 16 种常用的绘图工具和一个辅助选择框，为用户提供多种选择。

在 "工具箱" 中为用户提供了 16 种常用的工具，当每选择一种工具时，在下面的辅助选择框中会出现相应的信息。

裁剪工具：利用此工具，可以对图片进行任意形状的裁切，单击此工具按钮，按下左键，对所要进行的对象进行圈选后再松开，此时出现虚框选区，拖动选区，即可看到效果。

选定工具：此工具用于选中对象，使用时单击此按钮，拖动鼠标左键，可以拉出一个矩形选区对所要操作的对象进行选择，用户可对选中范围内的对象进行复制、移动、剪切等操作。

橡皮工具：用于擦除绘图中不需要的部分，用户可根据要擦除的对象范围大小来选择合适的橡皮擦，橡皮工具根据后背景而变化，当用户改变其背景色时，橡皮会转换为绘图工具，类似于刷子的功能。

填充工具：运用此工具可对一个选区内进行颜色的填充，来达到不同的表现效果，用户可以从颜料盒中进行颜色的选择，选定某种颜色后，单击选取前景色，右击选取背景色，在填充时，一定要在封闭的范围内进行，否则整个画布的颜色会发生改变，达不到预想的效果，在填充对象上单击填充前景色，右击填充背景色。

取色工具✐：此工具的功能等同于在颜料盒中进行颜色的选择，运用此工具时可单击该工具按钮，在要操作的对象上单击，颜料盒中的前景色随之改变，而对其右击，则背景色会发生相应的改变。当用户需要对两个对象进行相同颜色的填充，而此时前景色和背景色的颜色已经调乱时，可采用此工具，能保证其颜色的绝对相同。

放大镜工具✑：当用户需要对某一区域进行详细观察时，可以使用放大镜进行放大，选择此工具按钮，绘图区会出现一个矩形选区，选择所要观察的对象，单击即可放大，再次单击回到原来的状态，用户可以在辅助选框中选择放大的比例。

铅笔工具✐：此工具用于不规则线条的绘制，直接选择该工具按钮即可使用，线条的颜色依前景色而改变，可通过改变前景色来改变线条的颜色。

刷子工具▣：使用此工具可绘制不规则的图形，使用时单击该工具按钮，在绘图区按下左键拖动即可绘制显示前景色的图画，按下右键拖动可绘制显示背景色的图画。用户可以根据需要选择不同的笔刷粗细及形状。

喷枪工具▣：使用喷枪工具能产生喷绘的效果，选择好颜色后，单击此按钮即可进行喷绘，在喷绘点上停留的时间越久，其浓度越大；反之，浓度越小。

文字工具▣：用户可使用文字工具在图画中加入文字，单击此按钮，"查看"菜单中的"文字工具栏"便可以用了，执行此命令，这时就会弹出"文字工具栏"，用户在文字输入框内输完文字并且选择后，可以设置文字的字体、字号，给文字加粗、倾斜、加下划线，改变文字的显示方向等，如图 2-25 所示。

图 2-25　文字工具的使用

直线工具◥：此工具用于直线线条的绘制，先选择所需要的颜色以及在辅助选择框中选择合适的宽度，单击直线工具按钮，拖动鼠标至所需要的位置再松开，即可得到直线，在拖动的过程中同时按 Shift 键，可起到约束的作用，这样可以画出水平线、垂直线或与水平线成 45°的线条。

曲线工具▣：此工具用于曲线线条的绘制，先选择好线条的颜色及宽度，然后单击曲线按钮，拖动鼠标至所需要的位置再松开，然后在线条上选择一点，移动鼠标则线条会随之变化，调整至合适的弧度即可。

矩形工具▢、椭圆工具▢、圆角矩形工具▢：这 3 种工具的应用基本相同，当单击工具按钮后，在绘图区直接拖动即可拉出相应的图形，在其辅助选择框中有 3 种选项，包括以前景色为边框的图形、以前景色为边框背景色填充的图形、以前景色填充没有边框的图形，在拉动鼠标的同时按 Shift 键，可以分别得到正方形、正圆形、正圆角矩形工具。

多边形工具▣：利用此工具用户可以绘制多边形，选定颜色后，单击工具按钮，在绘图区拖动鼠标左键，当需要弯曲时松开，如此反复，到最后时双击鼠标，即可得到相应的多边形。

（4）颜料盒：由显示多种颜色的小色块组成，用户可以随意改变绘图颜色。

（5）状态栏：内容随光标的移动而改变，标明了当前鼠标所处位置的信息。

（6）绘图区：处于整个界面的中间，为用户提供画图使用的画布主界面。

2.3.2 利用 Windows 画图软件绘制图像

1. 图像的绘制

Windows 画图中可以使用工具箱中的图标按钮来绘制图像，选定相应的工具后，在工具箱下方的属性栏中设置好相关工具的属性，在颜料盒中选择工具的颜色，便可以在绘图区中绘制图像。

【例 2-7】利用画图软件绘制"美丽的小屋"，绘制结果如图 2-26 所示。

① 执行"开始"→"程序"→"附件"→"画图"命令，启动画图应用程序。

② 单击工具箱中的直线工具 ，在下面的属性栏中选择粗实线，如图 2-27 所示。

③ 单击工具箱中的矩形工具 ，在下面的属性栏中选择边框图形，如图 2-28 所示。

图 2-26 美丽的小屋

图 2-27 直线工具

图 2-28 矩形工具

④ 在颜料盒中单击黑色，选取前景色为黑色，在绘图区拖动绘制出矩形，如图 2-29 所示。

⑤ 单击工具箱中的多边形工具 ，在绘图区绘制三角形，结果如图 2-30 所示。

⑥ 分别单击工具箱中的矩形工具 、椭圆工具 和多边形工具 ，在绘图区分别绘制房子的门、窗和烟囱和其他，结果如图 2-31 所示。

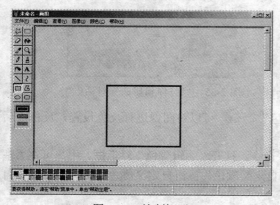

图 2-29 绘制矩形

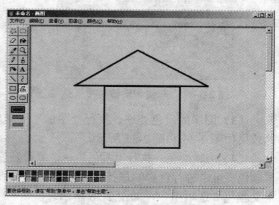

图 2-30 绘制三角形

⑦ 在颜料盒中单击选取前景色，右击选取背景色后，单击工具箱中的填充工具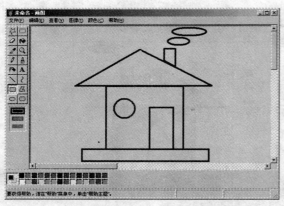，在绘图区分别填充小屋各个组成部分的颜色，结果如图 2-32 所示。

图 2-31　绘制小屋主体　　　　　　　　　　　　　图 2-32　颜色填充

⑧ 单击工具箱中的文字工具 **A**，在绘图区写入文字"美丽的小屋"，结果如图 2-33 所示。

⑨ 执行"文件"→"保存"/"另存为"命令，打开"保存为"对话框，对图像文件进行保存。

2．图像的编辑

在画图工具栏的"图像"菜单中，可对图像进行简单的编辑。

（1）图像的旋转和翻转。执行"图像"→"翻转/旋转"命令，可以对图像进行相应翻转和旋转的设置，如图 2-34 所示。

（2）图像的拉伸和扭曲。执行"图像"→"拉伸/扭曲"命令，可以对图像进行拉伸和扭曲的设置，如图 2-35 所示。

图 2-33　写入"美丽的小屋"

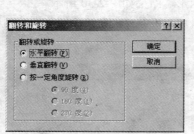

图 2-34　"翻转和旋转"对话框

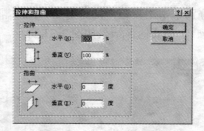

图 2-35　"拉伸和扭曲"对话框

（3）图像的反色处理。执行"图像"→"反色"命令，可以对图像进行反色设置，反色前后的效果如图 2-36 和图 2-37 所示。

（4）编辑颜色。执行"颜色"→"编辑颜色"命令，打开"编辑颜色"对话框，用户可在"基本颜色"组中进行色彩的选择，也可以单击"规定自定义颜色"按钮自定义颜色然后再添加到"自定义颜色"选项组中，如图 2-38 所示。

图 2-36　反色前的效果　　　　　　　　图 2-37　反色后的效果

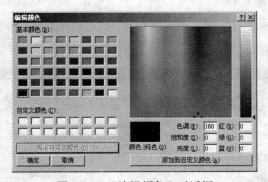

图 2-38　"编辑颜色"对话框

2.4　图像浏览与简单处理

2.4.1　图像浏览

ACDSee 是当前比较流行的图像浏览工具之一,它提供了良好的操作界面、简单人性化的操作方式、优质快速的图形解码方式。支持丰富的图像格式以及格式转换功能、强大的图形文件管理功能等。ACDSee 也提供了许多影像编辑的功能,如复制至剪贴板、旋转或修剪影像。最新版的 ACDSee 2009(英文版)和 ACDSee 11.0(中文版),其图像编辑处理功能已经非常强大,除了有去除红眼、剪切图像、锐化、浮雕特效、曝光调整、旋转、镜像等功能,还能进行图像文件批量处理,并新增了 QuickTime 及 Adobe 格式档案的浏览,可以将图片放大缩小,调整视窗大小与图片大小配合,全屏幕的影像浏览,并且支持 GIF 动态影像。

完整安装 ACDSee 2009 后,在程序中包含 3 个程序组件:ACDSee 设备检测器、ACDSee 2009 陈列室和 ACDSee 照片管理器。

(1)ACDSee 设备检测器:用来检测计算机插入的新媒体介质,如:数码相机、U 盘、光盘等,并提示用 ACDSee 导入图片文件。从相机或者其他存储设备中导入图片时,就可以对图片进行自定义类别、关键词、创建备份等。当导入过程完成时,文件便已整理好,并且已经为浏览和分享做好准备,如图 2-39 所示。

(2)ACDSee 2009 陈列室:提供了在桌面上快速显示和浏览图像的工具,如图 2-40 所示。

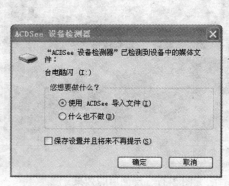

图 2-39   ACDSee 设备检测器

图 2-40   ACDSee 2009 照片陈列室

（3）ACDSee 照片管理器：ACDSee 照片管理器启动后的界面如图 2-41 所示，可以在左边的路径显示栏中展开树形图以进行图片查找，拖动找到的图片缩略图到右边的整理栏可以让图片变得有序。

图 2-41   ACDSee 照片管理器窗口界面

1. 缩略图方式浏览图片

在 ACDSee 主界面中，通过单击左侧窗格中的文件夹路径查找到图像，在中间部分可以通过缩略图的方式浏览图片。

2. 显示图片内容

在中间部分双击任何一个缩略图，即可打开原始图从而进行全屏幕展示。在大图片上右击，即可弹出如图 2-42 所示的快捷菜单中选择"下一个图像"命令将依次显示其他图片，也可单击"幻灯放映"方式，通过选择百叶窗、滑移、淡入淡出、拉伸、旋转等效果进行图片自动放映。

图 2-42 图像浏览右键菜单

3. 简单修改图片

在大图片上右击，在弹出的快捷菜单选择"修改"命令，如图 2-43 所示，对该图片进行文件格式转换、旋转角度、调整大小、调整曝光度、裁剪等简单修改，从而使图片更适合用户的需要。在网络上传图片时，如果出现图片容量过大、格式不符合等问题时，就可以利用该功能对图片做简单处理。对于大批量图片修改可以在如图 2-41 所示的图片浏览窗口中右击，在弹出的快捷菜单中选择"工具"命令，可以批量对图片做格式转换、调整大小等操作。

图 2-43 图像的修改

4. 墙纸设置

在大图片上右击，在弹出的快捷菜单中选择"墙纸"命令，对图片进行居中、平铺、还原的墙纸设置，如图 2-44 所示。

5.　创建图片幻灯放映

　　对于大量的图片，可以创建成幻
灯文件的方式进行播放浏览。在图像
浏览窗口中右击，在弹出的快捷菜单
中选择"创建幻灯放映"命令，打开
如图 2-45 所示的向导，从中看到
ACDSee 可以把大量待播放图片创建
成独立的幻灯放映（.exe 文件格式）、
Windows 屏幕保护程序（.scr 文件格
式）、Adobe Flash Player 幻灯放映
（.swf 文件格式），同时还可以在放映
的过程中加入背景音乐等效果。除了
上述幻灯方式外，还可以把图片创建
成.ppt 格式的幻灯片或创建成 HTML

图 2-44　墙纸设置

网页相册等，其创建操作如图 2-46 所示，选择"创建"→"创建 PPT"或"创建 HTML 相册"命
令，按提示进行操作就可以完成图片幻灯片的创建。

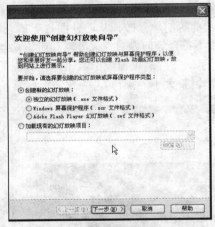

图 2-45　创建幻灯放映向导

图 2-46　创建菜单

6.　图片的归类检索

　　大量图片拖动到右边的整理栏进行归类整理后，就可以根据图片的级别（图 2-47）过滤方式、图
片的类别（图 2-48）组合方式、不同的排序方式（图 2-49）对图片进行分类分级别检索显示。

图 2-47　过滤方式

图 2-48　组合方式

图 2-49　排序方式

7. 日历事件浏览图片

在浏览窗口中选择"视图"→"日历"命令,可以在图片浏览日历中选择事件视图、年份视图、月份视图等对以往浏览过的图片通过相应视图进行查找浏览,如图 2-50 所示。

2.4.2 图像处理

1. 图像编辑相关工具简介

在图像浏览窗口界面中(图 2-41)单击选中需要编辑的图像,在工具栏中单击"编辑图像"按钮 ,或者在需要编辑的图像处右击,在快捷菜单中选择"编辑"命令,打开图像编辑窗口,如图 2-51 所示。窗口界面左侧为图形编辑工具面板,如图 2-52 所示。

图 2-50 日历时间浏览图片

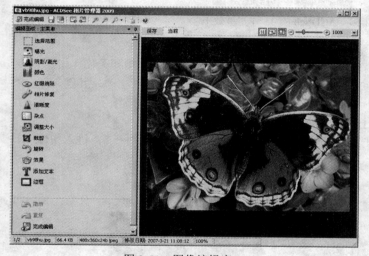

图 2-51 图像编辑窗口

图 2-52 编辑面板工具

(1)选择范围工具:利用选择框、自由套索和魔术棒工具对要处理的图像区域进行精确的定位和选择。

(2)曝光工具:调整图像的光线亮度、对比度及色阶等。

(3)阴影/高光工具:与曝光工具类似,可以调整光线的明暗及与阴暗区域之间的平衡与对比度。

(4)颜色工具:通过调整图像的色调、饱和度、亮度等来调整图像的颜色。

(5)红眼消除工具:通过用其他颜色填充以及调整消除强度值来消除人物图像的眼睛部分的红眼效果。

(6)相片修复工具:通过修复和克隆选项修复和消除照片的刮痕或镜头瑕疵等。

(7)清晰度工具:通过锐化或模糊来调整图像的清晰度,其中模糊类型有高斯、线性、缩放等效果。

(8)杂点工具:也叫噪点工具,用来给图像添加杂点,起到一定的点缀作用。

(9)调整大小工具:通过按像素或按百分比等方式调整图像的大小。

(10)裁剪工具:通过按矩形的方式剪裁所需图像的部分。

（11）旋转工具：通过按照自定义的角度对原图像进行旋转以达到调整图像的垂直度或通过旋转实现不同的视觉效果。

（12）效果工具：ACDSee 2009 提供了 43 种图像滤镜效果，如图 2-53 所示。可以满足基本的图像特殊效果要求。

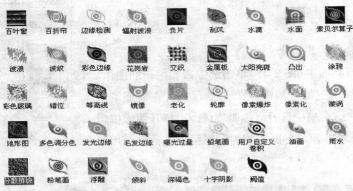

百叶窗　百折布　边缘检测　辐射波浪　负片　刮风　水滴　水面　索贝尔算子
波浪　波纹　彩色边缘　花岗岩　文织　金属板　太阳亮斑　凸出　涂鸦
彩色玻璃　错位　等高线　镜像　老化　轮廓　像素爆炸　像素化　漩涡
地形图　多色调分色　发光边缘　毛发边缘　曝光过量　铅笔画　用户自定义卷积　油画　雨水
曲面拼接　粉笔画　浮雕　倾斜　深褐色　十字阴影　阈值

图 2-53　ACDSee 的 43 种滤镜效果

（13）文本工具：用来给图像添加标题或说明等文本信息。

（14）边框工具：用来给图像添加各式各样的边框效果，起到一定的点缀和美化作用。

2．图像处理

【例 2-8】调整图像曝光度。

① 启动 ACDSee 图像管理器，打开素材文件夹中的"花朵.jpg"文件。

② 选中"花朵.jpg"文件，单击窗口工具栏中的"编辑图像"按钮 [编辑图像 ▾]，进入图像编辑窗口，如图 2-54 所示。

图 2-54　图像编辑窗口

③ 单击左侧工具选项中的"曝光按钮" [曝光]，进入曝光编辑窗口，如图 2-55 所示。在"曝光"选项卡中可以进行曝光、对比度、填充光线的设置。

④ 在曝光窗口中单击"自动色阶"选项，单击"曝光警告"按钮，预览窗口中的红色区域表

示图片曝光过度部分，绿色区域显示图片曝光不足部分，如图 2-56 所示。可依据这些曝光提示信息修改曝光效果。

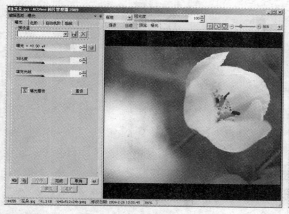

图 2-55　曝光窗口

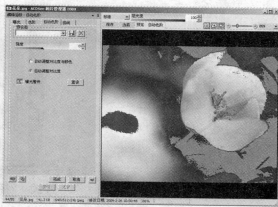

图 2-56　曝光警告

⑤ 拖动"强度"滑块，进行图像曝光度的调整。

⑥ 在曝光窗口中单击"色阶"选项卡，如图 2-57 所示，可以进行阴影、中间调和高光设置。

⑦ 在曝光窗口中单击"曲线"选项卡，如图 2-58 所示，可以通过拖动图中曲线进行曝光度的设置。

图 2-57　"色阶"选项卡

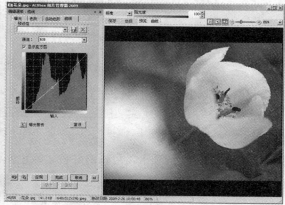

图 2-58　"曲线"选项卡

⑧ 调整结束，单击"完成"按钮，返回图像编辑窗口，单击"保存"按钮 🔲 直接保存图片，或单击"完成编辑"按钮 🔲 完成编辑，选择"另存为"命令保存图片。

【例 2-9】调整图像颜色。

① 启动 ACDSee 图像管理器，打开素材文件夹中的 2.jpg 文件。

② 选中 2.jpg 文件，单击窗口工具栏中的"编辑图像"按钮 🔲 编辑图像 ，进入图像编辑窗口，如图 2-59 所示。

③ 单击左侧工具选项中的"颜色按钮" 🔲 颜色，进入颜色编辑窗口。在 HSL 选项卡中可以对色调、饱和度和亮度进行设置。将其饱和度设置为-100，图像颜色由彩色转为黑白，如图 2-60 所示。

图 2-59　图像编辑窗口

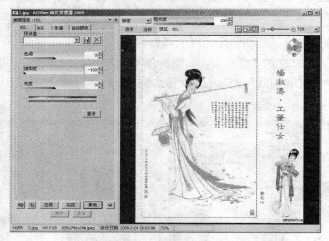

图 2-60　HSL 选项卡

④ 单击 RGB 选项卡，可以对红色、绿色、蓝色进行设置，如图 2-61 所示。

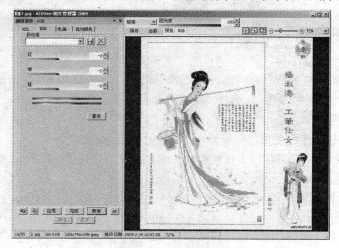

图 2-61　RGB 选项卡

⑤ 单击"色偏"和"自动颜色"可以进行色偏设置和自动调整颜色。

⑥ 调整结束，单击"完成"按钮，返回图像编辑窗口，单击"保存"按钮 🔲 直接保存图片，或单击"完成编辑"按钮 🔲 完成编辑，选择"另存为"命令保存图片。

【例 2-10】调整图像清晰度。

① 启动 ACDSee 图像管理器，打开素材文件夹中的 3.jpg 文件。

② 选中 3.jpg 文件，单击窗口工具栏中的"编辑图像"按钮 🖼 编辑图像 ▾，进入图像编辑界面，如图 2-62 所示。

图 2-62　图像编辑窗口

③ 单击左侧工具选项中的"清晰度"按钮 🔺 清晰度，进入图像清晰度编辑窗口，可分别在"清晰度"、"模糊蒙版"和"模糊"选项卡中对图像进行设置。单击"模糊"选项卡，单击"预设值"下拉列表中的"霜化"，进行图像的"霜化"设置，如图 2-63 所示。

图 2-63　"霜化"效果

④ 单击"预设值"下拉列表中的"旋转"，进行图像旋转设置，如图 2-64 所示。

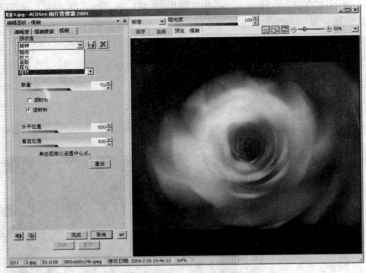

图 2-64　"旋转"效果

⑤ 进行其他设置，调整结束，单击"完成"按钮，返回图像编辑窗口，单击"保存"按钮📄直接保存图片，或单击"完成编辑"按钮，选择"另存为"命令保存图片。

【例 2-11】添加图像杂点。

① 启动 ACDSee 图像管理器，打开素材文件夹中的 4.jpg 文件。

② 选中 4.jpg 文件，单击窗口工具栏中的"编辑图像"按钮，进入图像编辑窗口，如图 2-65 所示。

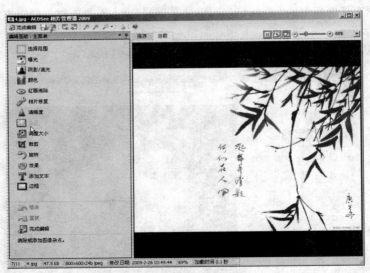

图 2-65　图像编辑窗口

③ 单击左侧工具选项中的"杂点"按钮，进入图像杂点编辑窗口，可分别在"消除杂点"和"添加杂点"选项卡中对图像进行设置。单击"添加杂点"选项卡，设置"强度"为 450，"杂点颜色"为"单色"，效果如图 2-66 所示。

图 2-66 添加杂点效果

④ 调整结束，单击"完成"按钮，返回图像编辑窗口，单击"保存"按钮🔲直接保存图片，或单击"完成编辑"按钮🔲完成编辑，选择"另存为"命令保存图片。

【例 2-12】调整图像大小。

① 启动 ACDSee 图像管理器，打开素材文件夹中的 5.jpg 文件。

② 选中 5.jpg 文件，单击窗口工具栏中的"编辑图像"按钮🔲编辑图像▾，进入图像编辑窗口，如图 2-67 所示。

图 2-67 图像编辑窗口

③ 单击左侧工具选项中的"调整大小"按钮🔲调整大小，进入图像调整大小编辑窗口，单击"预设值"下拉列表中的"一般大小"，将图像设置为一般大小，效果如图 2-68 所示。

图 2-68　一般大小的图像效果

④ 调整结束，单击"完成"按钮，返回图像编辑窗口，单击"保存"按钮 圆 直接保存图片，或单击"完成编辑"按钮 完成编辑，选择"另存为"命令保存图片。

【例 2-13】裁剪图像。

① 启动 ACDSee 图像管理器，打开素材文件夹中的 6.jpg 文件。

② 选中 6.jpg 文件，单击窗口工具栏中的"编辑图像"按钮 编辑图像 ，进入图像编辑窗口，如图 2-69 所示。

图 2-69　图像编辑窗口

③ 单击左侧工具选项中的"裁剪"按钮 裁剪 ，进入图像裁剪编辑窗口，选择"限制裁减比例"复选框，选择"横向"裁剪，设置"调暗裁剪区域外部"值为 50，拖动裁剪区域控柄进行大小设定，单击"估计新文件大小"按钮，查看设置好的新文件大小，效果如图 2-70 所示。

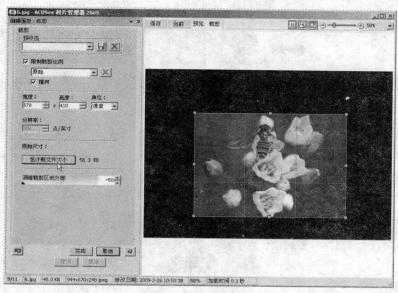

图 2-70　裁剪图像

④ 调整结束，单击"完成"按钮，返回图像编辑窗口，单击"保存"按钮 ▦ 直接保存图片，或单击"完成编辑"按钮 ▦ 完成编辑，选择"另存为"命令保存图片。

【例 2-14】旋转图像。

① 启动 ACDSee 图像管理器，打开素材文件夹中的 7.jpg 文件。

② 选中 7.jpg 文件，单击窗口工具栏中的"编辑图像"按钮 ✎ 编辑图像 ▾，进入图像编辑窗口，如图 2-71 所示。

③ 单击左侧工具选项中的"旋转"按钮 ↻ 旋转，进入图像旋转编辑窗口，在"旋转"选项卡中选择"保留调正的图像"复选框，将图像旋转"左侧 45.0 度"，效果如图 2-72 所示。

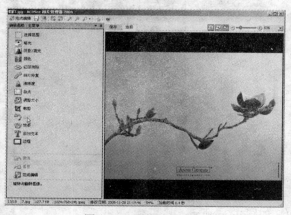

图 2-71　图像编辑窗口

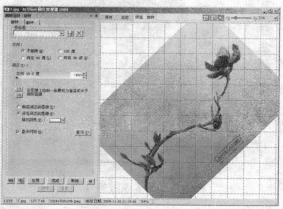

图 2-72　旋转图像

④ 单击"翻转"选项卡，设置为"水平翻转"，效果如图 2-73 所示。

⑤ 调整结束，单击"完成"按钮，返回图像编辑界面，单击"保存"按钮 ▦ 直接保存图片，或单击"完成编辑"按钮 ▦ 完成编辑，选择"另存为"命令保存图片。

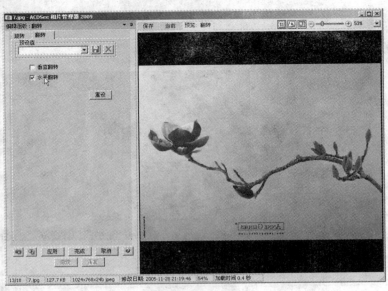

图 2-73　翻转图像

【例 2-15】人物图像的素描效果制作。

方法一：

① 启动 ACDSee 图像管理器，打开素材文件夹中的 8.jpg 文件。

② 选中 8.jpg 文件，单击窗口工具栏中的"编辑图像"按钮 编辑图像▾，进入图像编辑窗口，如图 2-74 所示。

③ 单击左侧工具选项中的"效果"按钮 效果，进入图像效果编辑窗口，在"选择类别"下拉列表中选择"绘画"效果，如图 2-75 所示。

图 2-74　图像编辑窗口	图 2-75　绘画效果选项

④ 双击"铅笔画"效果，将图像设置为黑白，如图 2-76 所示。

⑤ 用"清晰度"工具对图像进行调整，使图像的线条变得模糊，以接近素描的效果。

⑥ 用"阴影/高光工具"对图像进行调整，使黑色加重。

⑦ 用"杂点"工具消除图像中的杂点，得到如图 2-77 所示的效果。

⑧ 调整结束，单击"完成"按钮，返回图像编辑窗口，单击"保存"按钮 直接保存图片，或单击"完成编辑"按钮 完成编辑，选择"另存为"命令保存图片。

图 2-76   铅笔画效果   图 2-77   最终效果

方法二：

① 在图像编辑窗口中。单击左侧工具选项中的"效果"按钮 ![效果]，进入图像效果编辑窗口，在"选择类别"下拉列表中选择"边缘"效果，如图 2-78 所示。

② 双击"边缘检测"效果，找出图像内物体的主线条，效果如图 2-79 所示

图 2-78   边缘效果选项

图 2-79   边缘检测效果

③ 单击"效果"选项卡，在"选择类别"下拉列表中选择"颜色"效果，如图 2-80 所示。

④ 双击"负片"（低版本叫底片）效果，即可得到基本的黑白线条图像，效果如图 2-81 所示。

图 2-80   颜色效果选项

图 2-81   负片效果

⑤ 在"曝光"工具的"对比度"调整选项中将对比度进行调整,即可得如图 2-77 所示的最终效果。

⑥ 调整结束,单击"完成"按钮,返回图像编辑窗口,单击"保存"按钮🖫直接保存图片,或单击"完成编辑"按钮🖳 完成编辑,选择"另存为"命令保存图片。

【例 2-16】给图像添加文本。

① 启动 ACDSee 图像管理器,打开素材文件夹中的 9.jpg 文件。

② 选中 9.jpg 文件,单击窗口工具栏中的"编辑图像"按钮🖳 编辑图像▾,进入图像编辑窗口,如图 2-82 所示。

图 2-82　图像编辑窗口

③ 单击左侧工具选项中的"添加文本"按钮 T 添加文本,进入文本编辑窗口,输入文字"玫瑰",选择"字体"为"隶书",字体颜色为红色,大小为 100,"混合模式"选项为"标准",同时选择"效果"、"阴影"和"倾斜"选项,在"效果设置"中选择效果为"散布",如图 2-83 所示。

图 2-83　文字编辑

④ 调整结束,单击"完成"按钮,返回图像编辑界面,单击"保存"按钮🖫直接保存图片,或单击"完成编辑"按钮🖳 完成编辑,选择"另存为"命令保存图片。

【例 2-17】添加图像边框。

① 启动 ACDSee 图像管理器，打开素材文件夹中的 10.jpg 文件。

② 选中 10.jpg 文件，单击窗口工具栏中的"编辑图像"按钮 编辑图像，进入图像编辑窗口，如图 2-84 所示。

图 2-84　图像编辑窗口

③ 单击左侧工具选项中的"边框"按钮 边框，进入边框设置窗口，在"边框"选项卡中设置"边框"的"大小"为 15，"颜色"为紫红色，"边缘"为"不规则"，"边缘效果"为"突起"、"彩色"，如图 2-85 所示。

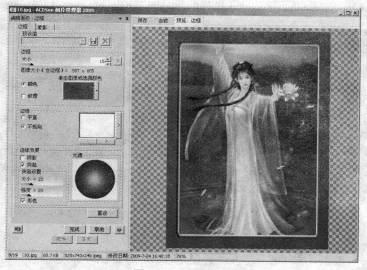

图 2-85　边框效果

④ 单击"晕影"选项卡，设置"形状"为"圆形"，"边框"为"波纹"，"波长"为 20，"显示轮廓"后拖动显示出的轮廓进行位置的改变，效果如图 2-86 所示。

⑤ 调整结束，单击"完成"按钮，返回图像编辑窗口，单击"保存"按钮 直接保存图片，或单击"完成编辑"按钮 完成编辑，选择"另存为"命令保存图片。

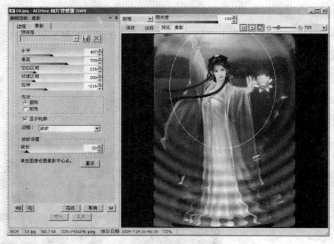

图 2-86 晕影效果

【例 2-18】 克隆图像。

① 启动 ACDSee 图像管理器，打开素材文件夹中的 11.jpg 文件。

② 选中 11.jpg 文件，单击窗口工具栏中的"编辑图像"按钮 ，进入图像编辑窗口，如图 2-87 所示。

③ 单击左侧工具选项中的"相片修复"按钮 ，进入相片修复窗口，然后单击"克隆"单选按钮进入克隆编辑功能状态。在本例中，应用克隆功能将左面花朵上的瓢虫复制到右面的花朵上。首先在左面花朵瓢虫上右击鼠标选定一个源点，然后在右面花朵上的适当位置拖动鼠标左键即可复制一只瓢虫。如图 2-88 所示。

图 2-87 图像编辑窗口

图 2-88 图像克隆

④ 调整结束，单击"完成"按钮，返回图像编辑窗口，单击"保存"按钮 直接保存图片，或单击"完成编辑"按钮 ，选择"另存为"命令保存图片。

2.5 综合应用实训

实训 1：网上查询。

（1）查询 ACDSee 图形处理软件的最新版本及新增功能。

（2）查询当前主要的图形处理软件有哪些？它们各自的优缺点是什么？

实训 2：软件环境熟悉。

（1）启动画图程序，利用工具箱中的直线工具和曲线工具绘制双曲线，如图 2-89 所示，并保存。

（2）任意选择一幅高清图片，在编辑窗口中打开图片，单击"效果"工具，观察每一种滤镜的效果。

（3）任意选择一幅高清图片，在编辑窗口中打开图片。熟悉 ACDSee 的图形编辑工具面板，如图 2-90 所示。

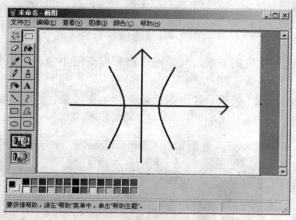

图 2-89　双曲线

图 2-90　编辑面板工具

实训 3：裁剪图像、修复图像、添加文字、添加效果。

（1）在编辑窗口中打开素材库中的一幅图像，使用编辑面板的"裁剪"工具进行裁剪，出现如图 2-91 所示的效果。

（2）调整裁剪控制柄得到裁剪后的效果，如图 2-92 所示。

图 2-91　ACDSee 编辑裁剪窗口

图 2-92　图片裁剪后的效果

（3）用"相片修复"工具的"克隆"选项擦除原有字体，保存图像，擦除后的效果如图 2-93 所示。

（4）用"添加文本"工具，重新添加唐诗，选择合适的字体以及排版效果，如图 2-94 所示。

图 2-93　文字擦出后的效果　　　　　　　　　图 2-94　添加文字后的效果

（5）用"颜色"工具的 HSL 面板中的"饱和度"调节条，减低图像饱和度至最小值，图像变成了黑白水墨图，效果如图 2-95 所示。

（6）执行"效果"→"边缘类别"→"边缘检测"效果，找出图像内物体的主线条，如图 2-96 所示。

图 2-95　降低饱和度后的效果　　　　　　　　图 2-96　边缘检测效果

（7）在"效果"工具的"颜色效果"分类中，利用"负片（低版本叫底片）"滤镜，实现基本的黑白线条图像，如图 2-97 所示。

图 2-97　负片（底片反白）效果

（8）利用"效果"工具中"绘图"分类的"铅笔画"效果来实现以上效果，比较以上操作所产生效果的不同。

2.6 本章小结

本章介绍了图形与图像的基本概念，图像是由点、直线和曲线构成的位图，适用于几何制图；图像是由像素点构成的矢量图，适合表现自然景观、人物、动物、植物等引起人类视觉感受的事物。一般图像有无损压缩和有损压缩两种方法，常见的图像格式有 BMP、GIF、TIFF、SVG、PSD、JPEG等。获取图像的方法很多，可以按照所需获取图像。常用的图像绘制软件有 Windows 自带的画图软件，图像浏览和管理软件有 ACDSee 相片管理器，使用 ACDSee 可以方便地查看、处理和管理图像，能完成图像的批量修改、格式转换等工作。

在学习本章之后，应该掌握通过截取屏幕获取图像的方法；学会使用画图软件绘制简单图形，并能够进行简单的处理；熟练使用 ACDSee 相片管理器浏览、处理和存储图像。

课后习题

1. 填空题

（1）图形是指由外部轮廓线条构成的_____，图像是由扫描仪、摄像机等输入设备捕捉实际的画面产生的数字图像，由像素点阵构成的_____。

（2）分辨率一般分为_____和_____两种，前者用图像每英寸显示的像素数表示，分辨率数值越大，则图像质量越好；后者是衡量输出设备的精度，以输出设备（如显示器）每英寸的像素数表示。

（3）图像的色彩模式一般可以分为_____、_____和 CMYK 模式。

（4）用来表示图像的像素_____，图像则越清晰，也越接近原始的图像。

（5）一般根据压缩后图像质量和原图像相比损伤和失真的程度，可以将图像压缩分为两大类：_____和_____。

（6）_____技术可以大大地减少文件的数据，从而减少图像在磁盘上的存储空间，但这是以损失图像的质量为代价的。

（7）_____技术，是利用数据的统计冗余进行压缩，可完全恢复原始数据而不引起任何失真。

（8）常见的扫描仪有_____、平面扫描仪、_____等。

（9）常用的数码相机可以分为单反相机、卡片相机和_____三类。

（10）直接按下键盘上的_____键可以将整个电脑屏幕的图像进行复制并放入剪贴板；而按下_____组合键可以将电脑屏幕上的活动窗口进行复制并放入剪贴板。

2. 思考题

（1）图像文件大致可以分为哪两类？说明其优缺点。

（2）计算机中存储的数字图像的获取途径有哪些？

（3）什么是 RGB 模式？什么是 HSB 模式？

（4）常见的图像文件格式有哪些？

（5）屏幕图像截取的方法常用的有哪几种？并简述其特征。

第 3 章 音频处理技术

音频是多媒体技术的重要特征之一，音频处理技术是多媒体技术的重要组成部分，也是多媒体素材处理的基本内容之一。音频处理技术主要包括：音频数字化采样、音频压缩、语音剪辑、语音合成及语音识别等。声音是携带信息的重要媒体，它可以增强对其他类型的媒体所表达信息的理解。现在的计算机都配备了声卡，能够对声音进行录制、编辑和合成等处理。在音频技术中难度最大的为语音识别，目前处于初级研究阶段，但是其广阔的应用前景使之成为音频处理的焦点。

本章主要内容（主要知识点）：

- 音频的相关概念
- 常见的音频文件格式
- 音频的获取
- 音频文件的录制、编辑和合成处理

教学目标：

- 掌握音频文件的获取途径和方法
- 掌握声音的录制、编辑和各种效果设置
- 了解音频的相关概念
- 了解音频文件的常见格式分类

本章重点：

- GoldWave 音频处理软件的使用
- 音频文件的录制、编辑和效果设置

本章难点：

- 音频文件的编辑
- 音频文件的效果设置

3.1 音频概述

声音是传递信息的重要媒体，也是多媒体的重要组成部分。声音是人们传递信息、交流感情时最方便、最熟悉的方式之一，在多媒体作品中加入数字化声音，能唤起人们在听觉上的共鸣，增强多媒体作品的趣味性和表现力。通常所说的数字化声音是数字化语音、声响和音乐的总称。

3.1.1 音频的基本概念

音频是一个专业术语，人类能够听到的所有声音都称之为音频，正常人耳能听到的音频范围一般约为 20Hz～20kHz。声音被录制下来以后，无论是说话声、歌声、乐器都可以通过数字音乐软件处理，或是把它制作成 CD，而音频只是储存在计算机里的声音。一台计算机再加上相应的音频卡，就是我们经常说的声卡，就可以把所有的声音录制下来，使之成为音频。数码音频是保存在计算机中的声音信号，是传输声音的一种方式，其特点是音频信息用数字信号表示，也就是用一串数字符号 1 和 0 来记录声音，在进行处理的时候不容易损失。实际上人耳听不到数字信号，只有模拟信号才能被人耳感知，但模拟信号在录制和处理过程中损失很大，计算机一般采用数字信号来表示声音。计算机在输出音频文件时，一般首先利用数模转换器（D/A 转换器）把数字格式的音频文件通过一次 D/A 转换成模拟信号进行输出，从而产生人耳听到的各种声音。

3.1.2　声音的基本特点

1. 认识声音

声音是由物体振动产生的，声音是一种机械纵波，波是能量的传递形式，它有能量，所以能产生效果，但是它不同于光，也就是通常所说的电磁波，光有质量、能量和动量，声音在物理上只有压力，没有质量。一切声音都是由物体振动而产生的，声源实际上是一个振动源，它使周围的媒介如气体、液体、固体等产生振动，并以波的形式从声源向四周传播，人耳如果能感觉到这种传来的振动，再反映到大脑，就听到了声音。

正常人耳能够听见 20Hz～20000Hz 的声音，而老年人的高频声音减少到 10000Hz 或 6000Hz 左右。人们把频率高于 20000Hz 的声音称为超声波，低于 20Hz 的称为次声波。超声波和正常声波遇到障碍物后会向原传播方向的反方向传播，而部分次声波可以穿透障碍物继续传播。

2. 声音三要素

（1）音调。音调代表声音的高低，也称音高。声音的高低由"频率"决定，频率越高音调越高，频率的单位是 Hz（赫兹）。

声音频率的高低叫做音调。它表示人的听觉分辨一个声音的调子高低的程度。音调主要由声音的频率决定，同时也与声音强度有关。对不同强度的纯音，音调随频率的升降而变化，频率越高，音调越高，反之亦然。低频纯音的音调随响度增加而下降，即 2000 Hz 以下的低频纯音的音调随响度的增加而下降；高频纯音的音调却随响度增加而上升，即 3000 Hz 以上高频纯音的音调随响度的增加而上升。音调的高低还与发声体的结构有关，发声体的结构影响了声音的频率。

对音调可以进行定量的判断。音调的单位称为美（mel）。频率 1000Hz、声压级为 40 dB 的纯音的音调为 1000 mel，调子高一倍的称为 2000 mel，调子低一倍的称为 500 mel。

所谓音调控制就是人为地改变信号里高、低频成分的比重，以满足听者的爱好、渲染某种气氛、达到某种效果，或补偿扬声器系统及放音场所的音响不足。这个控制过程其实并没有改变各种声音的音调，实际上是"高、低音控制"或"音色调节"。

（2）音色。音色（Musical Quality）是指声音的感觉特性，具有特色的声音也称音品，表示声音的品质，不同的发声体由于材料、结构不同，发出声音的音色也就不同，如二胡和笛子的音色就不同。我们可以通过音色的不同去分辨不同的发声体，音色是声音的特色，根据不同的音色，即使在同一音高和同一声音强度的情况下，也能区分出是不同乐器或不同人发出的。同样的音量和音调上不同的音色就好比同样色度和亮度配上不同的色相的感觉一样。

音色的不同取决于不同的泛音，所有能发声的物体，例如不同的乐器、不同的人发出的声音，除了一个基音外，还有许多不同频率的泛音伴随，正是这些泛音决定了其不同的音色，使人能辨别出是何种乐器或者何人发出的声音。

需要把音色和音质区别开来。音质一般指声音的品质，在音响技术中它包含了三方面的内容：声音的音高，即音频的强度和幅度；声音的音调，即音频的频率或每秒变化的次数；声音的音色，即音频泛音或谐波成分。声音的泛音适中，谐波较丰富，听起来音色就优美动听。

（3）音强。声音的强度有时也被称为声音的响度，也就是常说的音量，音强是声音信号中主音调的强弱程度，是判别乐音的基础。声音的强度是一个客观的物理量，其常用单位为"分贝"（dB）。比如闹市区约为 70dB，一般的住宅内约为 40dB 等。但这还不是人耳对声音强度反映的主观量。人耳对声音强度反映的主观量称之为"响度"，其单位为"宋"。一"宋"被定义为 40dB 1000Hz 纯音所引起的响度。在声音体系中，音的强弱是由发音时发音体振动幅度的大小决定的，两者成正比关系，振幅越大则音越"强"，反之则越"弱"。

3.1.3 音频技术参数

数码录音最关键的一步就是要把模拟信号转换为数码信号。计算机通过一些录音软件将模拟声音信号录制成为 wav 文件，描述 wav 文件主要有两个指标，一个是采样频率，或称采样精度；另一个是比特率。这是数字音频制作中十分重要的两个概念。

1. 采样频率

采样频率是指计算机每秒钟采集多少个声音样本，是描述声音文件的音质、音调，衡量声卡、声音文件的质量标准。采样频率越高，即采样的间隔时间越短，则在单位时间内计算机得到的声音样本数据就越多，对声音波形的表示也越精确。采样频率与声音频率之间有一定的关系，根据奎斯特理论，只有采样频率高于声音信号最高频率的两倍时，才能把数字信号表示的声音还原成为原来的声音。这就是说采样频率是衡量声卡采集、记录和还原声音文件的质量标准。

采样频率常用的表示符号是 fs。采样频率只能用于周期性采样的采样器，对于非周期性采样的采样器没有规则限制。wav 使用的是数码信号，它是用一堆数字来描述原来的模拟信号，所有的声音都是模拟信号，有其波形，数码信号就是在原有的模拟信号波形上每隔一段时间进行一次"取点"，赋予每一个点以一个数值，这就是"采样"，然后把所有的"点"连起来就可以描述模拟信号了，很明显，在一定时间内取的点越多，描述出来的波形就越精确，这个尺度称为"采样频率"或"采样精度"。最常用的采样频率是 44.1kHz，它的意思是每秒钟取样 44100 次。这个数值是经过了反复实验的最适合采样的频率，低于这个值就会有较明显的损失，而高于这个值人的耳朵已经很难分辨，而且增大了数字音频所占用的空间。一般为了达到更加精确的目的，还会使用 48kHz 甚至 96kHz 的采样频率，目前 44.1kHz 还是一个最通行的标准。

2. 比特率

声音有轻有响，影响声音响度的物理要素是振幅，作为数码录音，必须也要能精确表示乐曲的轻响，所以一定要对波形的振幅有一个精确的描述。"比特（bit）"就是这样一个单位，16 bit 就是指把波形的振幅划为 2^{16} 即 65536 个等级，根据模拟信号的轻响把它划分到某个等级中去，就可以用数字来表示了。

比特率是指将数字声音由模拟格式转化成数字格式的一种标准，和采样频率一样，比特率越高，越能细致地反映乐曲的轻响变化，还原后的音质就越好。作为一种数字音乐压缩效率的参考性指标，比特率表示单位时间（1 秒）内传送的比特数 bps（bit per second，位/秒）的速度。通常使用 kbps（每秒钟 1000 比特）作为单位。CD 中的数字音乐比特率为 1411.2kbps，音乐文件的比特率越高则意味着在单位时间内需要处理的数据量越多，音乐文件的音质越好。但是，比特率高时音频文件也会变大，会占用很多的内存容量，音乐文件最常用的比特率是 128kbps。

3.1.4 音频文件格式

1. CD 格式

CD 是标准的激光唱片文件，文件扩展名为.cda。该格式的文件音质好，大多数音频播放软件都支持该格式。在播放软件的"打开文件类型"中，都可以看到*.cda 格式，这就是 CD 音轨。标准 CD 格式是 44.1kHz 的采样频率，16 位量化位数，因此 CD 音轨近似无损，从而数据量很大。不能将 CD 格式的*.cda 文件直接复制到硬盘上进行播放，而需要使用 Advanced CD Ripper 等专门的抓音轨软件进行格式转换才可以播放。这个转换过程如果光盘驱动器质量过关而且抓音轨软件的参数设置得当的话，基本上可以说是无损抓音频。

2. WAV 格式

WAV 格式是微软公司开发的一种声音文件格式，也称波形文件。文件扩展名为.wav，Windows 平台的音频信息资源都是 WAV 格式，几乎所有的音频软件都支持 WAV 格式。WAV 格式支持多种音频位数、采样频率和声道，标准格式的 WAV 文件和 CD 格式一样，也是 44.1k 的采样频率，速率 88k/s，16 位量化位数。WAV 格式的声音文件质量和 CD 相差无几，但由于存储时不经过压缩，占用存储空间也很大，因此，也不适合长时间记录高质量声音，但如果对声音质量要求不高，可降低频率采样，以减少存储空间。

3. MP3 格式

MP3 是 MPEG 标准中的音频部分，也就是 MPEG 音频层。根据压缩质量和编码处理的不同分为 3 层，分别对应*.mp1、*.mp2、*.mp3。MPEG 音频文件的压缩是一种有损压缩，MP3 音频编码具有 10:1～12:1 的高压缩率，同时基本保持低音频部分不失真，但是牺牲了声音文件中 12kHz～16kHz 高音频部分的质量来换取文件的尺寸，相同长度的音乐文件，用 MP3 格式来储存，一般只有 WAV 文件的 1/10，当然，音质要次于 CD 格式或 WAV 格式的声音文件。MP3 格式压缩音乐的采样频率有很多种，可以用 64kbps 或更低的采样频率以节省空间，也可以用 320kbps 的标准达到极高的音质。

4. MIDI 格式

MIDI（Musical Instrument Digital Interface）乐器数字化接口是一种串行接口标准。它允许音乐合成器、乐器和计算机连接起来交换数据，声卡将音乐合成器等的声音转化为数字信息并以 MIDI 形式存入计算机，占用存储空间非常小。MIDI 文件主要用于原始乐器作品、流行歌曲的业余表演、游戏音轨以及电子贺卡等。

5. WMA 格式

WMA（Windows Media Audio）和日本 YAMAHA 公司开发的 VQF 格式一样，是以减少数据流量但保持音质的方法来达到比 MP3 压缩率更高的目的，WMA 的压缩率一般都可以达到 18:1 左右，WMA 的另一个优点是内容提供商可以通过 DRM（Digital Rights Management）方案，如 Windows Media Rights Manager 7，加入防拷贝保护。这种内置的版权保护技术可以限制播放时间和播放次数，甚至播放的机器等。另外 WMA 还支持音频流（Stream）技术，适合在互联网上在线播放。

6. RM 格式

RM（Real Media）是 Real 公司开发的网络流媒体文件格式。它将连续不断的音频分割成带有顺序标记的数据包，通过网络传递，接收的时候有接收方将数据包按顺序重组起来播放。RM 格式文件小但质量损失不大，适合在互联网上传输。

7. APE 格式

APE 是目前流行的数字音乐文件格式之一。与 MP3 不同，APE 是一种无损压缩音频技术，庞大的 WAV 音频文件可以通过 Monkey's Audio 这个软件压缩为 APE，音频数据文件压缩成 APE 格式后，可以再还原，而还原后的音频文件与压缩前相比没有任何损失。APE 的文件大小大概为 CD 的一半，可以节约大量的资源，随着宽带的普及，APE 也成为最有前途的网络无损格式，因此，APE 格式受到了许多音乐爱好者的青睐。庞大的 WAV 音频文件可以通过 Monkey's Audio 等音频软件压缩为 APE。

8．MPEG 格式

MPEG 是动态图像专家组的英文缩写。这个专家组始建于 1988 年，专门负责为 CD 建立视频和音频压缩标准。MPEG 音频文件指的是 MPEG 标准中的声音部分即 MPEG 音频层。目前 Internet 上的音乐格式以 MP3 最为常见。MPEG 含有的格式包括：MP1、MP2、MP3、MP4。

9．VQF 格式

VQF 的音频压缩率比标准的 MPEG 音频压缩率高出近一倍，可以达到 18:1 左右甚至更高。一首 4 分钟的 WAV 文件的歌曲压成 MP3，大约需要 4MB 左右的硬盘空间，使用 VQF 音频压缩技术，只需要 2MB 左右的硬盘空间。相同情况下压缩后 VQF 的文件体积比 MP3 小 30%～50%，更利于网上传播，同时音质较好，接近 CD 音质。

10．OGGVorbis 格式

OGGVorbis 是一种新的音频压缩格式，类似于 MP3 等现有的音乐格式。但有一点不同的是，它是完全免费、开放和没有专利限制的。OGGVorbis 文件的扩展名是.ogg。这种文件的设计格式非常先进，在使用过程中可以不断地进行大小和音质的改良，而不影响旧有的编码器或播放器。OGGVorbis 采用有损压缩，但通过使用更加先进的声学模型减少了损失，因此，相同码率编码的 OGGVorbis 比 MP3 音质更好一些，文件也更小一些。目前，OGGVorbis 虽然还不普及，但在音乐软件、游戏音效、便携播放器、网络浏览器上都得到广泛支持。

11．AMR 格式

自适应多速率宽带编码（Adaptive Multi-Rate），采样频率为 16kHz，是一种同时被国际标准化组织 ITU-T 和 3GPP 采用的宽带语音编码标准，也称为 G722.2 标准。AMR-WB 提供语音带宽范围达到 50～7000Hz，用户可主观感受到话音比以前更加自然、舒适和易于分辨。主要用于移动设备的音频，压缩比率较大，但相对于其他的压缩格式来说质量较差。

12．FLAC 格式

FLAC（Free Lossless Audio Codec）是一种自由音频压缩编码技术，是一种无损压缩技术。不同于其他有损压缩编码如 MP3 及 AAC，它不会破坏任何原有的音频资讯，所以可以还原音乐光盘音质，现在它已被很多软件及硬件音频产品所支持。

3.2　音频获取

3.2.1　从 Internet 中获取音频

制作多媒体作品时需要的大量音频文件可以通过 Internet 下载，一些网站专门设置了音乐栏目供网民在线试听和下载。可以通过一些搜索引擎来搜索音频文件，如百度、搜狗、谷歌等网站都提供了 MP3、WMA 等音频文件的搜索功能，可以通过这些搜索引擎搜索到很多需要的音频文件素材。如图 3-1 所示为百度音频搜索界面。

图 3-1　百度 MP3 搜索

3.2.2　从视频中分离音频

有些音频素材可以通过专业的处理软件从视频中分离出来,例如利用会声会影视频处理软件分离提取音频文件。

【例 3-1】　利用会声会影软件从视频中分离音频。

① 双击桌面上的会声会影图标启动会声会影,进入会声会影编辑主界面,如图 3-2 所示。

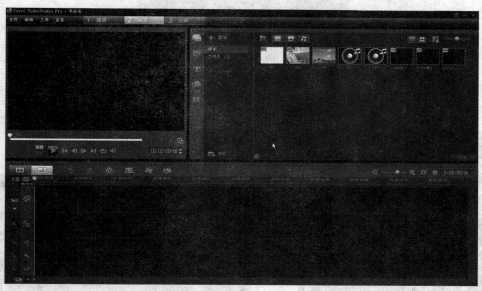

图 3-2　会声会影主界面

② 单击工具栏中的"捕获"按钮,进入如图 3-3 所示的界面,单击"从数字媒体导入"选项,打开"从数字媒体导入"对话框,如图 3-4 所示。

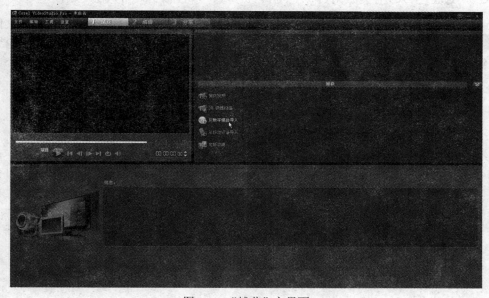

图 3-3　"捕获"主界面

图 3-4　"从数字媒体导入"对话框

③ 单击"选取'导入文件夹'"选项，打开"选取'导入文件夹'"对话框，如图 3-5 所示。从中选取素材库中的视频文件"凤凰.wmv"进行导入，如图 3-6 所示。

图 3-5　"选取'导入文件夹'"对话框

图 3-6　导入视频文件

④ 导入后单击"分享"选项，如图 3-7 所示，进入"分享"界面后单击"创建声音文件"按钮 创建声音文件，打开"创建声音文件"对话框，如图 3-8 所示，选择存储位置为"我的文档"，存储文件名为"抓取音频"，保存类型为.wav 文件。保存过程如图 3-9 所示。

图 3-7　"分享"界面

⑤ 保存完成后打开桌面上"我的文档"文件夹，用音频播放器播放声音文件，如图 3-10 所示。

图 3-9 　保存声音文件过程

图 3-8 　"创建声音文件"对话框 　　　　　　图 3-10 　播放"抓取音频.wav"文件

3.2.3 录制音频

有些音频文件是通过原始录音生成的,录音即是将声音信号记录在媒质上的过程。将媒质上记录的信号重放出声音来的过程称为放音。录音和放音两个过程合称录放音。录放音制式有单声道和立体声录放音之分,单声道录放音过程包括传声器拾音、放大、录音,再由单个放大器和扬声器系统重放。双声道立体声录放音是基于人的双耳定位效应和双声源听音效应,由双声道系统完成记录和重放声音的过程。常见的录音方式有唱片录放音、磁带录放音、光学录音、数字技术录放音、多轨录放音和网络在线录放音等。

- 唱片录放音。录放声音的媒质称激光唱片,包括机械录放音和激光录放音。机械录放音是用机械刻录的方法,将声音信号记录在载音体上,激光录放音是 20 世纪 70 年代末期唱片向数字化发展的成果。
- 磁带录放音。将声音信号转换成相应变化的磁场,以剩磁的形式记录在磁带上的过程,称磁性录音。其原理是基于硬磁性材料被磁化后留有剩磁以及一长条硬磁性材料可以分段磁化的现象。录有声音信号的磁性媒质以与录音相同的速度通过有缝隙的环形放音磁头,记录在媒质上的磁通就会在磁头线圈中感应出与信号相应的电动势,经放大后重放出原来的声音。
- 光学录音。光学录音是以感光材料为媒介记录声音的方法。从 20 世纪 30 年代初到 50 年代初,有声电影主要应用光学录音方法。
- 数字技术录放音。数字技术录放音又称数码录放音,是通过计算机中的数字音频接口,通过话筒或其他声音输入设备将音频信号导入到计算机,录制成波形文件进行存储,再通过多轨录音软件按照需要进行编辑,组合成我们所需要的完整文件,最后再输出录制成 CD 或其他音频格式。利用计算机数字技术可以从数次录制的同一首歌曲中选出较好的,重新组合成一个新的音频文件,用于制作出成品音频。
- 多轨录放音。多轨录音就是通过多轨录音软件,同时在多个音轨中录制不同的音频信号(最多可实现 999 轨同时录音),再通过后期编辑制作、缩混等程序,最终输出一个完整的音频。有时还可以在不同的时间在不同的音轨上分别录制,录制成的波形文件可以进行多项编辑。
- 网络在线录放音。随着网络的发展,录音只需要一个网站就可以在线录制完成了。在网站中你可以录入自己的音频文件,网络系统会自动显示音频文件的音高、音长等信息。

3.3 Windows 录音软件

3.3.1 音频录制

Windows 操作系统自带一款录音软件，是利用声卡进行声音录制的软件，使用 Windows 录音软件进行音频录制方便、直观，是一款比较实用的录音软件，操作界面简单清晰，可以使用麦克风直接录入声音。要录制音乐，可以使用动圈麦克风，这种麦克风音质好，动态范围宽；如果要录制语音，应选择频率范围窄，但灵敏度高的电容麦克风。使用麦克风时还应该注意麦克风的输出信号比较弱，所以麦克风的输入线路不要太长。如果使用无线麦克风，麦克风与接收装置的距离不要太远，避免录音效果受到距离的影响。

1. 使用 Windows 录音软件录制音频

【例 3-2】使用 Windows 录音软件录制 60 秒以内的音频文件。

① 执行"开始"→"程序"→"附件"→"娱乐"→"录音机"命令启动 Windows 录音机，如图 3-11 所示。

② 单击"录音"按钮 ●，开始录制声音，对着麦克风随便朗诵一段文字，观察录音机窗口中的声音波形变化，如图 3-12 所示。

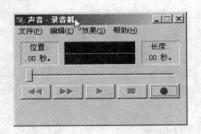
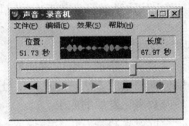

图 3-11 Windows 录音机   图 3-12 录音波形

③ 单击"停止"按钮 ■，停止录音。

④ 单击"播放"按钮 ►，播放刚才录制的音频文件。

⑤ 执行"文件"→"保存"/"另存为"命令，将录制好的音频文件进行保存，存储格式为 WAV 文件格式。

如果录音失败可检查一下麦克风是否与声卡的 MIC IN 接口正确连接，麦克风的开关是否打开，录制音量是否设置正确。

Windows 录音软件默认的最长录音时间是 60 秒，如果要录制较长时间的音频文件，需要在 60 秒内先停止录音然后再继续。先停止后再继续录音所造成的停顿会给连续性较高的音频文件带来很大的损伤，使用一些技巧便可轻松解决这一问题。

【例 3-3】使用 Windows 录音软件录制 60 秒以上的歌曲音频文件。

① 执行"开始"→"程序"→"附件"→"娱乐"→"录音机"命令启动 Windows 录音机。

② 先不要录入声音，直接单击录音机的"录音"按钮 ● 打开录制功能。

③ 60 秒到达后再次单击录音机的"录音"按钮 ● 进行录制。

④ 重复上述操作直到录制声音文件长度达到歌曲所需时间长度，结果如图 3-13 所示，音频文件时间长度为 240 秒。

⑤ 执行"文件"→"保存"/"另存为"命令，将录制好的加长空白音频文件进行保存，存储

格式为 WAV 文件格式。

　　⑥ 执行"文件"→"打开"命令，打开刚才保存的加长空白 WAV 音频文件。

　　⑦ 单击"录音"按钮 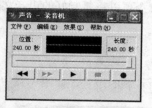，开始录制声音，对着麦克风唱歌录音。

　　⑧ 单击"播放"按钮 ▶，播放刚才录制的歌曲音频。

　　⑨ 如果歌曲文件后面出现空白，执行"编辑"→"删除当前位置以后的内容"命令，就可以将空白片段删除，如图 3-14 所示。

图 3-13　长度为 240 秒的音频

图 3-14　删除当前位置以后的内容

2. 检查 Windows 录音麦克风音量设置

【例 3-4】设置录音机麦克风音量。

　　① 双击 Windows 任务栏右侧的音量图标，打开"音量控制"对话框，如图 3-15 所示。

　　② 执行"选项"→"属性"命令，打开"属性"对话框，如图 3-16 所示。

　　③ 在"调节音量"选项中选择"录音"，在"显示下列音量控制"中选择"麦克风"，单击"确定"按钮，打开"录音控制"对话框，如图 3-17 所示。

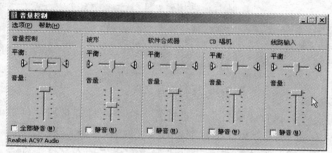

图 3-15　"音量控制"对话框

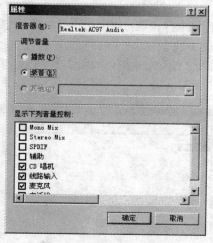

图 3-16　"属性"对话框

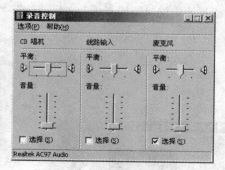

图 3-17　"录音控制"对话框

　　④ 选定"麦克风"线面的"选择"选项，拖动"麦克风"下面的音量滑块，调整麦克风音量大小。

　　⑤ 设置完毕后执行"选项"→"退出"命令，关闭"录音控制"对话框。

3.3.2　音频处理

1．音频文件的编辑

（1）复制文件。执行"编辑"→"复制"命令可以将当前打开的文件进行复制。

（2）粘贴文件。粘贴文件可以分为"粘贴插入"和"粘贴混入"两种，执行"编辑"→"粘贴插入"命令可以将复制好的声音文件插入到当前打开的声音文件之前，粘贴完成后的文件长度为两个声音文件长度相加；执行"编辑"→"粘贴混入"命令可以将复制好的声音文件与当前打开的声音文件进行混合，可以制作配乐朗诵效果。

【例 3-5】制作混合声音文件。

① 启动 Windows 录音机，单击录音机的"录音"按钮 ● 进行录音。

② 录音完毕后执行"编辑"→"复制"命令复制所录制的声音，如图 3-18 所示。

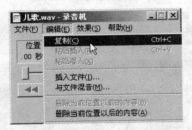
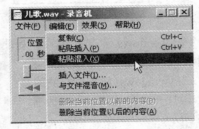

图 3-18　复制声音文件　　　　　　　　　　图 3-19　粘贴混入声音文件

③ 执行"文件"→"打开"命令，打开素材文件夹中录制好的"儿歌.wav"声音文件。

④将两个文件进行混音设置，如图 3-19 所示。

（3）插入文件。执行"编辑"→"插入文件"命令，可在已打开文件的当前时间点前插入新的声音文件。

【例 3-6】在"儿歌.wav"文件的 30 秒之前插入声音文件。

① 启动 Windows 录音机。

② 执行"文件"→"打开"命令，在 Windows 录音机中打开素材库中的声音文件"儿歌.wav"。

③ 拖动声音滑块将当前位置定位在 30 秒处，如图 3-20 所示。

④ 执行"编辑"→"插入文件"命令，打开"插入文件"对话框，如图 3-21 所示。在对话框中选择素材库中的"妈妈.wav"文件，单击"打开"按钮。

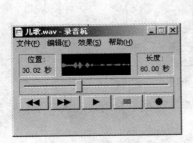

图 3-20　定位 30 秒　　　　　　　　　图 3-21　"插入文件"对话框

⑤ 单击"播放"按钮 ▶，播放合成的声音文件。

（4）与文件混音。执行"编辑"→"与文件混音"命令，可以将已打开文件的当前时间点后的声音文件与新插入文件进行混音设置，设置好后两种声音将会同时进行播放。

（5）删除当前位置以前的内容。执行"编辑"→"删除当前位置以前的内容"命令，可以将已打开文件的当前时间点之前的文件删除，用此操作可以删除文件头空白音频片段。

（6）删除当前位置以后的内容。执行"编辑"→"删除当前位置以后的内容"命令，可以将已打开文件的当前时间点之后的文件删除，用此操作可以删除文件末尾的空白音频片段。

2. 音频文件的效果设置

（1）加大音量和降低音量。执行"效果"→"加大音量"命令，可以将已打开声音文件的音量进行加大调整。

（2）音频加速和减速。执行"效果"→"降低音量"命令，可以将已打开声音文件的音量进行降低调整。

（3）加速。执行"效果"→"加速"命令，可以将已打开声音文件进行加速效果设置。

（4）减速。执行"效果"→"减速"命令，可以将已打开声音文件进行减速效果设置。

【例 3-7】将素材库中的"儿歌.wav"文件进行加速和减速设置。

① 启动 Windows 录音机。

② 执行"文件"→"打开"命令，在 Windows 录音机中打开素材库中的声音文件"儿歌.wav"。

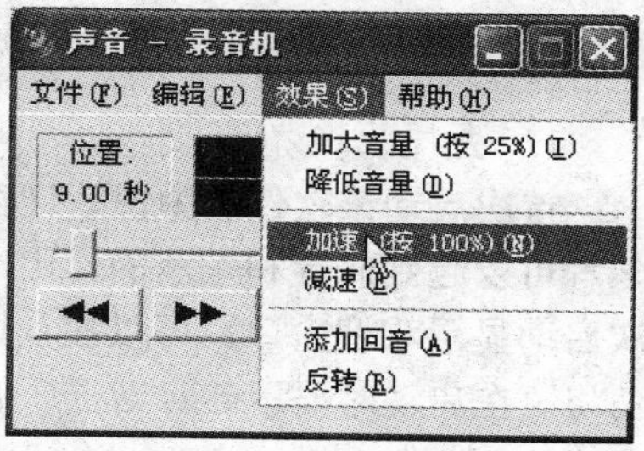

③ 单击"播放"按钮 ▶，播放文件。

图 3-22　加速/减速

④ 执行"效果"→"加速"或"减速"命令，如图 3-22 所示，试听效果。

（5）添加回音。执行"效果"→"添加回音"命令，可以为已打开的声音文件添加回音效果。

（6）反转效果。执行"效果"→"反转"命令，可以将已打开的声音文件进行反转。

3.4　音频处理软件 GoldWave

音频处理技术在音乐后期合成、多媒体音效制作、视频作品处理等方面发挥着巨大的作用，利用音频处理软件可以对声音进行编辑处理。比较常用的音频处理软件有 GoldWave、Adobe Audition、Sound Forge 和 CakeWalk 等。

3.4.1　GoldWave 简介

GoldWave 是 Chris Craig 于 1997 年开发的，除了具有音频采集录制、编辑、转换、播放等常规功能外，还有 CD 抓音轨、批量格式转换等功能。GoldWave Editor 是一款功能丰富的经典音频处理软件，可以打开的音频文件相当多，包括 WAV、OGG、VOC、IFF、AIF、AFC、AU、SND、MP3、MAT、DWD、SMP、VOX、SDS、AVI、MOV、APE 等音频文件格式。本书以 GoldWave Editor Pro10.5.5 为例来介绍音频处理的具体过程。

3.4.2　GoldWave 基本操作

在桌面中双击 GoldWave Editor Pro，显示主界面如图 3-23 所示。

图 3-23 GoldWave 软件主界面及欢迎窗口

1. 去掉欢迎界面

首次启动该软件会弹出欢迎窗口，对于初学者可以起到向导和提示的作用，如果不想每次启动显示欢迎窗口，可以在欢迎窗口的左下角将"在启动时显示此对话框"的钩去掉。

2. 新建文件

执行"文件"→"新建文件"命令，或者单击工具栏上的"新建"按钮，可以新建一个音频文件。

3. 打开文件

在 GoldWave 中打开已有的音频文件可以执行"文件"→"打开"命令，或者单击工具栏上的"打开"按钮，可以打开"打开"对话框，如图 3-24 所示，在"打开"对话框中选择需要的音频文件进行打开。

图 3-24 "打开"对话框

4. 保存文件

执行"文件"→"保存文件"/"文件另存为"命令，或者单击工具栏上的"另存为"按钮，可以对当前音频文件进行保存。

5. 设置文件保存路径

录音后的文件会存储到安装目录下，如果要改变文件存储目录，可以执行"选项"→"选项"命令，弹出如图 3-25 所示的对话框，在音频"工作文件夹"一栏中选中"使用此指定文件夹"，对保存路径重新进行设置。

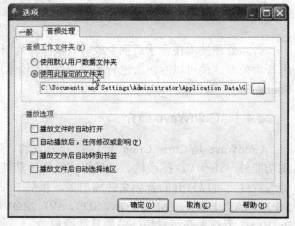

图 3-25 文件保存位置设置

3.4.3 GoldWave 录音

GoldWave 可以录制从麦克风输入的声音、其他设备从声卡 Line In 接口输入的声音或其他播放器通过声卡播放的声音。

【例 3-8】使用 GoldWave 录制声音。

① 启动 GoldWave 录音软件，进入 GoldWave 主界面。

② 执行"文件" → "新建文件"命令，或在工具栏图标中单击"新建"按钮，弹出"新建样本"对话框，如图 3-26 所示。

③ 在对话框中设置"采样率"，采样频率越高，声音质量就越高。按默认采样率及单声道录音设置，单击"确定"按钮，建立一个空白的音频文件。

"频道"选项可以设置音频文件为立体声或单声道，如果是立体声则录音后显示两个波形图案，如果是单声道则只有一个波形图。

图 3-26　设置采样频率及频道

④ 执行"文件"→"新建录音"命令，或在工具栏中单击红色的"录音"按钮，弹出"录音"对话框，如图 3-27 所示。选择音源为"麦克风音量"，确保麦克风插入计算机的声卡，打开麦克风开关，单击"录音"按钮进行录音，录音开始后同时有计时器记录录音时间。

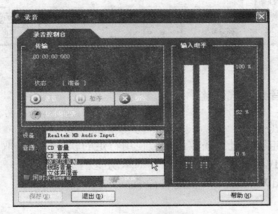

图 3-27　录音控制台界面

⑤ 录音结束后单击"暂停"按钮，然后单击 "保存"按钮，关闭"录音"对话框，录好的声音文件如图 3-28 所示。

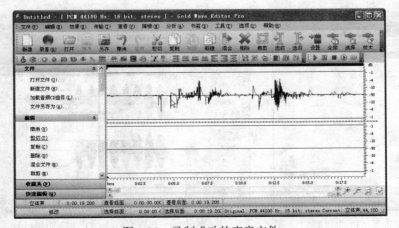

图 3-28　录制成功的声音文件

⑥ 执行"传输"→"播放"命令（或按 F9 键），或单击工具栏中的"播放"按钮 ▶ 播放录音，试听录音效果。

⑦ 执行"文件"→"文件另存为"命令或单击工具栏上的"另存为"按钮 <img>，打开如图 3-29 所示的"另存为"对话框，对文件选择自定义的路径和文件名进行保存。

图 3-29　　"另存为"对话框

3.4.4　GoldWave 音频格式转化

1. 从 CD 光盘中提取音乐

CD 音乐不能直接在电脑中进行播放，必须使用特定的软件将其提取到电脑中才能进行播放，从 CD 中提取音乐是 GoldWave 软件提供的一项基本功能。

【例 3-9】　使用 GoldWave 从 CD 中提取音乐。

方法一：

① 首先将 CD 音乐光碟插入电脑光驱，并打开 GoldWave 软件，执行"文件"→"加载 CD"命令，打开如图 3-30 所示的"加载音频 CD 曲目"对话框。

② 在上述对话框中选择 CD 单曲，单击"加载"按钮，便可以进行 CD 曲目的提取，过程如图 3-31 所示。

图 3-30　　"加载音频 CD 曲目"对话框

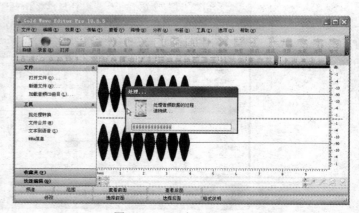

图 3-31　　CD 音乐加载过程

方法二：

① 执行"文件"→"打开"命令，打开如图 3-32 所示的"打开"对话框。

② 在对话框的"查找范围"中选取光盘后再选择 CD 音乐单曲，单击"打开"命令就可以进行 CD 音乐的提取。过程如图 3-31 所示。

上述操作完成即可实现从 CD 光盘中提取音乐，也就是通常所说的"CD 音乐抓轨"。

2. 音频格式转化

GoldWave 音频软件录制的声音一般默认为 WAV 文件，这种文件是无损压缩音频，声音质量比较好，生成的文件容量比较大，占用的存储空间较多，因此在存储和传输的过程中会给用户带来很多不便。我们可以使用

图 3-32　"打开"对话框

GoldWave 音频处理软件对 WAV 音频文件进行格式转换，转换为 MP3、OGG 或 WMA 格式，从而减小文件的容量，节省存储空间。相应的，MP3 音频文件也可以使用 GoldWave 转换为 WAV 格式的文件。

（1）单个音频文件格式转换。

【例 3-10】　使用 GoldWave 将 WAV 音频文件转换为 MP3 音频文件。

① 启动 GoldWave 音频处理软件，执行"文件"→"打开"命令或单击工具栏中的"打开"按钮，打开"打开"对话框，如图 3-33 所示。选择素材库中的"儿歌.wav"音频文件，单击"打开"按钮，在 GoldWave 中打开"儿歌.wav"音频文件，如图 3-34 所示。

图 3-33　"打开"对话框

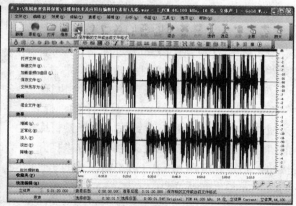

图 3-34　GoldWave 中的音频文件

②执行"文件"→"另存为"命令，或者单击工具栏上的"另存为"按钮，打开"另存为"对话框。在"保存类型"下拉列表中选择文件名为*.mp3 的文件，输入新的文件名，如图 3-35 所示。单击"保存"按钮进行保存。

③ 进入"MP3 文件设置"对话框，如图 3-36 所示。选择"指定设置"单选按钮，单击"配置"按钮，可以自定义设置 WAV 文件转换成 MP3 文件时的质量。设置好后单击"确定"按钮进行格式转换，如图 3-37 所示。

图 3-35　"另存为"对话框

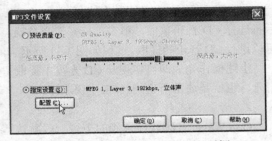

图 3-36　"MP3 文件设置"对话框

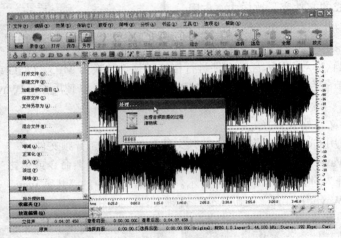

图 3-37　文件格式转换

【例 3-11】　使用 GoldWave 将 MP3 音频文件转换为 WAV 音频文件。

① 启动 GoldWave 音频处理软件,执行"文件"→"打开"命令或单击工具栏上的"打开"按钮，打开"打开"对话框。选择素材库中的"你的眼神.mp3"音频文件，单击"打开"按钮，如图 3-38 所示。在 GoldWave 中打开"你的眼神.mp3"音频文件。

② 执行"文件"→"另存为"命令，或单击工具栏上的"另存为"按钮，打开"另存为"对话框。在"保存类型"选项中选择文件名为*.wav 的文件，输入新的文件名，如图 3-39 所示。单击"保存"按钮进行保存。

图 3-38　"打开"对话框

③ 进入"Wav 文件设置"对话框，如图 3-40 所示。选择"指定设置"单选按钮，单击"配置"按钮，可以自定义设置 MP3 文件转换成 WAV 文件时的质量。设置好后单击"确定"按钮进行格式转换。

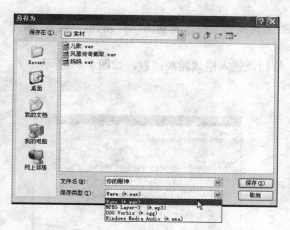

图 3-39　"另存为"对话框

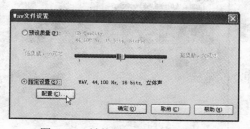

图 3-40　转换过程文件质量设定

（2）多个音频文件格式转换。

多个音频文件格式转换可以通过批量 CD 音乐转换来完成，选择"工具"→"批处理转换"命令，按提示进行多文件加载和格式转换。

【例 3-12】　使用 GoldWave 批量转换音频格式。

① 启动 GoldWave 音频处理软件，执行"工具"→"批处理转换"命令，打开"批处理转换"对话框，进入步骤 1 的操作界面，如图 3-41 所示。

② 单击"添加文件"按钮，打开"打开"对话框，如图 3-42 所示。从素材库中选择"传说.mp3"音频文件，单击"打开"按钮。反复进行此项操作，分别选择"儿歌.wav"音频文件和"你的眼神.mp3"音频文件打开，结果如图 3-43 所示。

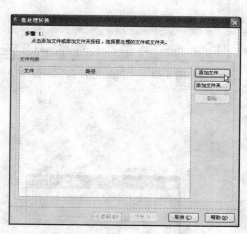

图 3-41　"批处理转换"步骤 1

图 3-42　"打开"对话框

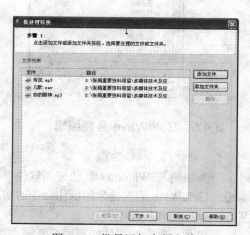

图 3-43　批量添加音频文件

③ 单击"下一步"按钮，进入步骤 2 的操作界面，如图 3-44 所示。

④ 直接单击"下一步"按钮，进入步骤 3 的操作界面，如图 3-45 所示。在"文件格式转换为"下拉列表中选择 wma 格式，再选定"保存到这个文件夹"单选按钮，单击右侧的"浏览"按钮打

开如图 3-46 所示的"浏览文件夹"对话框，为批量转换的文件设置新的保存路径，单击"确定"按钮。

⑤ 在如图 3-45 所示的界面中单击"完成"按钮，进入格式转换过程，如图 3-47 所示。

图 3-44　　"批处理转换"步骤 2

图 3-45　　"批处理转换"步骤 3

图 3-46　　"浏览文件夹"对话框

图 3-47　　批量音频格式转换过程

3.4.5　GoldWave 音频编辑

1. 剪切/复制/粘贴

音频编辑与 Windows 其他应用软件一样，其操作中也大量使用剪切、复制、粘贴等基础操作命令。GoldWave 的这些常用操作命令的实现除了使用编辑菜单下的命令选项外，快捷键也和其他 Windows 应用软件差不多。

要进行一段音频文件的剪切或复制，首先要对剪切或复制的部分进行选择，然后执行"编辑"→"剪切"/"复制"命令，或者按 Ctrl+X/Ctrl+C 组合键，这段高亮的被选择部分就消失了，只剩下其他未被选择的部分。然后重新设定指针的位置到将要粘贴的地方，执行"编辑"→"粘贴"命令，或者按 Ctrl+V 组合键就能将刚才剪掉或复制的部分粘贴还原出来。

2. 删除

选中被删除的音频片段，执行"编辑"→"删除"命令或者直接按 Del 键就可以将选定的部分进行删除。如果在删除或其他操作中出现了失误，单击工具栏上的撤销按钮，或者按 Ctrl+Z 组合键就可以进行恢复。

3. 时间标尺

在波形显示区域的下方有一个指示音频文件时间长度的标尺（以秒为单位），清晰地显示出任何位置的时间情况，在实际操作中要养成参照标尺的习惯，标尺给 GoldWave 的使用会带来很大的方便。打开一个音频文件后，立即会在标尺下方显示出音频文件的格式以及它的时间长短，这给我们提供了准确的时间量化参数，根据这个时间长短来计划进行各种音频处理，往往会减少很多不必要的操作过程。

4. 显示缩放

有时为了编辑音频文件，需要将音频文件进行区域放大或者缩小，可以使用显示缩放的方式来达到有效地显示目的。在 GoldWave 中执行"查看"→"放大"/"缩小"命令可以改变显示的比例，完成音频文件显示区域的放大或者缩小。

5. 插入空白区域

在指定的位置插入一定时间的空白区域也是音频编辑中常用的一项处理方法，只需要执行"编辑"→"插入静音"命令，如图 3-48 所示，从中选择插入在"开始"、"当前"、"末端"位置，在弹出的对话框窗中输入插入静音的时间，如图 3-49 所示，然后单击"确定"按钮，就可以在需要的位置插入空白音频。完成后就可以在指针停留的地方看到这段空白的区域。

图 3-48　"插入静音"菜单

图 3-49　"插入静音"对话框

6. 音频特效制作

GoldWave 为用户提供了 20 多种音频特效的命令，其中包括"回声"、"颤音"、"增减音量"、"淡入淡出"、"压缩"、"镶边"、"移相"、"混响"、"变速"、"音调变化"、"均衡器"、"反转"、"降噪"等特效。很多特效都是日常音频应用领域使用广泛的效果，掌握它们的使用能够更方便我们在多媒体制作、音效合成方面进行操作。

（1）回声效果。回声，是指声音发出后经过一定的时间再返回被我们听到，就像在旷野中面对高山呼喊一样，在很多影视剪辑和配音中被广泛应用。GoldWave 的回声效果制作方法十分简单，执行"效果"→"回声"命令，在弹出的对话框中设置"延时"、"混合深度"和"反馈与增益"选项，如图 3-50 所示。"延时"是指回声出现延迟的时间，延迟时间值越大，声音持续时间越长；"混合深度"是指返回声音音量的大小，这个值不宜过大，否则回声效果就显得不真实；"反馈与增益"是指回声反复的次数和混响效果，反复的次数越多，效果就越明显，混响效果能够使声音听上去更润泽、更具空间感。

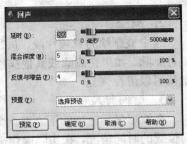

图 3-50　"回声"对话框

【例 3-13】 给选定的一段音频区域添加回声效果。

① 在音频文件的波普图上单击鼠标并拖动一段距离，选中音频文件的某些部分，或者执行"编辑"→"选择指定时间"命令，打开"固定"选择对话框输入特定的起始时间来选择一段音频，如图 3-51 所示。选择后音频文件如图 3-52 所示。

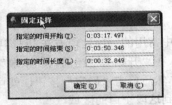

图 3-51　"固定选择"对话框

图 3-52　选择部分音频波谱区域

② 执行"效果"→"回声"命令，打开"回声"设置对话框调整回声参数，设置"延时"为 200，"混合深度"为 70，"反馈与增益"为 40，如图 3-53 所示。单击"预览"按钮试听回声效果，满意后单击"确定"按钮。设置好回声的波普效果如图 3-54 所示。

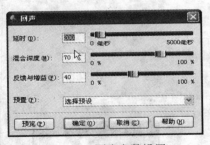

图 3-53　回声参数设置

图 3-54　增加回声后的波谱效果

（2）颤音效果。颤音效果可以给当前打开的音频文件添加抖动的声音效果，执行"效果"→"颤音"命令，就可以打开"颤音"对话框，如图 3-55 所示。可以在"颤音"对话框中进行"扫描深度"、"扫描频率"等参数的设置。"扫描深度"是指所设置出颤音的音量大小；"扫描频率"是指颤音的频率次数。在"预置"下拉列表中还可以选择不同速度的颤音效果。设置完成后可单击"预览"按钮进行效果预览，再确定完成。

（3）增减音量效果。增减音量效果可以给当前打开的音频文件或者选定的音频区域进行音量大小的调整。执行"效果"→"增减"命令，就可以打开"增减"音量对话框，如图 3-56 所示。在"增减"文本框中可输入具体的参数设置音量大小，也可以在"预置"下拉列表中进行音量大小的选定。设置完成后可单击"预览"按钮进行效果预览，再确定完成。

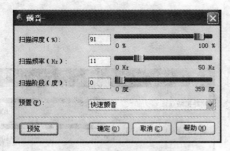

图 3-55　"颤音"设置对话框　　　　　图 3-56　"增减"音量对话框

（4）淡入淡出效果。GoldWave 淡入淡出效果可以给打开的当前音频文件设置声音的渐强减弱效果。淡入淡出其实是特殊的音量控制效果。在多媒体作品中也经常设置背景音乐的进入方式为淡入，退出方式为淡出，两个音频片段进行连接时，为了使过渡效果更加自然，通常设置前一段音乐为淡出，后一段音乐为淡入。

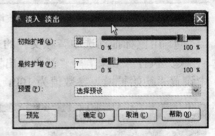

在 GoldWave 中执行"效果"→"淡入淡出"命令，就可以打开"淡入淡出"对话框，如图 3-57 所示。在此对话框中可以进行"初始扩增"、"最终扩增"、和"预置"选项的设置。"初始扩增"是指音频文件淡入时的音量大小，"初始扩增"值越小，淡入音量越低，"初始扩增"值越大，淡入音量越高；

图 3-57　"淡入淡出"对话框

"最终扩增"是指音频文件增大后的音量大小，"最终扩增"值越小，淡入效果越不明显。"初始扩增"和"最终扩增"之间必须有个差值，才能产生"淡入"或者"淡出"的效果，"初始扩增"参数值小于"最终扩增"参数值时，效果为"淡入"；"初始扩增"参数值大于"最终扩增"参数值时，效果为"淡出"，二者之间的差值越大，淡入淡出效果越明显。

【例 3-14】　给素材库中的"妈妈.wav"音频文件的开头设置"淡入"效果，末尾设置"淡出"效果。

① 启动 GoldWave 音频软件，打开素材库中的"妈妈.wav"音频文件，如图 3-58 所示。

图 3-58　在 GoldWave 中打开音频文件

② 用鼠标拖动选中音频文件的开始波谱区域，如图 3-59 所示。

③ 执行"效果"→"淡入淡出"命令，打开"淡入淡出"对话框，如图 3-60 所示。在对话框中设置"初始扩增"参数值为 6，"最终扩增"参数值为 100，单击"确定"按钮。

图 3-59　选中音频开头的波谱区域

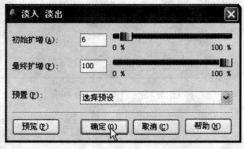

图 3-60　在"淡入淡出"对话框中设置参数

④ 用鼠标拖动选中音频文件的末尾波谱区域，如图 3-61 所示。

⑤ 执行"效果"→"淡入淡出"命令，打开"淡入淡出"对话框，如图 3-62 所示。在对话框中设置"初始扩增"参数值为 100，"最终扩增"参数值为 6，单击"确定"按钮。

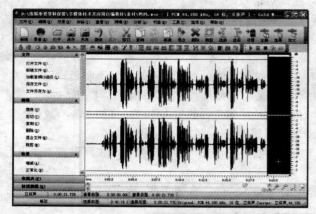

图 3-61　选中音频末尾的波谱区域

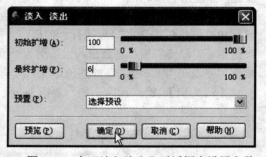

图 3-62　在"淡入淡出"对话框中设置参数

⑥ 设置好"淡入淡出"效果的波普图如图 3-63 所示。与设置"淡入淡出"效果前的波谱图进行比较，并试听效果。

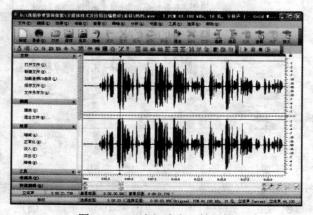

图 3-63　"淡入淡出"效果图

（5）压缩效果。在录音中，由于气息、力度的掌握不当，录制出来的效果不那么令人满意，有的语句发音过强、用力过大，几乎造成过于失真了；有的语句却"轻言细语"，造成信号微弱。如果对这些录音后的音频数据使用压缩效果就会在很大程度上出现这种情况。压缩效果利用"高的压下来，低的提上去"的原理，对声音的力度起到均衡的作用。在 GoldWave 中，执行"效果"→"压缩"命令，就可以在弹出的"动态压缩"对话框中对当前音频文件进行压缩效果处理，如图 3-64 所示。"开始"的取值是压缩的临界点，高于这个值的部分就被以设定的比率值进行压缩。

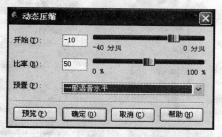

图 3-64　"动态压缩"对话框

（6）镶边效果。使用镶边效果能在原来音色的基础上给声音再加上一道独特的"边缘"，使其听上去更有趣、更具变化性。执行"效果"→"镶边"命令，就可以打开如图 3-65 所示的"镶边"对话框，在其中可以对当前打开的音频文件或者选定的波谱区域进行镶边效果的设置。镶边的作用效果主要依靠"延迟率"、"深度"和"速度"三项参数决定，试着改变它们各自的不同取值就可以得到很多意想不到的奇特效果。如果想要加强作用后的效果比例，则将"深度百分比"和"扫描深度"增大就可以了。在对话框的预设选项中提供了 16 种镶边效果可以选择，如图 3-66 所示。

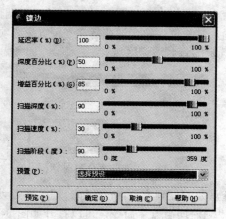

图 3-65　"镶边"对话框

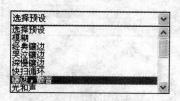

图 3-66　"预置"效果选项

（7）移相效果。移相效果与回声效果有些类似，在回声效果中再加入混响效果就变成了移相效果。执行"效果"→"移相"命令，打开如图 3-67 所示的"移相"对话框，在对话框中输入"延时"、"混合深度"和"反馈与增益"参数，可以对当前打开的音频文件或者选定的波谱区域进行移相效果设置。其中"延时"是指回声效果延迟的时间长度；"混合深度"是指回声效果音量的大小；"反馈与增益"是指延迟之后回声反馈音量的大小。在"预置"下拉列表中为用户提供了 4 种场景模式，可以设置出不同场景中的移相效果。

（8）混响效果。混响效果可以给当前打开的音频文件或者选定的音频波谱区域设置声音的混响。执行"效果"→"混响"命令，可以打开如图 3-68 所示的"混响"对话框，在其中进行各个选项参数的设置可以达到不同的混响效果。在"预置"下拉列表中提供了 9 种混响情景效果，如图 3-69 所示。

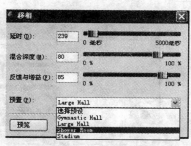

图 3-67　"移相"对话框

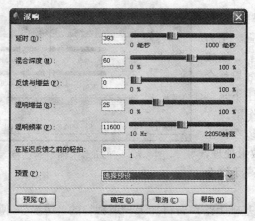

图 3-68 "混响"对话框

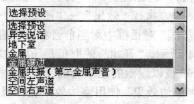

图 3-69 混响情景选项

（9）变速效果。变速效果的设置可以给当前打开的文件或者选定的音频波谱区域进行音速的调整，达到加快音速或者减慢音速的效果。执行"效果"→"变速"命令，可以打开如图 3-70 所示的"变速"对话框，在此对话框中可以输入参数值调整速度或者在"预置"选项中选择系统定义好的速度来设置音频。

（10）音调变化。执行"效果"→"音调变化"命令，可以打开如图 3-71 所示的"音调变化"对话框，在此对话框中可以在"间距调整"文本框中输入参数值调整音调或者在"预置"选项中选择系统定义好的音调高低来设置当前音频文件或者被选定的音频波谱区域。

图 3-70   "变速"对话框

图 3-71   "音调变化"对话框

（11）均衡器。均衡调节也是音频编辑中一项十分重要的处理方法，它能够合理改善音频文件的频率结构，达到理想的声音效果。执行"效果"→"峰值均衡器"命令，可以打开如图 3-72 所示的"峰值均衡滤波器"对话框，在此对话框中进行相应设置可以调整声音的结构的均衡。其中"增益"选项可以直接影响声音的音量大小。"增益"值越高，音量越大。

（12）反转效果。反转效果可以将打开的音频文件或者被选定的音频波谱区域的声音进行反向设置。执行"效果"→"反转"命令，就可以直接对音频文件进行反转设置，反转过程如图 3-73 所示。

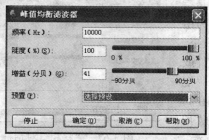

图 3-72   "峰值均衡滤波器"对话框

图 3-73   音频反转过程

（13）降噪效果。在录制的音频文件中经常会或多或少地存在影响音频质量的噪音，噪音的存在让音频文件听上去不是很完美，降噪效果可以减少音频文件中的噪音，起到修饰音频文件的作用。执行"效果"→"降噪"命令，或者执行"降噪"→"降噪"命令，就可以打开"降噪"对话框，如图 3-74 所示。按默认设置或调整参数可以对原音频进行降噪处理。

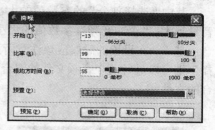

图 3-74　"降噪"对话框

7. 伴奏合成

在制作多媒体音频素材文件时通常需要将分别录制的背景音乐和语音讲解融合在一起，起到配乐讲解的效果。可以执行"编辑"→"混合文件"命令达到这样的效果。

【例 3-15】给素材库中的"散文诗朗诵.wav"音频文件配置背景音乐效果。

① 启动 GoldWave 软件，执行"文件"→"打开"命令，打开如图 3-75 所示的"打开"对话框，选择素材库中的"散文诗朗诵.wav"音频文件，单击"打开"按钮打开音频文件。

② 执行"编辑"→"混合文件"命令，如图 3-76 所示。

图 3-75　"打开"对话框

图 3-76　混合文件菜单

③ 打开"打开"对话框，从素材库中选择"高山流水.mp3"文件打开，如图 3-77 所示。

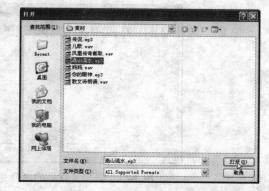

图 3-77　"打开"对话框

④ 在"粘贴混合"对话框中进行参数设置，如图 3-78 所示。将"选择部分"参数值设置为100，"缓冲音频"参数值设置为 10，选中"增加选择"单选按钮，单击"确定"按钮，进入音频

文件的混合过程，如图 3-79 所示。

其中"选择部分"的参数值的大小影响"散文诗朗诵.wav"音频文件的音量大小，参数值越大，音量越大；"缓冲音频"参数值的大小影响"高山流水.mp3"音频文件的音量大小，参数值越小，音量越小。在设置的时候应该注意背景音乐音量不要太大，以免影响主体语音效果。选中"增加选择"则可以进行两个音频文件的混合，"插入静音"则在当前已经打开的音频文件前面插入需要混合的文件。

图 3-78　"粘贴混合"对话框

图 3-79　混合过程

⑤ 混合音频操作完成，单击"播放"按钮 ▶ 播放混合后的音频文件，试听效果。

8. 音频文件的合并

音频文件合并是指将多个音频文件合并成一个音频文件，合成后的新的音频文件的播放时间为每段音频文件播放时间的总和。具体操作为执行"工具"→"文件合并"命令，打开"文件合并"对话框，单击"添加文件"按钮，就可以将多个添加的音频文件合并成一个音频文件。如果要实现在一个音频文件中包含不同的音频内容，可以用以上操作来完成。

【例 3-16】 将素材库中的"散文诗朗诵.wav"音频文件和"儿歌.wav"音频文件合并为一个音频文件。

① 启动 GoldWave 软件，执行"工具"→"文件合并"命令，如图 3-80 所示。

② 在"文件合并"对话框中单击"添加文件"按钮，分别添加素材库中的"散文诗朗诵.wav"和"儿歌.wav"音频文件，如图 3-81 所示。

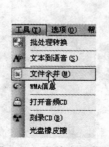

图 3-80　文件合并菜单

图 3-81　添加文件后的"合并文件"对话框

③ 单击"合并"按钮，打开如图 3-82 所示的"另存为"对话框，在此对话框中输入新生成音频文件的文件名为"合并的音频文件"、选择输出路径为"我的文档"，单击"保存"按钮。

④ 进入合并文件的处理保存过程，如图 3-83 所示。

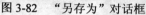

图 3-82　"另存为"对话框

图 3-83　处理保存过程

⑤ 在 GoldWave 中打开"我的文档"中的"合并的音频文件",单击"播放"按钮 ▶ 进行播放,试听效果。

上述操作完成了"散文诗朗诵.wav"音频文件和"儿歌.wav"音频文件的合并,新生成的"合并的音频文件"长度为两个原始音频文件长度的总和。

3.4.6　GoldWave 的辅助功能

GoldWave 除了以上介绍的编辑功能外,还可以为音频增加其他不同的效果,在 GoldWave 提供的 20 多种音频处理效果中可以选择其他效果,能实现不同要求的音频处理。进行音频效果处理时,在 GoldWave 的"效果"菜单下可以根据具体要求选择使用相应的具体效果。

GoldWave 在"工具"菜单下还提供了将文字转换为语音、刻录 CD、光盘橡皮擦等操作;另外在"分析"菜单下还可以执行音频频率分析。

1. 文字转换为语音

该功能可以将录入的英文文本内容自动转化为语音。

【例 3-17】　将英文文本"We are students"转换为语音。

① 启动 GoldWave 后,执行"工具"→"文本到语音"命令,如图 3-84 所示。

② 在打开的"合成语音"对话框中输入文本"We are students",单击"合成语音"按钮进行合成,如图 3-85 所示。

图 3-84　文本到语音菜单

图 3-85　"合成语音"对话框

③ 单击"播放"按钮 ▶ 进行播放,试听效果。

2. 刻录 CD

执行"工具"→"刻录 CD"命令,可以打开"音频刻录向导"对话框,按照提示操作刻录 CD,如图 3-86 所示。

3. 光盘橡皮擦

执行"工具"→"光盘橡皮擦"命令，可以打开"光盘橡皮擦向导"对话框，按照提示操作擦除 CD 或 DVD 光盘上的内容，如图 3-87 所示。

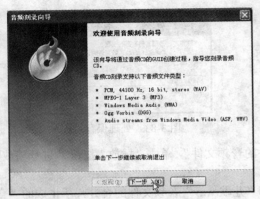 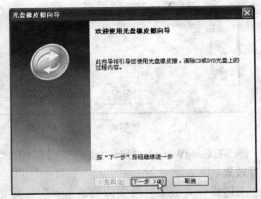

图 3-86　"音频刻录向导"对话框　　　　　图 3-87　"光盘橡皮擦向导"对话框

3.5　综合应用实训

实训 1：网上查询。

（1）GoldWave 音频处理软件的最新版本及新增功能有哪些？

（2）当前主流的音频处理软件有哪些？它们各自的优缺点是什么？

实训 2：制作自己的手机个性铃声。

（1）打开 GoldWave 软件，打开一首自己喜爱的歌曲或者录制一段个性录音。

（2）执行"传输"→"播放"命令，或者在工具栏上单击绿色的"播放"按钮![播放]，仔细试听声音的开始位置，在时间轴上记住开始时间点和声音的结束位置时间点，然后拖动选择需要的音乐片段，选择后效果如图 3-88 所示。

图 3-88　选择声音区域后的波谱效果

（3）执行"编辑"→"裁剪"命令或单击工具栏上的"裁剪"按钮![裁剪]，剪裁选定区域的声音片段。

该操作也可以通过执行"编辑"→"复制"命令或单击工具栏上的"复制"按钮完成。该操作不影响原声音文件。

（4）"新建"一个空白声音文件，然后"粘贴"选定声音区域，对裁剪得来的声音片段进行保存。

（5）对声音片段添加效果，若是自己录制的声音，可先对录制音频进行降噪处理，若是音乐可以根据自己的喜好添加回声、颤音、混响等效果。

3.6　本章小结

本章介绍了音频的基本概念、音频文件的常见格式，重点介绍了音频文件的获取、录制和编辑。音频素材可以从网络中下载，可以从视频文件中提取，也可以使用声卡设备自行录制。Windows自带的录音机软件就可以录制声音，GoldWave 软件也可以录制声音。

在 GoldWave 软件中不仅提供了声音录制功能，还提供了音频文件的各种编辑操作和效果设置。GoldWave 是一个功能强大的音频处理软件，使用起来也很方便。本章介绍了如何使用 GoldWave录音，对音频文件进行编辑合成、处理声音效果等基本的操作。除了使用 GoldWave 进行音频文件处理声音外，还有其他音频处理软件供使用，如 Cool Edit、Sound Forge 等。

课后习题

1．填空题

（1）声音的三要素是＿＿＿＿＿＿、＿＿＿＿＿＿和＿＿＿＿＿＿。

（2）WAV 格式是微软公司开发的一种声音文件格式，也称＿＿＿＿＿＿。

（3）＿＿＿＿＿＿是指计算机每秒钟采集多少个声音样本，是描述声音文件的音质、音调，衡量声卡、声音文件的质量标准。

（4）CD 是标准的激光唱片文件，文件扩展名为＿＿＿＿＿＿。

（5）常见的录音方式有＿＿＿＿＿＿、磁带录音、光学录放音、＿＿＿＿＿＿、多轨录放音和网络在线录放音。

（6）Windows 自带的录音机软件可以通过执行＿＿＿＿＿＿命令来启动。

（7）在 GoldWave 中，执行菜单中的＿＿＿＿＿＿命令可以打开"选项"对话框，对保存路径进行设置。

（8）在 GoldWave 中，执行菜单中的＿＿＿＿＿＿命令可以对音频文件进行淡入淡出效果的设置。

（9）在制作多媒体音频素材文件时通常需要将分别录制的背景音乐和语音讲解融合在一起，这可以通过对音频文件设置＿＿＿＿＿＿操作来完成。

（10）音频文件合并是指将多个音频文件合并成一个音频文件，合成后的新的音频文件的播放时间为每段音频文件播放时间的＿＿＿＿＿＿。

2．思考题

（1）音频处理技术主要包括哪些？

（2）声音的三要素是什么？

（3）常见的音频文件格式有哪些？

第4章 动画制作技术

动画已经成为多媒体作品中不可缺少的元素，熟练地掌握动画制作技术，可以在多媒体作品中灵活地使用动画，从而使作品更生动形象。

本章主要内容（主要知识点）：

- 动画及动画制作过程
- Flash 的工作界面及文件的基本操作
- 矢量图形绘制
- 导入外部素材
- 逐帧动画、动作动画、形状动画、引导动画和遮罩动画的制作

教学目标：

- 了解 Flash CS4 的工作界面
- 掌握 Flash 制作动画的过程
- 掌握 Flash 的矢量图的绘制和编辑
- 掌握导入外部资源来设计 Flash 动画
- 掌握逐帧动画、动作动画、形状动画、引导动画和遮罩动画在动画创作中的应用

本章重点：

- 掌握使用绘图工具和颜色填充工具绘制和编辑矢量图形
- 掌握逐帧动画、动作动画、形状动画、引导动画和遮罩动画的制作方法

本章难点：

- Flash 中绘制和编辑矢量图形的方法
- 制作动画的方法
- 制作动画过程中各种参数的设置

4.1 动画概述

动画由于在多媒体中具有表现手法直观、形象、灵活等诸多特点，所以在多媒体作品中应用十分广泛，同时也深受用户的喜爱。在多媒体作品中，适当使用动画元素，可以增强效果，起到画龙点睛的作用。

4.1.1 动画基本概念

1. 动画的原理

由于人类的眼睛在分辨视觉信号时会产生视觉暂留的情形，也就是当一幅画面或者一个物体的

景象消失后，在眼睛视网膜上所留的映像还能保留大约 1/24 秒的时间。电视、电影和动画就是利用了人眼的这一视觉暂留特性，快速地将一连串图形显示出来，然后在每一张图形中做一些小小的改变（如：位置或造型），就可以造成动画的效果。

2. 动画的分类

动画的分类方法较多，从制作技术和手段上分，动画可分为以手工绘制为主的传统动画和以计算机为主的电脑动画；从空间的视觉效果上分，动画可分为二维动画（2D）和三维动画（3D）；从播放效果上分，动画又可分为顺序动画和交互式动画。

3. 电脑动画

电脑动画是采用连续播放静止图像的方法产生景物运动的效果，也即使用计算机产生图形、图像运动的技术。可分为二维动画与三维动画。制作二维动画的软件有 Flash、GIF Animator、FlipBook 等，制作三维动画的软件有 3D MAX、Alias/Wavefront MAYA、LightWave 3D 等。

4.1.2　动画文件格式

存储动画文件的格式较多，每种格式所适用的软件环境不同。下面介绍几种常用的动画文件格式。

- FLC 格式：是 Autodesk 公司在其出品的 2D、3D 动画制作软件中采用的动画文件格式，广泛应用于动画图形中的动画序列、计算机辅助设计和计算机游戏应用程序。
- GIF 格式：是一种图像文件格式，几乎所有相关软件都支持。其另一个特点是在一个 GIF 文件中可以保存多幅彩色图像，如果把存于一个文件中的多幅图像数据逐幅读出并显示到屏幕上，就可以构成一种最简单的动画。
- SWF 格式：是 Flash 的专用格式，是一种支持矢量和点阵图形的动画文件格式，被广泛应用于网页设计、动画制作等领域。
- AVI 格式：音频视频交错格式，是将语音和影像同步组合在一起的文件格式，主要应用在多媒体光盘上，用来保存电视、电影等影像信息。
- MPG 格式：即动态图像专家组，由国际标准化组织 ISO 与 IEC 于 1988 年联合成立，专门致力于运动图像及其伴音编码标准化工作。
- MOV 格式：即 QuickTime 影片格式，它是 Apple 公司开发的一种音频、视频文件格式，用于存储常用数字媒体类型。

4.1.3　动画制作流程

电脑二维动画是对手工传统动画的一个改进。就是将事先由手工制作的原动画逐帧输入计算机，然后由计算机帮助完成绘线和上色的工作，并且由计算机控制完成记录工作。主要制作过程如图 4-1 所示。

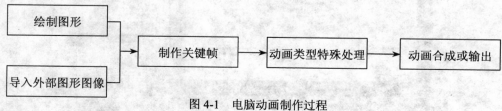

图 4-1　电脑动画制作过程

- 绘制图形：根据动画制作的需要手工绘制一些必要的图形元素。
- 导入外部图形图像：根据动画制作的需要直接从外部文件中导入已有的图形和图像。

- 制作关键帧：根据动画制作的需要制作一些必要的关键帧。
- 动画类型特殊处理：根据动画制作的需要采用不同的制作方法，如制作补间动作、补间形状、引导层动画、遮罩动画等，以产生特殊的动画效果。
- 动画合成或输出：根据动画制作的需要进行合成及最终作品的输出，可以将动画转换成所需的类型再输出，以便在多媒体作品中引用。

4.2 动画制作软件 Flash

Flash 是目前应用最广泛的一款二维矢量动画制作软件，凭借其文件小、动画清晰、可交互和运行流畅等特点，主要用于制作网页、广告、动画、游戏、电子杂志和多媒体课件等。

Flash 的前身是 Future Splash，它是为了完善 Macromedia 的产品 Director 而开发的一款用于网络发布的插件。1996 年原开发公司被 Macromedia 公司收购，其核心产品也被正式更名为 Flash，并相继推出了 Flash 1.0、Flash 2.0、Flash 3.0、Flash 4.0、Flash 5.0、Flash MX、Flash MX 2004、Flash 8。2005 年 Macromedia 被 Adobe 公司收购，并相继推出了 Flash CS3、Flash CS4 和 Flash CS5，最新版本为 Adobe Flash CS5。

本书以 Adobe Flash CS4 为例进行讲解。

4.2.1 Flash 简介

1. Flash 的启动

当系统中已经安装了 Flash CS4 后，就可以用下面两种方法启动。

方法一：双击桌面上的 Adobe Flash CS4 Professional 快捷图标 启动。

方法二：单击"开始"按钮，选择"开始"→"所有程序"→Adobe→Adobe Flash CS4 Professional 命令即可启动。

启动后即可打开如图 4-2 所示的启动界面。在此窗口中可以打开最近编辑过的项目，也可以新建一个 Flash 文档，还可以从 Flash 自带的模板中创建一个 Flash 文档。

选择"新建"→"Flash 文件（ActionScript 3.0）"命令即可创建一个空的 Flash 文档，同时打开 Flash 的工作界面。

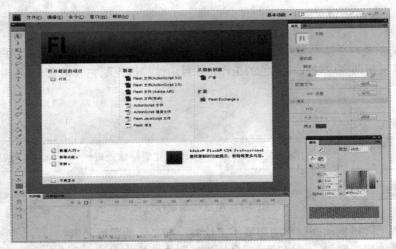

图 4-2 Flash 的启动界面

2. Flash 的工作界面

Flash 的工作界面由标题栏、菜单栏、时间轴面板、工具箱、舞台、面板组等组成，如图 4-3 所示。

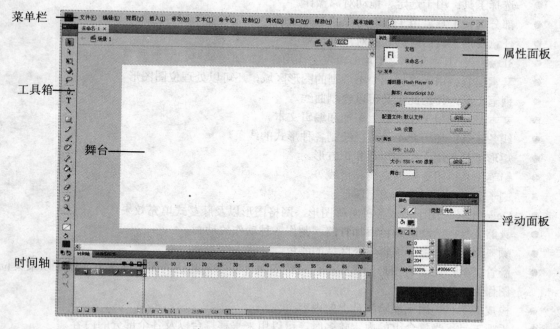

图 4-3 Flash 的工作界面

（1）菜单栏。位于窗口的顶部，主要包括文件、编辑、视图、插入、修改、文本、命令、控制、调试、窗口和帮助共 11 个菜单。

- 文件：执行与文件有关的操作，如创建、打开和保存文件等。
- 编辑：对动画内容进行复制、剪切、粘贴、查找、替换等操作。
- 视图：设置开发环境的外观和版式，包括放大、缩小、显示网格及辅助线等。
- 插入：在动画中插入新建元件、场景和图层等。
- 修改：主要用于修改动画中各种对象的属性，如帧、图层、场景和动画本身等。
- 文本：设置文本的格式。
- 命令：对命令进行管理。
- 控制：播放、控制和测试动画。
- 调试：调试动画。
- 窗口：打开、关闭、组织和切换各种窗口面板。

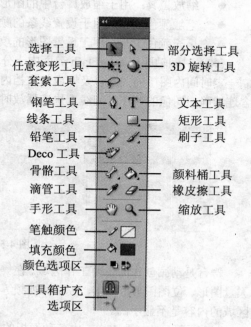

图 4-4 Flash 的工具箱

● 帮助：获得帮助信息。

（2）工具箱。包含一套完整的绘画工具，利用这些工具可以绘制、涂色和设置工具选项等，如图 4-4 所示，要打开或关闭工具箱，可以选择"窗口"→"工具"命令。

● 选择工具：用于选定、拖动对象操作。
● 部分选择工具：用于选取对象的部分区域。
● 任意变形工具：对选取的对象进行变形。
● 3D 旋转工具：只能对影片剪辑发生作用。
● 套索工具：用于选择一个不规则的图形区域，还可以处理位图图形。
● 钢笔工具：使用此工具可以绘制曲线。
● 文本工具：用于在舞台上添加和编辑文本。
● 线条工具：使用此工具可以绘制各种形式的线条。
● 矩形工具：用于绘制矩形和正方形。
● 铅笔工具：用于绘制直线和折线等。
● 刷子工具：用于绘制填充图形。
● Deco 工具：用于生成各种对称图形，网格图形以及藤蔓式填充效果。
● 骨骼工具：给动画角色添加骨骼，制作各种动作的动画。
● 颜料桶工具：用于编辑填充区域的颜色。
● 滴管工具：用于将图形的填充颜色或线条属性复制到其他的图形线条上，还可以采集位图作为填充内容。
● 橡皮擦工具：用于擦除舞台上的内容。
● 手形工具：当舞台上的内容较多时，可以用来平移舞台以及各个部分的内容。
● 缩放工具：用于缩放舞台中的图形。
● 笔触颜色工具：用于设置线条的颜色。
● 填充颜色工具：用于设置图形的填充区域。

（3）时间轴面板。是 Flash 界面中十分重要的部分，如图 4-5 所示。时间轴的功能是管理和控制一定时间内图层的关系以及帧内的文档内容。与电影胶片类似，每一帧相当于每一格胶片，当包含连续静态图像的帧在时间线上快速播放时，就看到了动画。

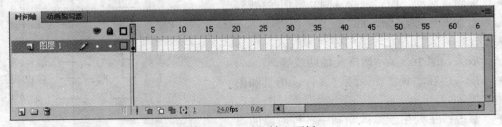

图 4-5 "时间轴"面板

舞台是动画创作的主要工作区域。在舞台上可以对动画的内容进行绘制和编辑，这些内容包括矢量图形、位图图形、文本、按钮和视频等。动画在播放时只显示舞台中的内容，对于舞台外灰色区域的内容是不显示的。

（4）面板组。是 Flash 中各种面板的集合。面板上提供了大量的操作选项，可以对当前选定对象进行设置。要打开某个面板，只需选择"窗口"菜单中对应的面板名称命令即可。

● "属性"面板：用于显示和更改当前选定文档、文本、帧或工具等的属性。选择"窗口"

→ "属性"命令，可以打开"属性"面板。文本的"属性"面板如图 4-6 所示。

● "库"面板：选择"窗口"→"库"命令或按 F11 键即可打开"库"面板，如图 4-7 所示。在"库"面板中可以方便地查找、组织和调用资源。"库"面板提供了动画中数据项的许多信息。库中存储的元素被称为元件，可以重复利用。

图 4-6　"属性"面板

图 4-7　"库"面板

● "颜色"面板：选择"窗口"→"颜色"命令即可打开"颜色"面板，如图 4-8 所示。使用"颜色"面板可以创建和编辑纯色和渐变填充，调制出大量的颜色，以设置笔触、填充色和透明度等。如果已经在舞台中选定了对象，那么在"颜色"面板中所做的颜色更改就会被应用到该对象。

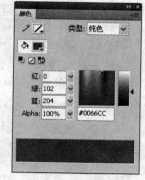

图 4-8　"颜色"面板

3. Flash 文件基本操作

（1）新建文件。新建文件有如下两种方法。

方法一：启动 Flash 应用程序，然后在启动界面上单击"Flash 文件（ActionScript 3.0）"按钮，或者单击"Flash 文件（ActionScript 2.0）"按钮，即可新建空白的 Flash 文件。

方法二：在 Flash 工作界面菜单栏中选择"文件"→"新建"命令，打开"新建文档"对话框后，选择"Flash 文件（ActionScript 3.0）"选项或"Flash 文件（ActionScript 2.0）"选项，然后单击"确定"按钮，即可创建空白文件，如图 4-9 所示。

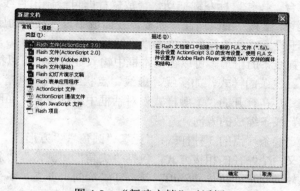

图 4-9　"新建文档"对话框

提示：在启动界面和"新建文档"对话框中还可以通过"从模板创建"栏选择通过模板新建文件。

（2）保存文件。如果是新建的 Flash 文件，选择"文件"→"保存"命令，在打开的"另存为"对话框中设置保存位置、文件名、保存类型等选项，然后单击"保存"按钮即可。

对已经保存过的文件，若不想覆盖，可以选择"文件"→"另存为"命令，在打开的"另存为"对话框中更改文件的保存选项即可将文件保存成一个新文件。

（3）打开文件。要打开保存过的 Flash 文件，可以选择"文件"→"打开"命令，在"打开"对话框的"查找范围"列表框中选择文件的保存位置，单击要打开的文件名，最后单击"打开"按钮。

（4）导入/导出文件。Flash 提供了导入文件和导出文件的功能，方便利用外部的素材设计动画，或者将动画的内容导出成图片或视频等文件。

选择"文件"→"导入"→"导入到舞台"命令，导入后文件将显示在舞台中；选择"文件"→"导入"→"导入到库"命令，导入的文件显示在"库"面板中；选择"文件"→"导入"→"打开外部库"命令，可以打开其他文件中的库；选择"文件"→"导入"→"导入视频"命令，可以在舞台中显示视频文件。

选择"文件"→"导出"命令，在级联菜单中选择相应的命令，可以将文件导出为 GIF 图像，也可以将文件导出为影片，这样即使在没有安装 Flash Player 的计算机上也可以播放动画。

（5）发布文件。设计完成后的 Flash 作品可以发布为多种类型的文件，例如发布成 SWF 格式的动画、HTML 格式的网页文件、EXE 格式的执行文件等。

选择"文件"→"发布设置"命令，打开"发布设置"对话框，通过其上的"格式"选项卡选择要发布的文件类型、各类型文件发布时的文件名，以及文件发布后的保存位置。

（6）发布预览。发布 Flash 作品前，可以先进行动画发布预览，以便测试动画的播放效果。先打开要预览的文件，然后选择"文件"→"发布预览"命令，在打开的级联菜单中选择要预览的格式即可。

4.2.2　图形绘制及编辑

Flash 的绘图功能非常丰富，可以绘制出各种复杂的矢量图形，主要是通过绘图工具箱提供的各种绘图工具来完成。另外，图形的绘制是动画制作的基础，只有掌握了这些绘图方法，才可以制作出丰富多彩的动画。

1. 绘制线条

在 Flash 中，若要一次绘制一条直线段，可以使用"线条工具"来完成。选择工具箱中的"线条工具"按钮＼，在舞台上按住鼠标左键拖动，释放鼠标即可绘制出直线，然后选择"窗口"→"属性"命令，打开"线条工具"的"属性"面板，在面板中设置直线的属性，如图 4-10 所示。

- 笔触颜色：用于设置线条的颜色。单击"笔触颜色"按钮 ✎ ▇▇，即可打开调色板。
- 笔触：用于设置线条的粗细。可以在文本框中输入数值，也可以拖动滑块来调整。
- 样式：用于设置线条的样式，如实线、虚线、点状线、斑马线等。还可以单击"编辑笔触样式"按钮 ✎，在打开的"笔触样式"对话框中进行设置，如图 4-11 所示。
- 缩放：用于设置线条缩放的方向。
- 端点：用于设定线条端点的 3 种样式："无"、"圆角"、"方形"。
- 接合：用于定义两个路径的相接方式，包括"尖角"、"圆角"、"斜角"。

提示：在绘制直线的过程中，按住"Shift"键，可以绘制出垂直和水平的直线，或者是 45°的斜线。按住 Ctrl 键可以切换到选择工具，对工作区中的对象进行选取，当释放该键后又会变回到线条工具。

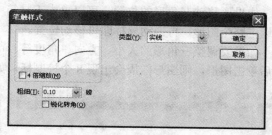

图 4-10 "线条工具"的"属性"面板   图 4-11 "笔触样式"对话框

2. 绘制简单图形

可以利用工具箱中的"矩形工具" ▢、"椭圆工具" ◯、"多角星形工具" ⬡ 等绘制简单的图形。下面通过具体的实例来介绍。

【例 4-1】 图形小人的绘制,最终效果如图 4-12 所示。具体步骤如下:

① 新建一个空白文档,选择"修改"→"文档"命令,打开"文档属性"对话框,如图 4-13 所示,在此对话框中可以对舞台的大小及背景颜色进行设置,此例使用默认值。

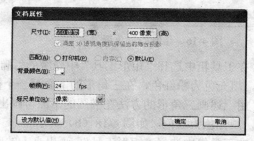

图 4-12 图形小人效果图   图 4-13 "文档属性"对话框

② 在工具箱中选择"矩形工具"中隐藏的"多角星形工具"按钮,然后在"属性"面板中单击"选项"按钮,打开"工具设置"对话框,如图 4-14 所示。在该对话框中设置边数为 3,单击"确定"按钮。

③ 单击工具箱中的"笔触颜色"按钮,打开调色板,如图 4-15 所示。笔触颜色用来设置所画图形的边框颜色,如果不需要边框颜色可以设置为无色。在本例中,设置边框颜色为黑色。

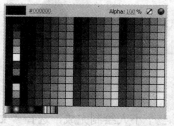

图 4-14 "工具设置"对话框   图 4-15 "笔触颜色"调色板

④ 单击工具箱中的"填充颜色"按钮 ◇▇,打开调色板。填充颜色是用来设置所画图形内的填充色。本例中小人的帽子为黄色。

提示：设置"笔触颜色"和"填充颜色"时，还可以选择"窗口"→"颜色"命令，在打开的"颜色"面板内进行设置。

⑤ 在舞台中合适的位置按住鼠标左键拖动，画出一个适当大小的三角形，如图 4-16 所示。

如果要移动三角形的位置，可以单击工具箱中的"选择工具"按钮 ，然后在图形中双击鼠标选中整个图形，再拖动鼠标即可移动位置。

如果要调整三角形的大小、方向、角度等，可以单击工具箱中的"任意变形工具"按钮 ，然后单击图形，则图形四周会出现 8 个控制柄，如图 4-17 所示。

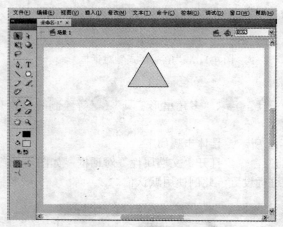

图 4-16　绘制的三角形　　　　　　　　　图 4-17　调整图形大小

⑥ 在工具箱中选择"矩形工具"中隐藏的"椭圆工具"按钮，用同样的方法设置"笔触颜色"为黑色，填充色为粉红色，在三角形的下面画一个椭圆形作为小人的脸，如图 4-18（a）所示。

⑦ 用上述画三角形的方法在椭圆的下面再画出一个三角形作为小人的身体。设置"笔触颜色"为黑色，填充色为红色，如图 4-18（b）所示。

⑧ 在工具箱中选择"矩形工具"，画出小人的胳膊和腿。设置"笔触颜色"为黑色，填充色为粉红色，如图 4-18（c）所示。

⑨ 再用"椭圆工具"画出小人的手和脚。拖动鼠标的同时按下 Shift 键可以画出正圆。设置"笔触颜色"为黑色，手的填充色为粉红色，脚的填充色为蓝色，如图 4-18（d）所示。

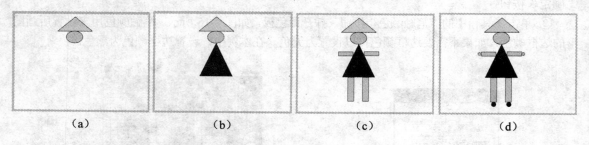

（a）　　　　　　　　　（b）　　　　　　　　　（c）　　　　　　　　　（d）

图 4-18　画小人

⑩ 到此，整个小人绘制完成，选择"文件"→"保存"命令，将文件名保存为"例 4-1.fla"。

3. 绘制复杂图形

Flash 还可以绘制出复杂的不规则图形。如果图形太复杂，在绘制的时候可以将它划分成几部分，然后再将这些部分进行组合，形成最终的图形。

　　（1）钢笔工具。"钢笔工具" ✦ 用于绘制直线或者平滑、流畅的曲线；可以生成直线段、曲线段；可以调节直线段的角度和长度、曲线段的倾斜度等。

　　"钢笔工具"在画连续的直线时比线条工具更方便，在舞台上不断地单击鼠标就可以绘制出相应的路径，如果想结束一条开放的路径的绘制，双击最后一个点即可。要闭合路径，将"钢笔工具"放置到第一个锚点上，如果定位准确，就会在靠近钢笔尖的地方出现一个小圆圈，单击或拖动可以闭合路径，如图 4-19 所示。

　　"钢笔工具"还可以绘制平滑的曲线，方法是在预画曲线的端点处按下鼠标左键，绘制出曲线的第一个锚点，然后沿着曲线延伸的方向拖动鼠标。在拖动时，会出现曲线的调节柄。再释放鼠标，调节柄的斜率和长度决定了曲线段的长度。最后将光标定位于曲线段的结束点，沿相反方向拖动鼠标，即可完成曲线段的绘制，如图 4-20 所示。

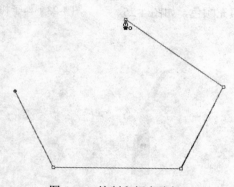

图 4-19　绘制和闭合路径

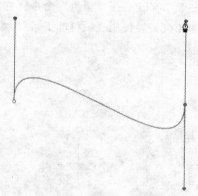

图 4-20　绘制曲线

　　（2）部分选取工具。"部分选取工具" ▹ 可以用来修改和调节路径，它经常和"钢笔工具"一起使用。当某一对象被"部分选取工具"选中后，它的图像轮廓线上会出现很多控制点，可以选择其中的控制点拖动来改变图形的轮廓，如图 4-21 所示。

　　（3）铅笔工具。使用"铅笔工具" ✎ 可以绘制线条和形状。铅笔工具的绘画方式与使用真实铅笔大致相同。它的颜色、粗细和样式定义与"线条工具"一样，不同的是它的选项里有 3 种模式，如图 4-22 所示。

图 4-21　使用"部分选取工具"

- "伸直"模式：会把线条自动转换成接近形状的直线，绘制的图形趋向平直、规整。
- "平滑"模式：把线条转换为接近形状的平滑曲线，图形趋于平滑、流畅。
- "墨水"模式：不加修饰，完全保持鼠标轨迹的形状。

图 4-22　"铅笔工具"选项

　　（4）橡皮擦工具。使用"橡皮擦工具" ⬦ 可以擦除工作区上的边框和填充。选择"橡皮擦工具"后，在工具箱扩充选项区会出现 3 个附属工具选项："橡皮擦模式" ⟳、"水龙头" ⬑、"橡皮擦形状" ●。其中"橡皮擦模式"中包含了 5 种擦除模式。

- 标准擦除：用于擦除同一层上的笔触和填充区域。
- 擦除填色：只擦除填充区域，不影响笔触。

- 擦除线条：只擦除笔触，不影响填充区域。
- 擦除所选填充：只擦除当前选定的填充区域，不影响笔触。
- 内部擦除：只擦除橡皮擦笔触开始处的填充。如果从空白点开始擦除，则不会擦除任何内容。

【例 4-2】 椰子树的绘制，效果如图 4-23 所示。具体步骤如下：

① 新建一个空白文档。

② 单击工具箱中的"铅笔工具"按钮，再单击"铅笔模式"按钮，在弹出的下拉菜单中选择"墨水"模式，然后在舞台中合适的位置处拖动鼠标绘制出树干，绘制时如果形状不满意，可以选择"橡皮擦工具"进行修改，如图 4-24 所示。

③ 选择"窗口"→"颜色"命令，在打开的"颜色"面板中设定填充色为#CC6633，使用"颜料桶工具"将树干填充颜色，如图 4-25 所示。

图 4-23　椰子树

图 4-24　绘制树干

图 4-25　树干填充颜色

④ 单击选择工具箱中的"刷子工具"，设置填充色为黑色，单击"刷子大小"按钮，选择合适大小的刷子，接着单击"刷子形状"按钮，选择合适的笔刷，如图 4-26 所示。

⑤ 在树干中拖动鼠标绘制出树干上的条纹，如图 4-27 所示。

⑥ 单击选择工具箱中的"钢笔工具"，在"属性"面板中设置笔触色为黑色，在舞台中单击鼠标，绘制出第一个锚点，然后依次单击鼠标绘制出树叶的轮廓，如图 4-28 所示。

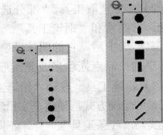

图 4-26　选择刷子大小和形状

图 4-27　绘制树干条纹

图 4-28　绘制树叶

⑦ 选择"窗口"→"颜色"命令，打开"颜色"面板，选择填充颜色为#00FF33，然后选择"颜料桶工具"为树叶填充颜色，如图 4-29 所示。

⑧ 选择"文件"→"保存"命令，将绘制好的图形保存，文件名为"例 4-2.fla"。

4.　添加文本

一个完整的动画或多或少地需要一定的文字来进行修饰。利用文本工具可以在动画中添加各种文字，从而使动画显得更加丰富和精彩。

图 4-29　填充树叶颜色

（1）输入文本。使用工具箱中的"文本工具" 就可以插入文本输入框。文本输入框有两种方式，无宽度限制的文本输入框和固定宽度的文本输入框。

● 无宽度限制的文本输入框：输入框会随着用户的输入自动横向延长。单击"文本工具"按钮，将光标移到指定区域并单击鼠标，即可出现输入框。输入框右上角有一个圆形标志，如图 4-30 所示。

● 固定宽度的文本输入框：输入框的宽度固定，不能自动横向延长，但是可以随用户的输入实现纵向延长。单击"文本工具"按钮，将光标移到指定区域，按住左键拖动鼠标，达到合适的宽度松开鼠标即可。输入框右上角有一个正方形标志，如图 4-31 所示。

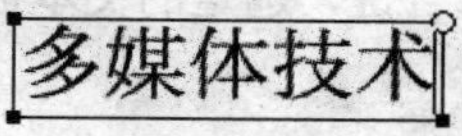

多媒体技术　　　　　　　　　多媒体技术

图 4-30　无宽度限制输入文本 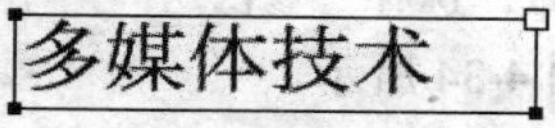　　　　　　图 4-31　固定宽度输入文本

提示：可以在无限制宽度和固定宽度两种方式之间进行转换。双击固定宽度输入框右上角的正方形标志就可以转换到无宽度限制输入框，向右拖动无宽度限制输入框右上角的圆形标志可以转换到固定宽度输入框。

（2）设置文本属性。当选中"文本工具"时，就打开对应的"属性"面板，如图 4-32 所示。在该"属性"面板中可以对文本属性进行设置。

● 文本工具：用来设置文本框的类型，有 3 个选项，分别为静态文本（短小且不会更改）、动态文本（动态可更新）和输入文本（动画播放时可输入）。

● 系列：从其下拉列表中可以选择文本的字体，也可以通过选择"文本"→"字体"命令来设置文本的字体。

● 样式：可以在其下拉列表中选择对文字加粗或倾斜。

● 大小：可以在文本框中输入数值来设置字体大小，也可以选择"文本"→"大小"命令来选择字体大小。

● 颜色：设置和改变文本的颜色。单击可以打开调色板。

● 消除锯齿：可以选择不同的对文字消除锯齿的方式。

● 可选：使静态文本或动态文本能被用户选定，选定之后可以复制或剪切，然后再粘贴到单独的文档中。

● 将文本呈现为 HTML：用 HTML 标签保留当前

图 4-32　"文本工具"的"属性"面板

的文本格式。
- 在文本周围显示边框█：给文本显示黑色边框和白色背景。
- 切换上标/下标 **T¹ T₁**：将文字设置成上标或下标效果。
- 格式：给当前段落设置文本的对齐方式。有 4 种对齐方式：左对齐、居中对齐、右对齐和两端对齐。
- 间距：可以调整选定字符或整个文本的间距。用户可以在文本框中输入-60～+60 之间的数值，单位为磅，也可以通过右边的滑块进行设置。
- 边距：用于设置文本的边框与文本之间的间隔距离。
- 行为：设置动态文本或输入文本的行类型。
- 方向：可以改变当前文本的方向。
- 链接：将动态文本和静态文本设置为超链接，在文本框中输入要链接到的 URL 地址即可。
- 目标：在下拉列表中对超链接目标属性进行设置。

（3）分离文本。有些操作不能直接作用于文本对象，例如为文本填充渐变色以及调整文本的外形等。需要对文本进行分离，分离后的文本具有和图形相似的属性。但分离后的文本不能再作为文本进行操作，比如不能再进行字体改变、段落设置等文字设置。下面用实例介绍分离文本的操作步骤。

【例 4-3】 分离文本，效果如图 4-33 所示。

① 选择工具箱中的"文本工具"，在"属性面板"中设置字体为黑体，大小为 40，输入文本。

② 选定文本，选择"修改"→"分离"命令或按 Ctrl+B 组合键，选定的文本被分离在独立的文本块中，如图 4-34 所示。

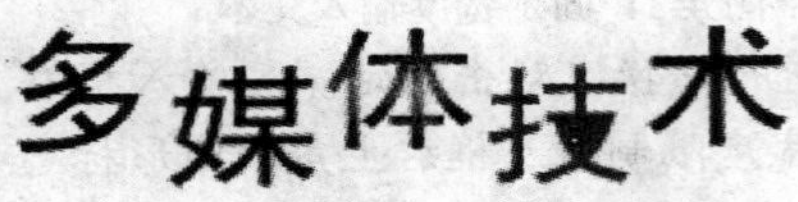

图 4-33　分离后文本的填充效果

图 4-34　分离成块的文本

③ 双击分离成独立的字符可以选定单个字符，然后分别进行设置，不会影响其他字符。图 4-35 为对某些字符调整位置后的效果。

④ 选定所有的文本，再选择"修改"→"分离"命令，将第 1 次分离的文本转换为图形。

⑤ 转换为图形的文本变成了可填充的色块，使用"颜料桶工具"对文本进行颜色填充。填充颜色既可以是纯色也可以是渐变色，效果如图 4-36 所示。

图 4-35　调整独立字符位置

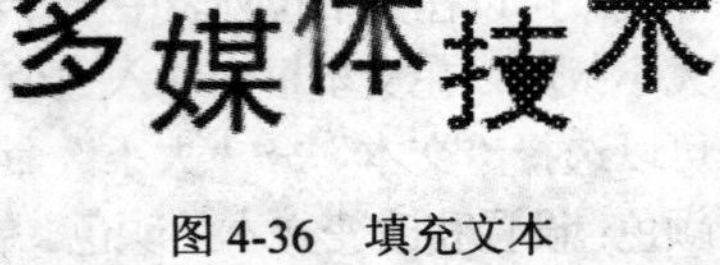

图 4-36　填充文本

⑥ 还可以使用"选择工具"、"部分选取工具"、"套索工具"和"钢笔工具"对文本外形进行调整，用"橡皮擦工具"可以擦除文本。所有对图形的操作都可用于分离后的文本。

（4）设置滤镜效果。使用滤镜可以制作出投影、模糊、发光、斜角、渐变发光、渐变斜角和调整颜色等特殊文字效果。可以通过"属性"面板"滤镜"选项中的"添加滤镜"菜单来添加效果，如图 4-37 所示。

5. 调整对象

（1）选取对象。利用"选择工具" 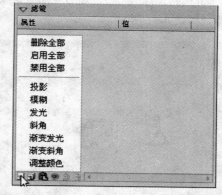 选取对象的
具体操作步骤如下：

① 选择工具箱中的"选择工具"。

② 将光标移到要选择的对象上，单击鼠标即可选
取对象。

利用"部分选取工具" 选择对象。在 Flash 中，
可以把图形的笔触看作是由线段和节点组成，线段和
节点可以称为对象的次对象。当使用"部分选取工具"
进行选择时，会将此对象显示出来，并可以进行编辑
和修改。

图 4-37　"滤镜"选项的"添加滤镜"菜单

"套索工具" 可以选择不规则的形状，使用"套索工具"的具体步骤如下：

① 选择工具箱中的"套索工具"。

② 将光标移动到要选择对象的区域附近，按住鼠标左键拖动画出一个所要选定对象的区域，
松开鼠标后所画区域即为选中区域。

（2）移动对象。通过鼠标拖动来移动对象是最常用、最简单的一种方法，但是不够精确，
可以使用方向键来移动对象，一次可以移动 1 个像素位置，另外还可以通过在"属性"面板中的
X 和 Y 文本框中输入相应的数值来移动对象，也可以利用"信息"面板来移动对象。具体操作
步骤如下：

① 选取一个或多个对象。

② 选择"窗口"→"信息"命令，打开"信息"面板，如图 4-38 所示。在 X 和 Y 文本框中
输入相应的数值，然后按 Enter 键即可移动对象。

（3）对齐对象。可以通过"对齐"面板来实现精确对齐。操作步骤如下：

① 选择"窗口"→"对齐"命令，打开"对齐"面板，如图 4-39 所示。

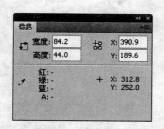

图 4-38　"信息"面板

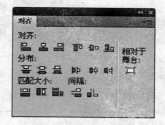

图 4-39　"对齐"面板

② 选中"相对于舞台"按钮，此按钮的作用是相对于舞台尺寸进行对齐修正。

③ 选中舞台上要对齐的对象。

④ 单击"对齐"面板中的相应对齐按钮即可将选中的对象对齐。

（4）组合对象。可以将多个对象组合在一起作为一个整体进行处理。组合后的对象能够被一
起移动、复制、缩放和旋转等。组合的操作步骤如下：

① 按住 Shift 键选择要组合的多个对象，如图 4-40 所示。

② 选择"修改"→"组合"命令，或者用 Ctrl+G 组合键可以进行组合。组合后对象成为一个整体，如图 4-41 所示。

图 4-40　选择多个对象　　　　　　　图 4-41　组合对象

③ 选择"编辑"→"编辑所选项目"命令，如图 4-42 所示。

④ 属于组合的对象是正常显示，其余部分的颜色变淡，舞台左上角出现一个组合标记，如图 4-43 所示。

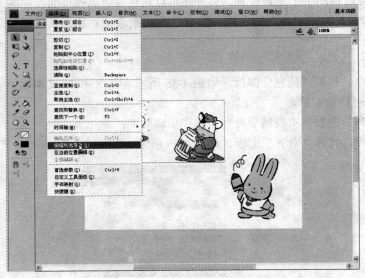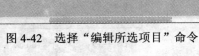 

图 4-42　选择"编辑所选项目"命令　　　　　图 4-43　编辑组合对象

（5）辅助工具。舞台中可以显示标尺、网格以及辅助线，从而精确地定位各个对象。选择"视图"→"标尺"命令，在舞台上可以显示标尺。选择"视图"→"网格"→"显示网格"命令，即可在舞台上显示网格。选择"视图"→"辅助线"→"显示辅助线"命令，可以显示辅助线，如图 4-44 所示。

6．变形对象

工具箱中的"任意变形工具" 是用来改变和调整对象变形的。选择"任意变形工具"后，则可以在工具箱底部的选项区选择变换模式，如图 4-45 所示。

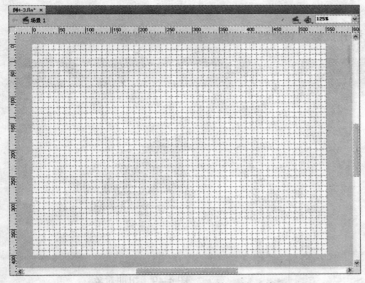

缩放 — 封套 — 旋转与倾斜 — 扭曲

图 4-44　显示标尺、网格、辅助线　　　　　图 4-45　"任意变形工具"选项区

（1）旋转与倾斜。旋转与倾斜的操作步骤如下：

① 单击工具箱中的"任意变形工具"，选择要旋转和倾斜的对象。

② 将光标移动到边框 4 个角的控制点上，光标变为 形状时，按住鼠标左键拖动即可旋转对象，如图 4-46 所示。

③ 将光标移动到边框的边线上，当光标变成 和 时，按住鼠标左键拖动，即可倾斜对象，如图 4-47 所示。

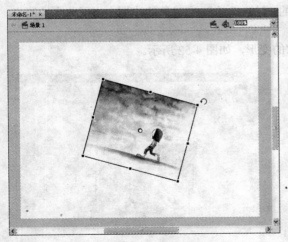

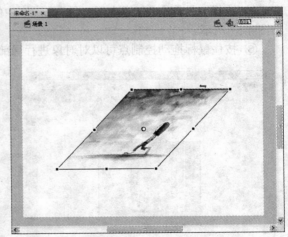

图 4-46　旋转对象　　　　　　　　　　图 4-47　倾斜对象

（2）缩放。缩放有两种方式可以实现，一是通过"任意变形工具"手动拖动被选对象边框上的 8 个控制点粗略地改变，二是使用"变形"面板或者"信息"面板精确地调整。

（3）扭曲。要扭曲变形的对象必须是填充形式的，如矢量图，而其他形式的对象必须进行分离或转换成矢量图，才可以进行扭曲操作，具体操作如下：

① 选择工具箱中的"任意变形工具"，在下面的选项区中选择"扭曲工具"，对象的边框上出

现 8 个控制点，如图 4-48 所示。

② 拖动控制点，到合适的程度松开鼠标，对象即被扭曲，如图 4-49 所示。

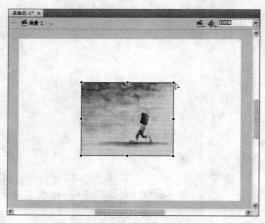
图 4-48　扭曲控制点

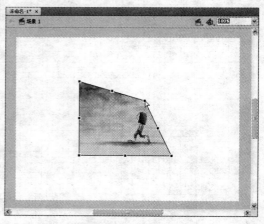
图 4-49　扭曲对象

（4）封套。封套变形可以弥补扭曲变形在局部的一些缺陷。要封套的对象也必须是填充形式的，而其他形式的对象必须要分离或者转换成矢量图后才能进行封套变形，操作步骤如下：

图 4-50　"转换位图为矢量图"对话框

① 选中要封套变形的位图对象，选择"修改"→"位图"→"转换位图为矢量图"命令，在打开的对话框中进行设置，如图 4-50 所示。

② 选择工具箱中"任意变形工具"选项区中的"封套工具"，在对象的边框上出现 8 个控制点，如图 4-51 所示。

③ 按住鼠标拖动控制点可以对对象进行局部的变形，如图 4-52 所示。

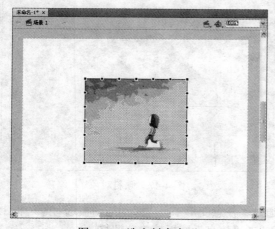
图 4-51　选定封套变形

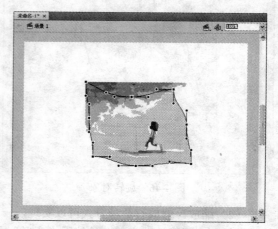
图 4-52　封套变形对象

4.2.3　导入外部素材

有时，如果已经通过其他软件制作好了所需的图形图像、音频、视频素材，或者通过 Internet

下载收集到所需的素材，则可以在 Flash 中导入这些素材，直接进行动画制作。

1. 库

Flash 文档中的库存储了在 Flash 中创建或在文件中导入的媒体资源，如元件、位图、视频、声音等。选择"窗口"→"库"命令，或者按 Ctrl+L 组合键，即可打开"库"面板，如图 4-53 所示。

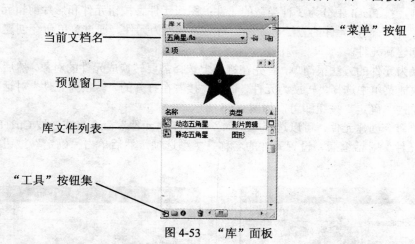

图 4-53　"库"面板

- 标题栏：显示当前文件的文件名。单击右上角的"菜单"按钮█，可以弹出快捷菜单，选择相应的命令执行操作。
- 预览窗口：单击项目列表里的某个项目，即可在此窗口中预览效果。

"库"面板最下方有 4 个按钮，可以对库文件进行管理。

- "新建元件"按钮█：单击此按钮，会打开"创建新元件"对话框，如图 4-54 所示。相当于选择"插入"→"新建元件"命令。
- "新建文件夹"按钮█：单击此按钮可以创建管理元件的文件夹，用来分类保存库中的元件，便于对元件的管理。
- "属性"按钮█：单击此按钮可打开"元件属性"对话框，可以查看和修改库中元件的属性，如图 4-55 所示。

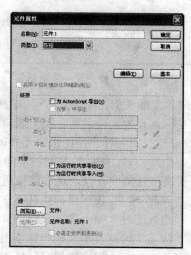

图 4-55　"元件属性"对话框

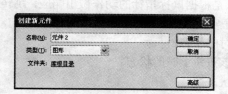

图 4-54　"创建新元件"对话框

● "删除"按钮□: 用来删除库中的文件和文件夹。

2. 元件

元件是动画中比较特殊的对象,它在 Flash 中只需要创建一次,然后可以在整个文档或其他文档中反复使用。元件可以是图形、按钮或动画。对元件的编辑和修改可以直接应用于文档中所有应用该元件的实例。在 Flash 中分为 3 种类型的元件: 图形元件、按钮元件和影片剪辑元件。

(1) 创建元件。创建元件的方法有 3 种: 将对象转换为元件、通过菜单命令创建新元件、通过"库"面板创建新元件。

将对象转换为元件的方法很简单,首先在舞台上选择需要转换成元件的对象,然后在对象上右击,在弹出的快捷菜单中选择"转换为元件"命令,接着在打开的"转换为元件"对话框中设置元件选项,最后单击"确定"按钮即可,如图 4-56 所示。

要通过菜单命令创建元件,可以选择"插入"→"新建元件"命令,或者按 Ctrl+F8 组合键,打开"创建新元件"对话框后,设置元件的名称、类型选项,然后单击"确定"按钮即可,如图 4-57 所示。

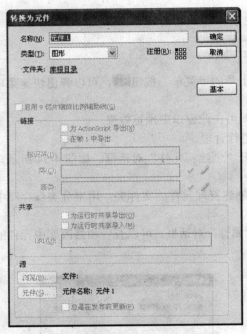

图 4-56　"转换为元件"对话框

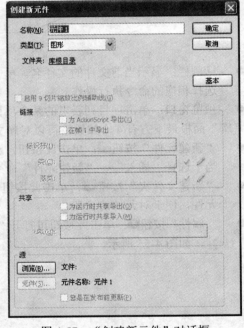

图 4-57　"创建新元件"对话框

通过"库"面板创建新元件,可以在打开"库"面板后单击"新建元件"按钮,打开"创建新元件"对话框,设置元件名称、类型选项即可。

(2) 创建按钮元件。使用按钮元件可以创建动画中响应鼠标事件的交互按钮。按钮实际上是一个 4 帧的影片剪辑,按钮的时间轴不能播放,它只是根据鼠标指针的动作做出响应,跳转到相应的帧。为提高按钮的交互性,通常将按钮元件的一个实例放在舞台内,然后给该实例指定动作。

● "弹起"帧: 表示鼠标指针不在该按钮上时的状态。
● "指针经过"帧: 表示鼠标指针滑过或在该按钮上时的状态。
● "按下"帧: 表示鼠标指针单击按钮时的状态。
● "单击"帧: 用来设定对鼠标指针单击时做出反应的区域。

创建按钮元件的具体步骤如下：

① 选择"插入"→"新建元件"命令，打开"创建新元件"对话框，输入元件名称，在"类型"下拉列表中选择"按钮"，如图 4-58 所示。单击"确定"按钮，进入按钮元件的编辑模式。

② 在编辑模式选中"时间轴"面板中的"弹起"帧，在舞台上绘制一个图形并填充颜色，如图 4-59 所示。

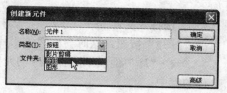

图 4-58　选择"按钮"类型

③ 选中"时间轴"面板中的"指针经过"帧，按 F6 键插入关键帧，在舞台中改变图形的颜色，如图 4-60 所示。

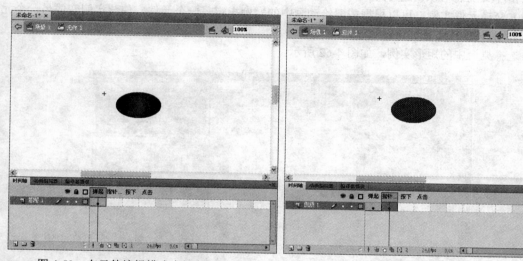

图 4-59　在元件编辑模式中绘制图形　　　　图 4-60　插入关键帧

④ 选中"时间轴"面板中的"按下"帧，按 F6 键插入关键帧，在舞台中改变图形的颜色，如图 4-61 所示。

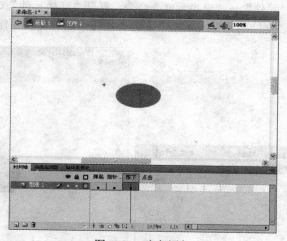

图 4-61　改变颜色

⑤ 完成元件的制作后，选择"编辑"→"编辑文档"命令，或者单击左上角的 场景 1 图标，退出元件编辑模式返回到场景。

（3）调用其他库中的元件。可以打开其他文档中的库，从而调用这个库中的元件，具体操作如下：

① 选择"文件"→"导入"→"打开外部库"命令，在打开的对话框中选择相应的影片文件，单击"打开"按钮，这时会出现该影片文件的"库"面板。

② 在"库"面板中选择相应的元件，将其拖到舞台中，这时就可以将该元件复制到当前影片文件的库中。

3. 实例

当创建元件后，就可以将元件应用到舞台。元件一旦从库中被拖到舞台上，就成为了元件的实例。在文档的所有地方都可以创建实例，一个元件可以创建多个实例，并且每个实例都有各自的属性。

（1）交换元件实例。可以根据需要给动画中的实例指定另一个元件，使该实例变成另一个元件的实例。具体操作步骤如下：

① 选择舞台中的矩形实例，如图 4-62 所示。

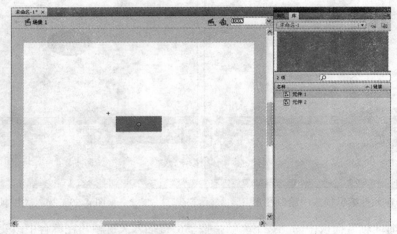

图 4-62　选择实例

② 选择"修改"→"元件"→"交换元件"命令，打开"交换元件"对话框，如图 4-63 所示。

③ 在对话框中选择要交换的元件，单击"确定"按钮，即可交换元件，如图 4-64 所示。

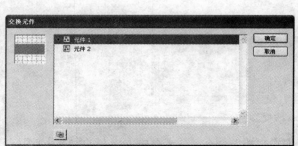

图 4-63　"交换元件"对话框

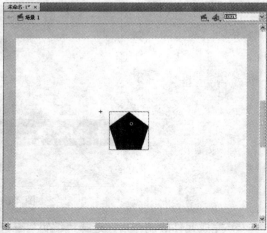

图 4-64　交换另一个元件

（2）编辑实例属性。每个元件实例既有和元件相同的属性，也有各自独立的属性。使用"属性"面板可以设置实例的色调、透明度、亮度等。选中舞台中的实例，选择"窗口"→"属性"命令，打开"属性"面板，如图 4-65 所示。

（3）更改实例类型。实例的类型是可以转换的。通过改变实例类型来重新定义它在动画中的行为。通过"属性"面板中的"实例行为"下拉列表可以更改实例类型。提供了 3 种类型，分别是"影片剪辑"、"按钮"和"图形"，如图 4-66 所示。

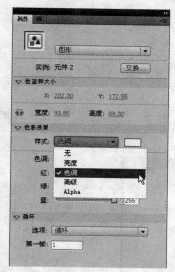

图 4-65　在"属性"面板中设置实例属性

图 4-66　更改实例类型

4. 导入图片

Flash 可以导入各种常见的矢量和位图格式。它能将图片导入到当前文档的舞台中，也可以导入到当前文档的库中。

（1）导入位图。Flash 可以将导入的位图进行修改，并以各种方式在文档中使用。导入位图的具体操作步骤如下：

① 选择"文件"→"导入"→"导入到舞台"命令，打开"导入"对话框，如图 4-67 所示。

图 4-67　"导入"对话框

② 在对话框中选择要导入的图片，单击"打开"按钮，可以将图片导入到舞台和"库"面板中，如图 4-68 所示。

图 4-68　导入图片

③ 还可以选择"文件"→"导入"→"导入到库"命令，打开"导入到库"对话框，如图 4-69 所示。

图 4-69　"导入到库"对话框

④ 在对话框中选择导入到库的图片，单击"打开"按钮，导入到"库"面板。

（2）设置位图属性。对库中的位图进行属性设置有以下 4 种方法：

方法一：在"库"面板的项目列表中双击该位图文件名称前的图标。

方法二：在"库"面板的项目列表中选定该位图，在预览窗口中双击它。

方法三：在"库"面板的项目列表中右击该位图，在弹出的快捷菜单中选择"属性"命令。

方法四：在"库"面板的项目列表中选定该位图，单击标题栏右上角的"菜单"按钮，在打开的菜单中选择"属性"命令。

接着在打开的"位图属性"对话框中对位图的输出质量和体积大小等进行设置，如图 4-70 所示。

（3）位图转换为矢量图。将位图转换为矢量图的具体操作如下：

① 选中要转换的位图，选择"修改"→"位图"→"转换位图为矢量图"命令，打开"转换位图为矢量图"对话框，如图 4-71 所示。

② 在"颜色阈值"输入框中输入一个 0～500 的值。输入的数值越小，被转换的色彩越多；数值越高，被转换的颜色越少。

③ 在"最小区域"输入框中输入一个 0～1000 的值。取值越大，转换的色块越大。

④ 在"曲线拟合"下拉列表中选择一个选项，用来确定绘制的轮廓的平滑程度。

⑤ 在"角阈值"下拉列表中选择一个选项，用来确定是保留锐边还是进行平滑处理。

图 4-70　"位图属性"对话框

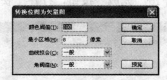

图 4-71　"转换位图为矢量图"对话框

5. 导入视频

Flash 支持多种视频格式，包括 MOV、AVI、MPG/MPEG、WMV、FLV 等。导入视频的具体操作步骤如下：

① 选择"文件"→"导入"→"导入视频"命令，打开"导入视频"对话框，如图 4-72 所示。

图 4-72　"导入视频"对话框

② 单击"文件路径"后的"浏览"按钮，打开"打开"对话框，在对话框中选择要导入的视频文件，如图 4-73 所示。

③ 选择要导入的视频，单击"打开"按钮，返回到"导入视频"对话框，单击"下一步"按钮，进入"外观"界面，在"外观"下拉列表中选择一种外观，如图 4-74 所示。

图 4-73　"打开"对话框

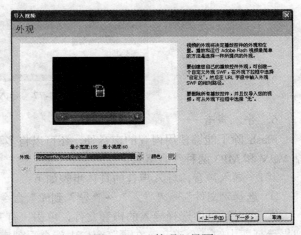

图 4-74　"外观"界面

④ 在"外观"界面中设置完毕后，单击"下一步"按钮，进入"完成视频导入"界面，如图4-75所示。

⑤ 单击"完成"按钮，打开"获取元数据"提示框，如图4-76所示。

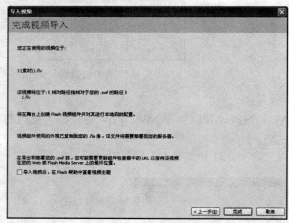

图 4-75　"完成视频导入"界面

图 4-76　"获取元数据"提示框

⑥ 当获取元数据进度完成后，在舞台中就会显示导入的视频，如图4-77所示。

⑦ 选择"文件"→"保存"命令，打开"另存为"对话框，输入文件名，保存文档，按 **Ctrl+Enter** 组合键测试动画效果。

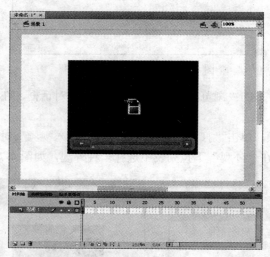

图 4-77　导入视频

6. 导入声音

Flash 除了能够使用内置的声音外，还可以将多种格式的声音文件导入到 Flash 中，常用的包括 WAV 和 MP3 两种声音格式。

（1）导入声音。导入声音的具体步骤如下：

① 选择"文件"→"导入"→"导入到库"命令，打开"导入到库"对话框，如图4-78所示。

② 在对话框中选择导入的声音文件，单击"打开"按钮，即可将文件导入到"库"面板中，如果选择库中的一个声音，在预览窗口中就会看到声音的波形，如图4-79所示。

图 4-78　"导入到库"对话框

图 4-79　导入声音文件

③ 在"库"面板中选择导入的声音文件，选中某帧，单击面板中的声音文件将其拖到该帧中，即可导入声音。

（2）设置声音属性。对库中某个声音文件进行属性设置，有如下 4 种方法：

方法一：在"库"面板的项目列表中双击该声音文件名称前的图标。

方法二：在"库"面板的项目列表中选定该声音，在预览窗口中双击它。

方法三：在"库"面板的项目列表中右击该声音，在弹出的快捷菜单中选择"属性"命令。

方法四：在"库"面板的项目列表中选定该声音，单击标题栏右上角的"菜单"按钮，在打开的菜单中选择"属性"命令。

使用以上任意一种方法后，都会打开"声音属性"对话框，如图 4-80 所示。在该对话框中可以对声音的输出质量和体积大小进行相应的设置。

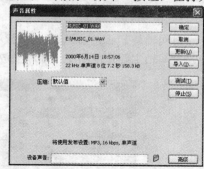
图 4-80　"声音属性"对话框

（3）声音属性的编辑。声音被导入后就可以进行编辑了。在包含声音的图层中任选一帧，然后打开"属性"面板，在其中的"声音循环"下拉列表中可以选择声音的重复播放，如图 4-81 所示。

在"效果"下拉列表中可以选择一种效果，如图 4-82 所示。

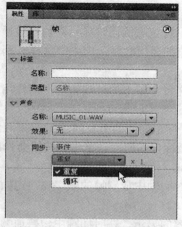
图 4-81　设置声音重复播放

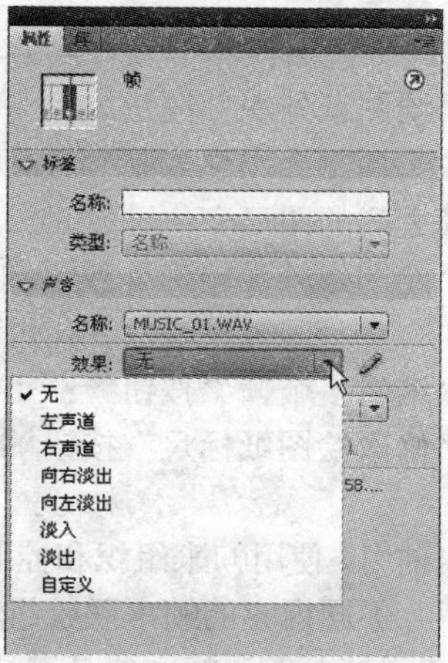

图 4-82　设置声音效果

在"同步"下拉列表中有 4 种同步方式可以设置，如图 4-83 所示。

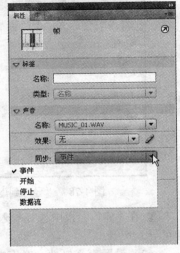

- 事件：该模式是默认方式，选择该模式后，事先在编辑环境中选择的声音就会与事件同步，即不论在任何情况下，只要动画播放到插入声音的开始帧，就开始播放声音，且不受时间轴的限制，直至声音播放完毕为止。
- 开始：在该模式下，到了声音开始播放的帧时，如果此时有其他的声音正在播放，则会自动取消将要进行的该声音的播放；如果此时没有其他的声音在播放，该声音才会开始播放。
- 停止：可以使正在播放的声音停止。
- 数据流：该模式通常是在网络传输中，在这种模式下，动画的播放被强迫与声音的播放保持同步，有时如果动画帧的传输速度与声音相比相对较慢，则会跳过这些帧进行播放。另外当动画播放完毕时，如果声音还没有播完，则也会与动画同时停止。

图 4-83 设置同步方式

4.2.4 逐帧动画制作

1. 时间轴

时间轴是 Flash 中最重要、最核心的部分，用于组织和控制动画在一定时间内播放的层数和帧数。时间轴主要是由图层、帧和播放头组成，"时间轴"面板如图 4-84 所示。

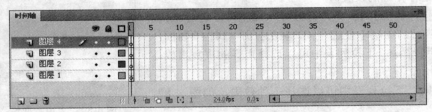

图 4-84 "时间轴"面板

在"时间轴"面板的下方有 4 个功能按钮：

- "绘图纸外观"按钮：单击该按钮将在显示选定帧的同时显示其前后数帧的内容。播放头周围会出现方括号标记，其中所包含的帧都会同时显示出来，这样有利于观察不同帧之间的图形变化过程。
- "绘图纸外观轮廓"按钮：可以显示对象在每个帧下的外观轮廓，同样用于查看对象在产生动画效果时的变化过程。
- "编辑多个帧"按钮：可以编辑绘图纸外观标记之间的所有帧。
- "修改绘图纸标尺"按钮：用于修改绘图纸标记的属性。单击该按钮会弹出菜单。

2. 帧

在时间轴中，使用帧来组织和控制文档的内容。在时间轴中放置帧的顺序将决定帧内对象最终的显示顺序。不同内容的帧串联就组成了动画。

（1）普通帧。普通帧主要是过滤和延续关键帧内容的显示。在时间轴中，普通帧一般是以空心方格表示，每个方格占用一个帧的动作和时间。

（2）关键帧。关键帧是用来定义动画变化的帧。在动画播放的过程中，关键帧会呈现出主要的动作或内容上的变化。在时间轴中关键帧显示为实心圆，关键帧中的对象与前后帧中的对象的属性是不同的。

（3）空白关键帧。空白关键帧中没有任何对象存在，如果在空白关键帧中添加对象，它会自动转换为关键帧，同样，如果将某个关键帧中的全部对象删除，则此关键帧会变为空白关键帧。在时间轴中空白关键帧是以空心圆表示。

（4）帧频率。帧频率是动画播放的速度，以每秒播放的帧数为度量。帧频太慢会使动画看起来不连贯，帧频太快会使动画的细节变得模糊。默认情况下，Flash动画是每秒 12 帧的帧频。选择"修改"→"文档"命令，打开"文档属性"对话框，在对话框的"帧频"文本框中设置帧的频率，如图 4-85 所示。或者双击"时间轴"面板下的"帧频率"标签，直接输入频率值。

图 4-85　"文档属性"对话框

3．帧的基本操作

（1）插入帧。在"时间轴"面板中插入帧有以下两种方法：

● 插入普通帧：首先单击选择要插入帧的位置，再选择"插入"→"时间轴"→"帧"命令，或者按 F5 键。还可以在要插入的位置右击，在弹出的菜单中选择"插入帧"命令。

● 插入关键帧：首先单击选中要插入关键帧的位置，选择"插入"→"时间轴"→"关键帧"命令，或者按 F6 键。还可以在要插入的位置右击，在弹出的菜单中选择"插入关键帧"命令。

● 插入空白关键帧：首先单击选中要插入空白关键帧的位置，选择"插入"→"时间轴"→"空白关键帧"命令，或者按 F7 键。还可以在要插入的位置右击，在弹出的菜单中选择"插入空白关键帧"命令。

（2）复制帧。首先选中要复制的帧，右击，在弹出的快捷菜单中选择"复制帧"命令，或者选择"编辑"→"复制"命令。复制帧以后，再选择"编辑"→"粘贴"命令，将复制的帧粘贴到新的位置，并覆盖原来的内容。

（3）移动帧。选中要移动的帧，按住鼠标左键拖动到目标位置即可，或者选中要移动的帧后右击，在弹出的快捷菜单中选择"剪切帧"命令，然后在目标位置右击，在弹出的快捷菜单中选择"粘贴帧"命令，即可移动帧。

（4）删除帧。选中要删除的帧，右击，在弹出的快捷菜单中选择"删除帧"命令，或者直接按 Delete 键即可删除帧。

4．制作逐帧动画

逐帧动画是最基本的动画方式，与传统动画制作方式相同，通过向每一帧添加不同的图像来创建动画，每一帧都是关键帧，都有内容。下面通过实例来说明制作逐帧动画的步骤。

【例 4-4】　草地上拍动翅膀的小鸡，最终效果如图 4-86 所示。具体操作步骤如下：

① 打开"逐帧动画实例.fla"文件，可以看到"库"面板中有 5 张图片文件，如图 4-87 所示。

② 新建一个"图层 2"，将"库"面板中的"草地.jpg"图片拖入到舞台，调整其大小。

③ 在时间轴中将"图层 2"拖动到"图层 1"下方，然后在"图层 2"的第 4 帧按 F5 键插入普通帧，如图 4-88 所示。

图 4-86 草原上的小鸡

图 4-87 "库"面板

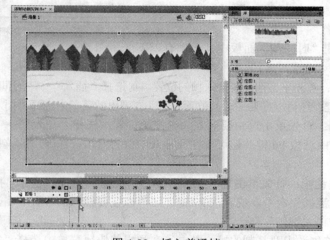

图 4-88 插入普通帧

④ 在时间轴上选中"图层 1"，在第 1 帧按 F6 键插入关键帧，将"库"面板中的"位图 1"拖放到舞台中，如图 4-89 所示。

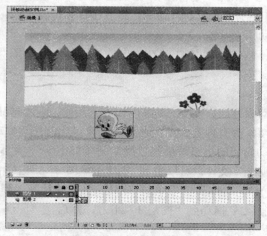

图 4-89 插入第 1 帧关键帧

⑤ 在时间轴第 2 帧按 F7 键插入空白关键帧，将"库"面板中的"位图 2"拖放到舞台中同样的位置上，如图 4-90 所示。

⑥ 在第 3 帧按 F7 键插入空白关键帧，从"库"面板中拖入"位图 3"，放置在同样的位置。

⑦ 在第 4 帧按 F7 键也插入空白关键帧，将"库"面板中的"位图 4"拖入场景，也放置在同样的位置，如图 4-91 所示。

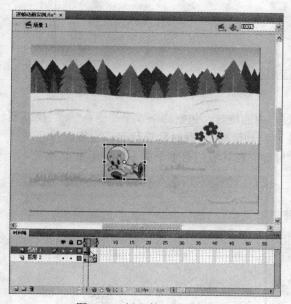

图 4-90　插入第 2 帧关键帧　　　　　　　　图 4-91　插入第 4 帧关键帧

⑧ 至此，逐帧动画就制作完成了，按 Ctrl+Enter 组合键测试影片，可以看到小鸡在草地上高兴地拍动翅膀。

4.2.5　动作动画制作

1. 动作动画原理

动作动画就是在一个特定点定义一个实例、组、文本块、元件的位置、大小及旋转等属性，然后在其他的点更改这些属性，Flash 能在它们之间的帧内插值或者内插图形，从而产生动画效果。

动作动画可以实现目标对象的颜色、位置、大小、旋转角度、透明度的变化。在制作动画时，只需要在时间轴上添加开始关键帧和结束关键帧，然后通过舞台更改关键帧的对象属性，接着创建传统补间动画即可。

动作补间动画用位于时间轴上动画的开始帧与结束帧之间区域的一个淡紫色的连续箭头表示。

2. 动作动画的属性设置

在创建了传统补间动画后，就可以通过"属性"面板设置动画的选项，例如缩放、旋转、缓动等，如图 4-92 所示。

● 缓动：用于设置动画的运动快慢效果。在文本框中输入缓动值来设置。值大于 0，运动速度先慢后快；值小于 0，运动速度先快后慢；值为 0，运动速度按匀速进行。单击"编辑缓动"按钮，可以在如图 4-93 所示的"自定义缓入/缓出"对话框中自行定义缓动的方式。

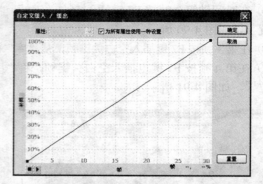

图 4-92　传统补间动画的属性设置　　　　图 4-93　"自定义缓入/缓出"对话框

- 旋转：用于设置关键帧中的对象在运动过程中的旋转。包括如下 4 个命令："无"代表不旋转；"自动"代表对象以最少运动为原则自动旋转；"顺时针"代表指定旋转按顺时针进行；"逆时针"代表指定旋转按逆时针进行。在其右边有 1 个文本框，用来设置旋转的次数。
- 贴紧：用来使对象贴紧到辅助线上。
- 调整到路径：将靠近路径的对象移到路径上。
- 同步：使对象动画与主动画保持同步。
- 缩放：可以使对象实现尺寸的变化。

3. 制作动作动画

下面通过实例来说明制作动作动画的具体步骤。

【例 4-5】旋转飘落的雪花，最终效果如图 4-94 所示。具体操作步骤如下：

① 新建一个空白文档，导入一幅雪花图片到舞台，调整图片的大小，将雪花移到舞台左上角，并将图片转换为元件，如图 4-95 所示。

图 4-94　旋转飘落的雪花

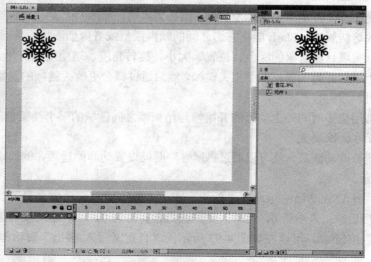

图 4-95　导入雪花并转换为元件

②　选择第 50 帧，按 F6 键插入关键帧，然后将雪花图形元件移到舞台的右下角，如图 4-96 所示。

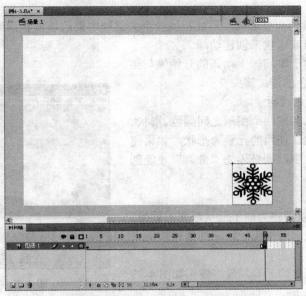

图 4-96　插入结束关键帧并移动位置

③　右击第 1～50 帧之间的任意帧，在弹出的快捷菜单中选择"创建传统补间"命令，如图 4-97 所示。

④　选择第 1 帧，在打开的"属性"面板中设置旋转为"顺时针"，旋转次数输入 3，如图 4-98 所示。

⑤　属性设置完成后，按 Ctrl+Enter 组合键，或者选择"控制"→"测试影片"命令，测试动画播放效果。

图 4-97　创建传统补间动画

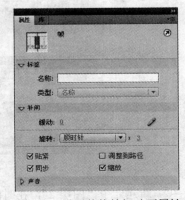

图 4-98　设置传统补间动画属性

4.2.6　形状动画制作

1. 形状动画原理

在一个关键帧中绘制一个形状，然后在另一个关键帧中更改该形状或绘制另一个形状，Flash根据二者之间的帧的值或形状来创建动画。

形状补间动画用位于时间轴上动画的开始帧与结束帧之间区域的一个绿色的连续箭头表示。

2. 构成形状动画的元素

形状补间动画可以实现两个图形之间颜色、形状、大小、位置的相互变化，使用的元素为形状，如果使用图形元件、按钮、文字，则必须先"分离"才能创建形状动画。

3. 制作形状动画

通过形状补间，可以创建类似于形状渐变的效果，使一个形状可以渐变成另一个形状。下面通过实例来讲述形状动画的制作。

图 4-99　变化的云彩

【例 4-6】 移动变化的云彩，最终效果如图 4-99所示。具体操作步骤如下：

① 新建一个空白文档，导入背景图片，在时间轴的第 50 帧按 F5 键插入帧，如图 4-100 所示。

图 4-100　制作动画背景

② 新建一个"图层 2"，在时间轴的第 1 帧绘制云彩的图形，如图 4-101 所示。

图 4-101　第 1 帧绘制云彩图形

③ 在"图层 2"的第 50 帧按 F7 键插入空白关键帧，然后绘制另一个形状的云彩图形，如图 4-102 所示。

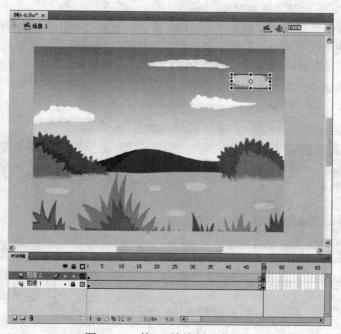

图 4-102　第 50 帧绘制云彩图形

④ 在第 1～50 帧之间任意选择一帧，右击，在弹出的快捷菜单中选择"创建补间形状"命令，如图 4-103 所示。

⑤ 按 Ctrl+Enter 组合键，或者选择"控制"→"测试影片"命令，测试动画播放效果。

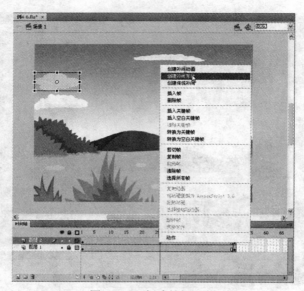

图 4-103　创建补间形状

4.2.7　引导动画制作

1.图层的基本概念

如果说帧是时间上的概念,不同内容的帧串联组成了运动的动画,那么图层就是空间上的概念,图层中放置了组成 Flash 动画的所有对象。

可以把图层看成是堆叠在一起的多张透明纸。在工作区中,当图层上没有任何内容时,就可以透过上面的图层看到下面图层上的图像。用户可以通过图层组合出各种复杂的动画。

图层位于"时间轴"面板的左侧,如图 4-104 所示。通过在时间轴上单击图层名称可以激活相应图层。在激活的图层上编辑对象和创建动画,不会影响其他图层上的对象。

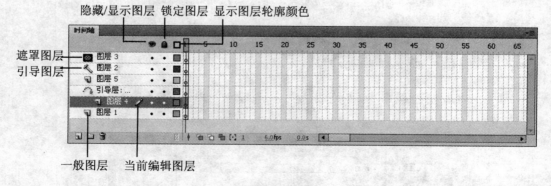

图 4-104　图层

2.图层的基本操作

默认情况下,新建图层是按照创建的顺序来命名的,用户可以根据需要对图层进行移动、重命名、删除和隐藏等操作。

(1)新建图层。新建的影片中只有一个图层,可以根据需要增加多个图层。插入图层有以下

3 种方法：

方法一：单击"时间轴"面板底部的"新建图层"按钮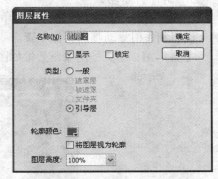，即可新建图层。

方法二：在"时间轴"面板中已有的图层上右击，在弹出的快捷菜单中选择"插入图层"命令，即可插入一个图层。

方法三：选择"插入"→"时间轴"→"图层"命令，插入图层。

（2）重命名图层。可以选择以下操作来重命名图层。

方法一：双击图层名称，在字段名称位置输入新的名称。

方法二：选中要重命名的图层，右击，在弹出的快捷菜单中选择"属性"命令，弹出"图层属性"对话框，在对话框的"名称"文本框中输入新名称，如图 4-105 所示，单击"确定"按钮即可为图层重命名。

（3）改变图层顺序。选中要移动顺序的图层，按住鼠标左键拖动，图层以一条粗横线表示，然后拖动到相应的位置，松开鼠标，则图层被移到新的位置。

图 4-105　"图层属性"对话框

（4）锁定和解锁图层。锁定图层可以避免在编辑其他图层时修改本图层。锁定和解锁图层有以下几种方法：

方法一：单击需要被锁定的图层名称右侧的圆点按钮，使其变成，该图层即被锁定，再次单击它可以解除锁定。

方法二：单击"锁定或解除锁定所有图层"按钮，可以锁定所有图层和文件夹，再次单击它可以解除所有锁定的图层和文件夹。

（5）删除图层。要删除不需要的图层，可以使用以下三种方法：

方法一：选中要删除的图层，单击"时间轴"面板中的"删除图层"按钮，即可删除图层。

方法二：选中要删除的图层，右击，在弹出的快捷菜单中选择"删除图层"命令即可。

方法三：选中要删除的图层，将其拖动到删除图层的按钮上即可。

（6）隐藏图层。在"时间轴"面板中单击"显示/隐藏层"按钮下方的黑点，黑点对应的图层就会隐藏，再次单击就会再显示。

（7）显示轮廓。当舞台上的对象较多时，可以用轮廓线显示的方式来查看对象。单击"时间轴"面板上的"轮廓显示"按钮，可以显示所有图层的轮廓，再次单击可以恢复图像。如果单击某一层中的轮廓显示按钮，可以使该层以轮廓方式显示，再次单击，可以恢复图像。

3. 编辑图层属性

选中要修改的图层，右击，在弹出的快捷菜单中选择"属性"命令，打开"图层属性"对话框，如图 4-105 所示。在该对话框中有以下参数的设置：

● 名称：可以输入图层的名称。
● 显示：可以显示或者隐藏图层。
● 锁定：可以锁定图层。
● 类型：用于设置图层的类型。
● 轮廓颜色：单击颜色框，可以设置轮廓的颜色。
● 图层高度：用于设置图层在"时间轴"面板中显示的高度。

4. 引导动画

动作动画和形状动画只能使对象产生直线方向的移动，而对于一个曲线运动，就必须使用引导动画。引导动画实际上是在动作补间动画的基础上添加一个引导图层，该图层有一条可以引导运动路径的引导线，使另一个图层中的对象依据此引导线进行运动的动画。

5. 制作引导动画

在制作引导动画时，运动元件的中心必须要与引导线重合，不然就不能产生效果。下面利用实例来说明制作引导动画的具体步骤。

【例 4-7】　小兔子回家，效果如图 4-106 所示。具体步骤如下：

图 4-106　小兔子回家

① 打开"引导动画实例.fla"文件，将"蘑菇房子.jpg"图片拖到舞台，调整大小，在第 50 帧按 F5 键插入帧，如图 4-107 所示。

图 4-107　制作背景

② 新建"图层 2"，在第 1 帧将元件 1 的"小兔子"图形拖到舞台的右下角，如图 4-108 所示。

图 4-108　新建图层并设置元件的位置

　　③ 在 "图层 2" 的第 50 帧按 F6 键插入关键帧，然后将舞台上的 "小兔子" 元件移到背景图中的蘑菇旁边，如图 4-109 所示。

图 4-109　插入关键帧并设置元件的位置

　　④ 选择 "图层 2" 的第 1 帧，右击，在弹出的快捷菜单中选择 "创建传统补间" 命令，创建

传统补间动画。

⑤ 选择"图层2",右击,在弹出的快捷菜单中选择"添加传统运动引导层"命令,添加运动引导层,如图 4-110 所示。

图 4-110　添加传统运动引导层

⑥ 在工具箱中选择"铅笔工具",然后在舞台上绘制一条曲线,作为运动路径,如图 4-111 所示。

图 4-111　绘制运动路径曲线

　　⑦ 选择"图层 2"的第 1 帧，使用"选择工具"将图形元件移到曲线的右端点，并且元件中心放置在曲线上，接着选择"图层 2"的第 50 帧，再次使用"选择工具"将图形元件移到曲线的上端点，并且元件中心放置在曲线上，如图 4-112 所示。

图 4-112　设置元件位置

　　⑧ 按 Ctrl+Enter 组合键，或者选择"控制"→"测试影片"命令，测试动画播放效果。因为添加了引导层和引导线，所以"小兔子"图形元件将沿着引导线运动。

4.2.8　遮罩动画制作

1. 遮罩动画

　　遮罩层是一种特殊的图层。创建遮罩层后，遮罩层下面图层的内容就像透过一个窗口显示出来一样。在遮罩层中绘制对象时，这些对象具有透明效果，可以把图形位置的背景显露出来。在 Flash 中，使用遮罩层可以制作出一些特殊的动画效果，例如聚光灯效果和过渡效果等。

　　遮罩层上的遮罩项目可以是填充形状、文字对象、图形元件的实例或影片剪辑。可以将多个图层组织在一个遮罩层下创建复杂的效果。

　　对于用作遮罩的填充形状，可以使用补间形状；对于文字对象、图形实例或影片剪辑，可以使用补间动作。当使用影片剪辑实例作为遮罩时，还可以让遮罩沿着路径运动。

　　创建遮罩层有以下两种方法：

　　方法一：选中要创建遮罩层的图层，右击，在弹出的快捷菜单中选择"遮罩层"命令，即可创建遮罩层。

　　方法二：选中要创建遮罩层的图层，右击，在弹出的快捷菜单中选择"属性"命令，打开"图层属性"对话框，在对话框的"类型"中选择"遮罩层"，单击"确定"按钮，即可创建遮罩层。

2. 制作遮罩动画

　　下面通过实例来介绍创建遮罩动画的具体步骤。

【例 4-8】制作图片的百叶窗切换效果，如图 4-113 所示。具体步骤如下：

图 4-113　百叶窗切换效果

① 打开"遮罩动画实例.fla"文件，将"库"面板中的"风景.jpg"图片拖动到舞台，调整大小和舞台相吻合。

② 单击"时间轴"面板中的"新建图层"按钮，新建"图层 2"，如图 4-114 所示。

③ 选中"图层 2"的第 1 帧，将"库"面板中的"荷花.jpg"图片拖动到舞台，如图 4-115所示。

图 4-114　新建图层

图 4-115　在"图层 2"中拖入图片

④ 选择"插入"→"新建元件"命令，弹出"创建新元件"对话框，在对话框的"类型"下拉列表中选择"影片剪辑"，单击"确定"按钮，进入元件编辑窗口。

⑤ 选择工具箱中的"矩形"工具，在舞台中绘制矩形，如图 4-116 所示。

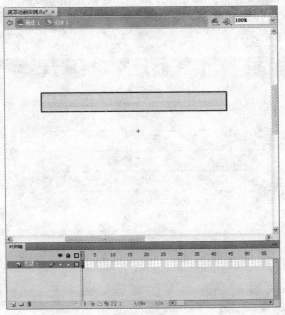

图 4-116　绘制矩形

⑥ 在矩形对应的"属性"面板中将"宽"和"高"分别设置为 550、50。

⑦ 选中"图层 1"的第 50 帧，按 F6 键插入关键帧，在"属性"面板中将"高"设置为 1，

如图 4-117 所示。

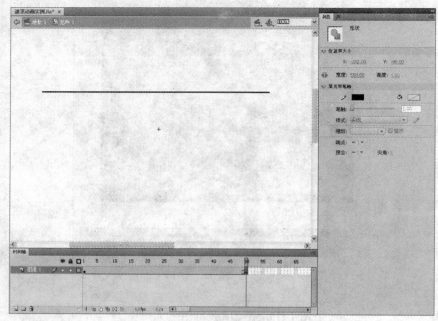

图 4-117　设置矩形高度

⑧ 选中第 1 帧和第 50 帧之间的任意帧，右击，在弹出的快捷菜单中选择"创建补间形状"命令，创建补间形状动画。

⑨ 选择"插入"→"新建元件"命令，弹出"创建新元件"对话框，选择"影片剪辑"类型，单击"确定"按钮，进入元件编辑模式，将元件 1 拖到舞台中，然后用同样的方法，拖动 9 个元件 1，排成一列，如图 4-118 所示。

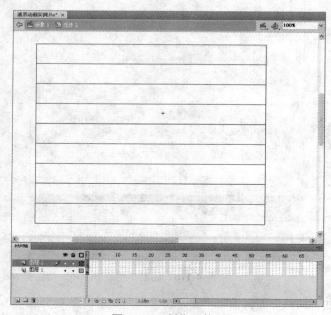

图 4-118　制作元件 2

⑩ 选择"编辑"→"编辑文档"命令返回到场景中，单击"时间轴"面板中的"新建图层"按钮，新建"图层 3"，在"库"面板中选择元件 2，将其拖入舞台中，如图 4-119 所示。

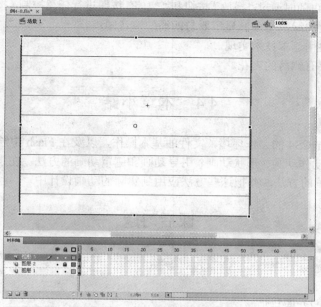

图 4-119　拖动元件

⑪ 选中"图层 3"，右击，在弹出的快捷菜单中选择"遮罩层"命令，创建遮罩层。
⑫ 按 Ctrl+Enter 组合键，或者选择"控制"→"测试影片"命令，测试动画播放效果。

4.3　综合应用实训

制作一个"梅花"小课件，按样例进行制作（可在此基础上发挥），并将制作好的源文件保存为"实训.fla"，并输出为"实训.swf"，演示效果如图 4-120 所示。

图 4-120　演示效果

要求：

（1）"梅花"两字要有落雪效果。

（2）播放过程中可随时通过"播放"按钮和"暂停"按钮进行任意控制（按钮从按钮库中选取）。

（3）文字（上面的绿色文字）显示要与朗诵的声音同步。

（4）文字显示要用遮罩技术实现。

（5）在画面中要有飘落的雪花。

4.4 本章小结

本章介绍了 Flash CS4 的工作环境，文件的基本操作，以及在 Flash 中绘制图形，导入外部素材，制作逐帧动画、动作动画、形状动画、引导动画和遮罩动画的方法。在学习本章之后，应该掌握使用 Flash 制作动画的方法，并把这些方法应用到实际的动画设计中。

课后习题

1．填空题

（1）Flash CS4 的界面包括_____、_____、_____、_____、_____。

（2）在 Flash 中，要绘制一颗五角星，可以使用_____绘图工具。

（3）对于在网络上播放动画来说，最合适的帧频率是_____帧/秒。

（4）元件分为_____、_____、_____三种类型。

（5）_____是组成动画的基本单位。

（6）在动画中如果想让对象沿曲线运动，可以应用_____动画。

2．选择题

（1）在画引导线时可以使用（ ）工具。

  A．钢笔工具   B．刷子工具   C．铅笔工具   D．直线工具

（2）要将"多媒体技术"五个字的文本分离成图形，应该执行（ ）次分离操作。

  A．1   B．2   C．3   D．4

（3）在 Flash 中插入关键帧的快捷键是（ ）。

  A．F5   B．F6   C．F7   D．F9

（4）Flash 图层可以分为（ ）。

  A．遮罩图层   B．普通图层

  C．普通图层、引导图层   D．普通图层、引导图层、遮罩图层

3．思考题

（1）动画制作的主要过程是什么？

（2）元件和实例的关系是怎样的？

（3）什么是遮罩动画？

第 5 章　视频处理技术

随着多媒体技术的快速发展和广泛应用，视频的应用已经是多媒体技术的一个非常重要的方面。视频的画面信息量大，表现的场景复杂，需要专门的软件对其进行加工和处理。视频处理技术主要包括：视频采集与捕获、视频编辑处理和视频的输出等。

本章主要内容（主要知识点）：

- 视频的概念和相关标准
- 视频文件的格式
- 视频文件的处理

教学目标：

- 掌握视频文件的捕获、编辑和保存方法
- 了解视频的相关概念和标准
- 了解视频文件的常见格式

本章重点：

- 会声会影视频处理软件的使用

本章难点：

- 视频文件的捕获、编辑和分享

5.1　视频概述

视频是一组连续画面信息的集合，与加载的同步声音共同呈现出动态的视觉和听觉效果。就可视部分而言，视频和动画没有本质的区别，只是二者的表现内容和使用场合有所不同。将录制好的视频，通过视频采集卡捕获并且存储在计算机中，使用专门的视频处理软件进行编辑、剪辑、增加特效等，可以增强视频的可观赏性。

5.1.1　视频的基本概念

1. 什么是视频

视频（Video）是一组连续画面信息的集合，连续的图像变化每秒超过 24 帧（Frame）画面以上时，根据视觉暂留原理，人眼无法辨别单幅的静态画面，看上去是平滑连续的视觉效果，这样连续的画面叫做视频。

视频处理技术泛指将一系列的静态影像以电信号方式加以捕捉、记录、处理、储存、传送与重现的各种技术。视频技术最早是为了电视系统而发展，但现在已经发展成为被普通用户用来处理视频素材的技术。

2. MPEG 标准

MPEG（Moving Pictures Experts Group）即活动图像专家组，始建于 1988 年，专门负责为 CD 建立视频和音频标准，其成员均为视频、音频及系统领域的技术专家。MPEG 标准的视频压缩编码技术主要利用了具有运动补偿的帧间压缩编码技术以减小时间冗余度，利用 DCT 技术以减小图像的空间冗余度，利用熵编码则在信息表示方面减小了统计冗余度。这几种技术的综合运用，大大增强了压缩性能。目前 MPEG 已完成 MPEG-1、MPEG-2、MPEG-4、MPEG-7 以及 MPEG-21 等多个标准版本的制定，适用于不同带宽和数字影像质量的要求。

MPEG-1 直接针对 1.2Mb/s 的标准数据流压缩率，其基本算法对于每秒 24～30 逐行扫描帧，分辨率为 360×280，对运动图像有很好的压缩效果。但随着速率的提高，解码后图像质量较差，并且它没有定义用于对额外数据流进行编码的格式，因此这种机制未被广泛采用。

MPEG-2 力争获得更高的分辨率（720×486），提供广播级视频和 CD 级的音频。作为 MPEG-1 的一种兼容型扩展，MPEG-2 支持隔行扫描视频格式和其他先进功能。但是 MPEG-2 标准数据量依然很大，一部影片的数据量大到 8G 字节左右，不便存放和传输。

MPEG-4 视频格式大大优于 MPEG-1 与 MPEG-2：视频质量与分辨率都较高，数据率相对较低。MPEG-4 采用了 ACE 技术，是一种高级译码技术，与 ACE 有关的目标定向可以启用很低的数据率。这可以将整部视频电影以完全 PAL 或者 NTSC 的分辨率与立体声（16 位，48kHz）存储在单个 CD-ROM 上。具体而言：700 MB 的容量对多数 110 分钟的电影来说绰绰有余了，而 MPEG-2 格式的电影在相同的分辨率下需要约 11 倍以上的储存空间。当 MPEG-2 的数据率加倍至接近真正的特性时，MPEG-4 声频与视频流可以在广泛的领域中升级。

网络应用最重要的目标之一就是进行多媒体通信。而其中的关键就是多媒体信息的检索和访问，这样 MPEG-7 就应运而生。

MPEG-21 的正式名称是"多媒体框架"或"数字视听框架"，它以将标准集成起来支持协调的技术以管理多媒体商务为目标，目的就是理解如何将不同的技术和标准结合在一起、需要什么新的标准以及完成不同标准的结合工作。

5.1.2   视频文件格式

1. MPEG 文件格式

MPEG 文件格式是运动图像压缩算法的国际标准，它采用有损压缩方法减少运动图像中的冗余信息，同时保证每秒 30 帧的图像动态刷新率，已被几乎所有的计算机平台共同支持。MPEG 标准包括 MPEG 视频、MPEG 音频和 MPEG 系统（视频、音频同步）三个部分，前文介绍的 MP3 音频文件就是 MPEG 音频的一个典型应用，而 Video CD（VCD）、Super VCD（SVCD）、DVD（Digital Versatile Disk）则是全面由 MPEG 技术所产生的新型消费类电子产品。

MPEG 压缩标准是针对运动图像而设计的，其基本方法是：在单位时间内采集并保存第一帧信息，然后只存储其余帧相对第一帧发生变化的部分，从而达到压缩的目的。它主要采用两个基本压缩技术：运动补偿技术（预测编码和插补码）实现时间上的压缩，变换域(离散余弦变换 DCT)压缩技术实现空间上的压缩。MPEG 的平均压缩比为 50:1，最高可达 200:1，压缩效率非常高，同时图像和音响的质量也非常好，并且在微机上有统一的标准格式，兼容性相当好。

2. AVI 文件格式

AVI 是音频视频交错（Audio Video Interleaved）的英文缩写，它是 Microsoft 公司开发的一种符合 RIFF 文件规范的数字音频与视频文件格式，最早用于 Microsoft Video for Windows，现在 Windows、OS/2 等多数操作系统都直接支持该格式。AVI 格式允许视频和音频交错在一起同步播放，支持 256 色和 RLE 压缩，但 AVI 文件并未限定压缩标准，因此，AVI 文件格式只是作为控制界面上的标准，不具有兼容性，用不同压缩算法生成的 AVI 文件，必须使用相应的解压缩算法才能播放出来。AVI 文件目前主要应用在多媒体光盘上，用来保存电影、电视等各种影像信息。

3. RM/RMVB 文件格式

RealVideo 文件是 RealNetworks 公司开发的一种新型流式视频文件格式，它包含在 RealNetworks 公司所制定的音频视频压缩规范 RealMedia 中，主要用来在低速率的广域网上实时传输活动视频影像，可以根据网络数据传输速率的不同而采用不同的压缩比率，从而实现影像数据的实时传送和实时播放。RealVideo 除了可以以普通的视频文件形式播放之外，还可以与 RealServer 服务器相配合，在数据传输过程中边下载边播放视频影像，而不必像大多数视频文件那样，必须先下载然后才能播放。

RMVB 中的 VB 是 VBR（Variable Bit Rate，可变比特率）的缩写，在保证平均采样率的基础上，设定了一般为平均采样率两倍的最大采样率值，在处理较复杂的动态影像时也能得到比较好的效果，处理一般静止画面时则灵活地转换至较低的采样率，有效地缩减了文件的大小。

4. MOV 文件格式

MOV 是 Apple 计算机公司开发的一种音频、视频文件格式，用于保存音频和视频信息，具有先进的视频和音频功能，被包括 Apple Mac OS、Microsoft Windows 在内的所有主流电脑平台支持，使用 QuickTime 播放器播放。QuickTime 文件格式支持 25 位彩色，支持 RLE、JPEG 等领先的集成压缩技术，并提供 150 多种视频效果，同时配有提供了 200 多种 MIDI 兼容音响和设备的声音装置。新版的 QuickTime 进一步扩展了原有功能，包含了基于 Internet 应用的关键特性，能够通过 Internet 提供实时的数字化信息流、工作流与文件回放功能。此外，还采用了一种称为 QuickTime VR（简称 QTVR）技术的虚拟现实（Virtual Reality, VR）技术，用户通过鼠标或键盘的交互式控制，可以观察某一地点周围 360°的影像或者从空间任何角度观察某一物体。

5. ASF/WMV 流媒体文件格式

Microsoft 公司推出的 Advanced Streaming Format (ASF，高级流格式)，也是一个在 Internet 上实时传播多媒体的技术标准，ASF 的主要优点包括：本地或网络回放、可扩充的媒体类型、部件下载等。ASF 应用的主要部件是 NetShow 服务器和 NetShow 播放器。它有独立的编码器可将媒体信息编译成 ASF 流，然后发送到 NetShow 服务器，再由 NetShow 服务器将 ASF 流发送给网络上的所有 NetShow 播放器，从而实现单路广播或多路广播。

WMV 是一种在 Internet 上实时传播多媒体的技术标准，WMV 的主要优点有：本地或网络回放、可扩充的媒体类型、部件下载、可伸缩的媒体类型、流的优先级化、多语言支持、环境独立性、丰富的流间关系以及扩展性等。

6. ISO、BIN、IMG 等镜像文件格式

镜像文件其实就是一个独立的文件，和其他文件不同，它是由多个文件通过刻录软件或者镜像文件制作工具制作而成的。镜像文件的应用范围比较广泛，最常见的应用就是数据备份。随着宽带网的普及，有些下载网站支持 ISO 格式的文件下载，方便了软件光盘的制作与信息的传递。常见的镜像文件格式有 ISO、BIN、IMG、TAO、DAO、CIF、FCD 等。

7. DivX

DivX 是由 MPEG-4 衍生出的另一种视频编码（压缩）标准，也即通常所说的 DVDrip 格式，它采用了 MPEG-4 的压缩算法同时又综合了 MPEG-4 与 MP3 各方面的技术，这种标准使用 DivX 压缩技术对 DVD 盘片的视频图像进行高质量压缩，同时用 MP3 或 AC3 对音频进行压缩，然后再将视频与音频合成并加上相应的外挂字幕文件而形成的视频格式。其画质直逼 DVD 并且体积只有

DVD 的数分之一。这种编码对机器的要求也不高，所以 DivX 视频编码技术可以说是一种对 DVD 造成威胁最大的新生视频压缩格式，号称 DVD 杀手或 DVD 终结者。

8. FLV

FLV 就是随着 Flash MX 的推出发展而来的新的视频格式，其全称为 Flash Video，是在 Sorenson 公司压缩算法的基础上开发出来的。由于它形成的文件极小、加载速度极快，使得网络观看视频文件成为可能，它的出现有效地解决了视频文件导入 Flash 后，再导出的 SWF 文件体积庞大，不能在网络上很好的使用等缺点。目前各在线视频网站均采用此视频格式。

5.2 视频处理软件——会声会影

视频处理技术在视频后期合成、特效制作等方面发挥着巨大作用，利用各种视频处理软件可以实现对视频的编辑处理。比较常用的视频编辑软件有 Premiere、EDIUS 和 VideoStudio 等，下面以 VideoStudio（会声会影）软件为例介绍视频处理技术。

5.2.1 会声会影简介

会声会影是一套操作更简单，功能强悍的集 DV、HDV 一体化视频编辑软件，它不仅完全符合家庭或个人所需的影片剪辑功能，还可用于专业视频编辑，同时能创建高清及标清影片、相册及 DVD。会声会影 14（X4）最新提供多达 127 组主题快速模板，包括 LOMO、浪漫、日式和风等各种风格，只需套用相片或影片，立即能够创造出不同的视觉效果和多变的作品，并且可以在线更新。

1. 新增功能

相比以前的各个版本，会声会影 14（X4）增加和增强了以下的功能：

（1）可自定义的界面。可完全按照所需的工作环境更改各个面板的大小和位置，在编辑视频时更方便、更灵活。该功能可优化编辑工作流程，特别是在现在的大屏幕或双显示器。

（2）定格动画摄影。可以制作所需的人物、玩具、泥塑或任何对象的动画影片。

（3）缩时摄像。借助缩时摄像功能，可以将整个日落视频在几秒钟内播放完毕，或在几分钟内播放一天的社区生活。

（4）新增模板、局部马赛克等特效。无论是相片还是影片，在会声会影 14 中，都可以设定想要遮蔽的区域及移动路径做局部马赛克效果。

（5）轻松的高清共享。借助新增的集成刻录工具，可以快速地将高清影片制作为 DVD 和蓝光光盘。

（6）3D 格式导出。会声会影 X4 使用了全新的 3D 模拟器，能够将 2D 影像使用"双重叠影"技术输出影片，并且支持在 3D 电视中播放出 3D 立体效果，或选择"红蓝立体"输出，搭配 3D 眼镜直接在一般显示器上体验全新视觉感受。

（7）智能压缩打包和多元化输出。会声会影 14（X4）可以将已经编辑好的项目用 WinZip 压缩技术使得项目更小，轻松带着走。另外，在输出方式上也更加多元化。可以创建光盘，转换成视频格式，也可以创建视频到 ipad、iphone 等移动设备，或是上传到网站，甚至回录到输入设备。

2. 增强功能

（1）快速查找素材。从简化的导航面板中即时找到所需的影片素材。

（2）多元化应用。向任何轨道添加标题，添加转场，以及将设置和滤镜应用到多个剪辑。

（3）增强的素材库和时间轴。借助简化的导航面板，快速组织并查找内容，包括视频和音频剪辑、照片、过滤器、图形和转场。然后使用功能更丰富的时间轴，在任何轨道上添加标题，在素材开头和结尾的覆叠轨上添加转场，以及将设置和滤镜应用到多个素材和成批图像。

（4）速度和性能。会声会影 X4 针对第二代新 Intel Core 处理器进行了优化，使用户能够更快速地进行编辑和输出转换。

5.2.2　会声会影主界面介绍

执行"开始"→"程序"→Corel VideoStudio Pro X4→Corel VideoStudio Pro X4 命令或双击桌面上的 Corel VideoStudio Pro X4 图标启动会声会影 X4，进入启动后的编辑器主界面，如图 5-1 所示。

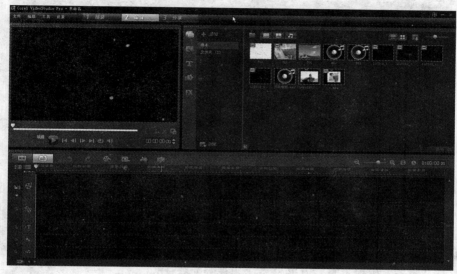

图 5-1　会声会影主界面

会声会影编辑器提供会声会影的全部编辑功能，它提供对影片制作的全过程（从添加素材、标题、效果、覆叠、音乐到在光盘或其他介质上制作最终影片）控制。会声会影主界面共有 3 个选项：捕获、编辑与分享。通过捕获界面可以从不同设备中捕获视频素材；在编辑界面可以对素材进行定位、选定、裁剪、添加标题、添加效果等操作；分享界面主要用于处理后素材的导出和保存。

在启动后的编辑器界面中，在"文件"菜单的"将媒体文件插入到时间轴"选项中有 5 个菜单命令：插入视频、插入数字媒体、插入图像、插入字幕和插入音频，单击不同的选项可以往编辑器中插入不同的素材对象。

【例 5-1】 在会声会影中插入视频文件。

① 执行"文件"→"将媒体文件插入到时间轴"→"插入视频"命令，打开"打开视频文件"对话框，如图 5-2 所示。

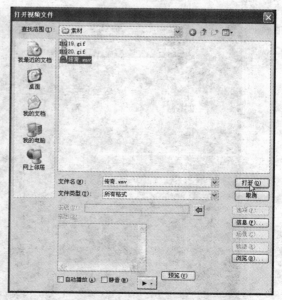

图 5-2　"打开视频文件"对话框

② 从中选择素材库中的"传奇.wmv"视频，单击"打开"按钮，会声会影界面如图 5-3 所示。

图 5-3　插入视频后的会声会影界面

5.2.3　会声会影视频捕获

将视频从源设备传输到计算机中的过程称为视频捕获。会声会影可以从 DV 或 HDV 摄像机、数字媒体、移动设备、模拟来源、VCR 和数字电视等捕获视频。

捕获视频可以通过"捕获"面板来完成，捕获面板由 5 个选项组成：捕获视频、DV 快速扫描、导入数字媒体、移动设备导入和定格动画，如图 5-4 所示。

图 5-4　会声会影捕获面板

1. 视频捕获的一般流程

捕获的步骤对于各种类型的视频源基本上类似，只是捕获参数设置面板中的捕获参数设置有所不同，如图 5-5 所示，不同类型的来源可以选择不同的设置。

图 5-5　捕获视频面板

（1）捕获视频面板功能。
- 区间：设置捕获的时间长度。
- 来源：显示检测到的捕获设备，列出计算机上安装的其他捕获设备。
- 格式：提供一个选项列表，可在此选择文件格式用于保存捕获的视频。
- 捕获文件夹：此功能指定一个文件夹，用于保存所捕获的文件。
- 按场景分割：根据 DV 摄像机捕获视频日期和时间的变化，将捕获的视频自动地分割为几个文件。
- 选项：显示一个菜单，在该菜单上可以修改捕获设置。
- 捕获视频：单击该按钮开始将视频来源传输到硬盘。
- 捕获图像：将显示的视频帧捕获为图像。

（2）捕获步骤。
- 单击"捕获"选项卡，进入捕获视频主界面，然后单击"捕获视频"按钮。
- 指定捕获"区间"，在选项面板的"区间"框中输入数值。
- 从"来源"列表中选择捕获设备。
- 在"格式"列表中选择用于保存捕获视频的文件格式。
- 在"捕获文件夹"选项中指定用于保存视频文件的捕获文件夹。
- 单击"选项"打开一个菜单，自定义更多捕获设置。
- 扫描视频，搜索要捕获的部分。
- 当提示您要捕获的视频已经准备就绪时，请单击"捕获视频"按钮开始捕获。
- 如果已指定了捕获区间，请等待捕获完成。否则，请单击"停止捕获"按钮或按 Esc 键停止捕获。

（3）注意事项。
- 摄像机处于"录制"模式时（通常称为 CAMERA 或 MOVIE），可以捕获现场视频。
- 根据所选的捕获文件格式，视频属性对话框中的可用设置有所不同。

2. 捕获视频

（1）数码视频捕获。数码视频（DV）就是要以原始格式捕获视频，在选项面板的格式列表中选择 DV，捕获的视频将保存为 DV AVI 文件（.avi），捕获步骤如下：

① 连接 DV。首先将 IEEE 1394 的一端插入 IEEE 1394 卡的一个接口，然后把 IEEE 1394 线的另一端与摄像机的 DV 接口连接。然后打开摄像机，转动 DV 电源打开 DV，并将它设成播放模式

（大多数的摄像机通常均标为 VTR 或 VCR 模式）。

　　② 单击"捕获"选项进入捕获窗口主界面，单击"捕获视频"按钮进入"捕获参数设置面板"，如图 5-5 所示。

　　③ 设定捕获区间。指定要捕获的素材的长度，这里的几组数字分别对应小时、分钟、秒和毫秒。如果需要指定区间长度，可以在需要调整的数字上单击，当其处于闪烁状态时，输入新的数字。

　　④ 设定捕获来源。单击"来源"右侧的下拉箭头，将其设置为当前摄像机名称。

　　⑤ 选择格式。从"格式"下拉列表中选择 MPEG 即可，"Ulead DSW MPEG 捕获外挂程序"将被自动检测到。在从 DV 摄像机中捕获 MPEG 时，一般使用此捕获外挂程序。

图 5-6　"浏览文件夹"对话框

　　⑥ 设置捕获位置。单击"捕获文件夹"按钮███可打开"浏览文件夹"对话框，如图 5-6 所示，选择一个存放捕获的视频素材的文件夹。

　　⑦ 设置捕获到素材库。单击"选项"按钮，在弹出的快捷菜单中选择"捕获选项"，然后在弹出的对话框中选中"捕获到素材库"复选框，使其产生一个勾选符号，这样，在捕获时捕获的视频将会在素材库中插入一个链接，以备今后使用，当然，其他项目也可以调用。

　　⑧ 捕获视频。单击预览窗口下方的播放控制按钮，打开到需要录制的起点位置，单击"捕获视频"按钮，这时会声会影将显示"捕获"的消息框，单击"确定"按钮开始捕获，捕获时在"捕获帧"和"丢弃帧"中将分别显示当前已被捕获的总的帧数以及在捕获中被丢弃或丢失的总帧数，"会声会影"可以自动控制摄像机，并播放录像带，摄像机的视频将会出现在预览窗口中。

　　⑨ 结束。若要停止捕获，可再单击"捕获视频"按钮或按 Esc 键。

　　捕获 DV 时，可单击"选项面板"中的选项并选择视频属性，在"当前配置文件"中，选择是将 DV 捕获成 DV 类型-1 或者 DV 类型-2。DV 是本身包含视频和音频的数据流，使用 DV 类型-1，视频和音频通道在 AVI 文件中存储为未经修改的单个交织流；使用 DV 类型-2，视频和音频通道在 AVI 文件中存储为两个单独的流。

　　提醒：如果在捕获 DV 时在计算机上播放声频，则单击"选项面板"中的允许音频播放按钮。如果声音不连贯，则在 DV 捕获过程中计算机上的音频预览可能有问题，这不会影响音频捕获质量。如果发生这种情况，可以单击"禁止音频播放"按钮即可。

　　（2）高清视频捕获。从 AVCHD DVD 或硬盘驱动器（HDD）摄像机可以导入高清视频，捕获步骤如下：

　　① 用 IEEE 1394 电缆，将 HDV 摄像机连接到计算机的 IEEE 1394 端口。

　　② 打开摄像机并将它切换到播放/编辑模式，确保 HDV 摄像机切换到 HDV 模式。

　　提醒：对于 SONY HDV 摄像机，打开 LCD 屏幕，查看 HDVout I-Link 是否显示在 LCD 屏幕上，从而确定摄像机是否设置为 HDV 模式。如果看到 DVout I-Link，可以按屏幕右下方的 P-MENU，在菜单中选择 MENU→STANDARD SET→VCR HDV/DV，然后按 HDV 即可。

　　③ 启动会声会影，单击"捕获"选项进入捕获窗口主界面，单击"捕获视频"按钮进入"捕获参数设置面板"，如图 5-5 所示。

　　④ 其余操作同数码视频捕获的步骤③～⑨。

　　（3）数字电视或 DVB-T 视频捕获。通过会声会影可以从数字电视或者 DVB-T 进行视频捕获，步骤如下：

① 先通过计算机上安装的兼容捕获卡连接 DVB-T 数字电视或者 DVB-T。

② 启动会声会影，单击"捕获"选项进入捕获窗口主界面，单击"捕获视频"按钮进入"捕获参数设置面板"，如图 5-5 所示。

③ 在"捕获参数设置面板"的"来源"列表中选择"数字电视" 来源。

④ 单击"选项"，然后选择视频属性。

⑤ 在频道列表中，单击"开始扫描频道"。

⑥ 单击"捕获视频"。

⑦ 如果要开始捕获和自动修复 DVB-T 视频，看到提示时单击"是"按钮。

⑧ 若要停止捕获，单击"捕获视频"按钮或按 Esc 键。

（4）模拟视频的捕获。如果视频是从模拟来源（如 VHS、S-VHS、Video-8 或 Hi8 摄像机/VCR）捕获的，则会转换为计算机可读取和存储的数字格式，捕获步骤如下：

① 启动会声会影，单击"捕获"选项进入捕获窗口主界面，单击"捕获视频"按钮进入"捕获参数设置面板"，如图 5-5 所示。

② 在图 5-5 所示的"来源"选项中选择要捕获 NTSC、PAL 或 SECAM 视频制式，然后选择输入来源（调谐器、S-Video 或 Composite）。

③ 在"色彩管理器"选项卡中，微调视频源，以确保实现高质量捕获。

④ 在"模板"选项卡中，选择用于保存捕获视频的帧大小和压缩方法。

（5）按场景分割捕获视频。单个 DV 磁带上经常包含不同时间拍摄的多个镜头片段，利用会声会影的场景分割功能不用逐个捕获这些片段就可以将它们保存为单独的视频文件。按场景分割捕获视频的步骤如下：

① 启动会声会影，单击"捕获"选项进入捕获窗口主界面，单击"捕获视频"按钮进入"捕获参数设置面板"，如图 5-5 所示。

② 在选项面板中选择"按场景分割"选项。

③ 单击"捕获视频"，会声会影自动根据录制的日期和时间查找场景，并将它们分割成单独的文件。

（6）从数字媒体导入视频。从数字媒体导入视频是一种最常见的视频捕获方法，可以将光盘或硬盘中的 DVD/DVD-VR、AVCHD 或 BDMV 视频或者光盘或硬盘中的 AVCHD *.m2ts 和*.mts 文件直接导入到会声会影中，步骤如下：

① 启动会声会影，单击"捕获"选项进入捕获窗口主界面，单击"从数字媒体导入"按钮，打开"从数字媒体导入"对话框，如图5-7 所示。

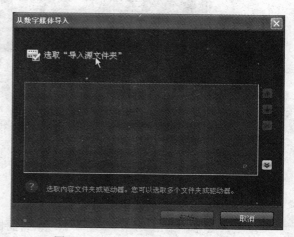

② 单击"选取'导入源文件夹'"按钮，打开"选取'导入源文件夹'"对话框，如图5-8 所示。选定所需导入的视频所在的文件夹（在文件夹前面打√），单击"确定"按钮。

③ 返回"从数字媒体导入"对话框，所需导入的视频文件夹出现在列表框区域中，如图 5-9 所示。

图 5-7　"从数字媒体导入"对话框

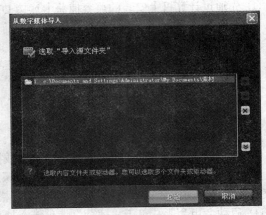

图 5-8 "选取'导入源文件夹'"对话框   图 5-9 "从数字媒体导入"对话框

④ 单击"起始"按钮。在打开的"从数字媒体导入"对话框的下一个界面中选取所需素材（在素材左上角小框中打√），单击"开始导入"按钮进行导入，如图 5-10 所示。

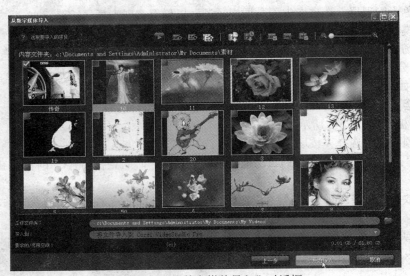

图 5-10 "从数字媒体导入"对话框

⑤ 在"导入设置"对话框中选定所需选项，单击"确定"按钮，如图 5-11 所示。

⑥ 从数字媒体导入视频完成，进入会声会影视频捕获主界面。

5.2.4 会声会影视频编辑

1. 编辑面板

启动会声会影，单击"编辑"选项卡，编辑面板如图 5-12 所示。

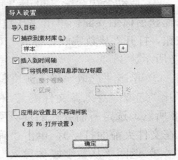

图 5-11 "导入设置"对话框

图 5-12　会声会影视频编辑面板

（1）轨道分类。在编辑面板中有"视频轨"、"覆叠轨"、"标题轨"、"声音轨"和"音乐轨" 5 类轨道，可以放置不同类型的素材。

- 视频轨：放置视频素材。
- 覆叠轨：覆叠中放置的素材与视频轨中素材有覆叠效果。
- 标题轨：放置标题素材。
- 声音轨：放置音频素材。
- 音乐轨：放置音频素材。

在任何一个轨道按钮上右击，可以打开"轨道管理器"对话框，如图 5-13 所示。在此对话框中可以对每类轨道的数目进行设定。

（2）编辑选项分类。在编辑面板中还设定了"媒体"、"转场"、"标题"、"图形"和"滤镜" 5 个选项。

- 媒体：单击"媒体"选项，在右侧的预览窗格中显示素材库中的各类媒体，如图 5-14 所示。可以将媒体库中的各类媒体直接拖动到相应的轨道进行编辑处理。

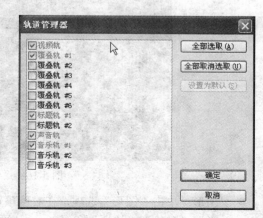

图 5-13　"轨道管理器"对话框

图 5-14 "媒体"选项窗格

- 转场：单击"转场"选项，在右侧预览窗格中显示库中提供的各类转场效果，如图 5-15 所示。利用转场效果可以给不同素材的切换过渡添加效果。

图 5-15 "转场"选项窗格

- 标题：单击"标题"选项，在右侧预览窗格中显示库中提供的各种标题效果，如图 5-16 所示。利用库中提供的标题效果可以给视频素材添加文字效果。

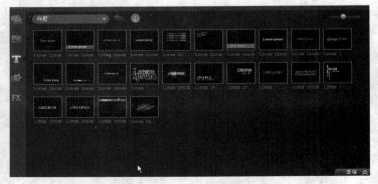

图 5-16 "标题"选项窗格

- 图形：单击"图形"选项，在右侧预览窗格中显示库中提供的各种图形效果，包括"色彩"、"对象"、"边框"和"Flash 动画"4 个选项，使用这些选项中的效果可以对素材进行相应效果的叠加处理，如图 5-17 所示。

图 5-17　"图形"选项窗格

- 滤镜：单击"滤镜"选项，在右侧预览窗格中显示库中提供的各种滤镜效果，会声会影为用户提供了 69 种滤镜效果，使用这些效果可以对素材进行相应的处理，如图 5-18 所示。

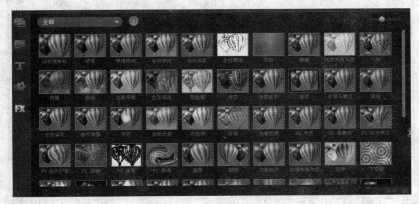

图 5-18　"滤镜"选项窗格

（3）选项面板。选项面板是针对各类轨道上的不同对象进行的选项设置。选定不同类别的轨道，选项面板上出现的内容也是不同的。单击选择"视频轨"，"选项面板"如图 5-19 所示。"选项面板"可以通过单击"折叠"按钮 隐藏和显示。

图 5-19　视频选项面板

- 区间 ：以"时:分:秒:帧"的形式显示所选素材的区间，通过更改素材区间，可以修整所选素材。
- 旋转 ：将视频素材以顺时针 90°或逆时针 90°进行旋转。
- 色彩校正：调整视频素材的色调、饱和度、亮度、对比度和 Gamma 值，还可以调整视频或图像素材的白平衡，或者进行自动色调调整。

- 速度/时间流逝：启动"速度/时间流逝"对话框，在该对话框中可以调整素材的速度播放速度。
- 反转视频：从后向前播放视频。
- 抓拍快照：将当前浏览到的帧保存为新的图像文件，并将其放置在图像库中。
- 分割音频：可用于分割视频文件中的音频，并将其单独放置在"声音轨"上。
- 按场景分割：根据拍摄日期和时间，或者视频内容的变化（即画面变化、镜头转换、亮度变化等）对捕获的 DV AVI 文件进行分割。
- 多重修整视频：从视频文件中选择并提取所需片段。

单击"属性"选项卡，可以切换到选项面板的属性设置界面，"属性"选项卡如图 5-20 所示，在选项卡中提供了各种滤镜效果的选择和使用。

图 5-20　"属性"选项设置

- 替换上一个滤镜：在将新的滤镜拖动到素材上时，允许替换上一个应用于该素材的滤镜。如果要向素材添加多个滤镜，则不用此选项。
- 已用滤镜：列出已应用于素材的视频滤镜。单击"上移滤镜"按钮▲或"下移滤镜"按钮▼可排列滤镜的顺序，单击"删除"按钮✕可删除滤镜。
- 自定义滤镜：自定义滤镜在素材中的转场方式。
- 变形素材：改变素材的大小和比例。
- 显示网格线：选择显示网格线，然后单击"网格线显示"按钮打开可指定网格线设置的对话框。

2．播放视频

视频捕获完成后，要查看捕获的视频的效果，可以用以下 3 种方法。

（1）在"故事板视图"中播放完整视频。在会声会影编辑主窗口界面中，单击"故事板视图"按钮██，如图 5-21 所示。选中的视频素材将显示在预览窗口中，单击预览窗口下方的"播放"按钮▶，可在预览窗口中播放捕获的视频素材。

（2）在"时间轴视图"中播放完整视频。在会声会影编辑主窗口界面中单击"时间轴视图"按钮██，如图 5-22 所示。导入的视频素材将会出现在"视频轨"中，并且选中的视频素材也将显示在预览窗口中，单击预览窗口下方的"播放"按钮▶，可在预览窗口中播放捕获的视频素材。

在播放视频的过程中，还可以拖动预览栏中的滑块进行预览，这样可以快速地浏览视频中的主要内容。

图 5-21　故事板视图界面

图 5-22　时间轴视图界面

（3）在"时间轴视图"中播放部分视频。当编辑一个大项目时，需要随时预览视频的一部分，而不是全部，此时就要使用局部视频的预览方法来播放视频。

首先拖动修整栏的"修整标记"滑块来选择要预览的帧区域，一个预览范围将出现在"标尺面板"中，指明所选的部分，如图 5-23 所示。然后单击预览窗口下方的"播放"按钮，可在预览窗口中播放选定区域的视频素材。

图 5-23　选定部分视频区域

3.　视频轨编辑

（1）添加素材。视频轨是会声会影素材编辑的主要轨道，所有的素材等都需要首先放入视频轨才能进行编辑，在视频轨上可以插入 3 种类型的素材：视频、图像和图形。

● 　视频和图像素材的插入。

视频和图像插入视频轨的方法相同，可以使用以下 2 种方式来完成。

方法一：在"素材库"中选中要添加的视频或图像素材并将它拖到"视频轨"上，配合 Shift 键可以选取多个连续的素材，配合 Ctrl 键可以选取多个不连续的素材。

方法二：右击"素材库"中的素材，在弹出的快捷菜单中执行"插入到"→"视频轨"命令（图 5-24），就可以将选中的素材插入到"视频轨"了。

图 5-24　插入快捷菜单

在使用静态图像时，在向项目添加图像之前，首先要确定所用图像的大小。在默认情况下，会声会影会调整图像大小，并保持图像的宽高比。

● 　图形素材的插入。

单击编辑面板中的图形按钮，进入图形素材窗格，如图 5-25 所示，单击"色彩"列表框，可以看到系统为用户提供的图形素材共有 4 种："色彩"、"对象"、"边框"和"Flash 动画"，4 种素材分别包含不同的内容。找到需要插入到视频轨的素材按照插入视频和图像素材的方法插入到视频轨即可。

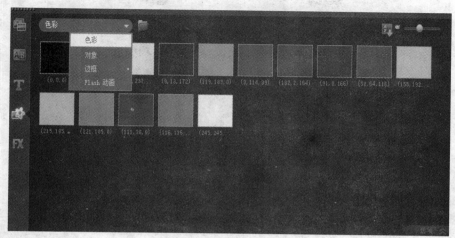

图 5-25　"图形"素材窗格

【例 5-2】　往视频轨中插入样本素材库中的视频文件 V21.wmv，并加入绿色片头。

①　在会声会影编辑面板中单击"媒体"按钮，从样本素材库中找到 V21.wmv 拖动至视频轨，如图 5-26 所示。

图 5-26　添加视频后的视频轨及编辑界面

②　单击图形按钮，进入图形色彩选项界面，如图 5-25 所示，选中其中的绿色拖动至视频轨的起始位置，也就是将绿色图形放置在 V21.wmv 视频文件的前面，如图 5-27 所示。"时间轴"面板中的视频轨前面出现了绿色的片头图形。

③　单击"播放"按钮进行播放，观看效果。

要加载"素材库"之外的其他色彩，可以打开"选项面板"，单击其中的"色彩选取器"旁边的色框，可以从"Corel 色彩选取器"或"Windows 色彩选取器"中选择多种色彩。

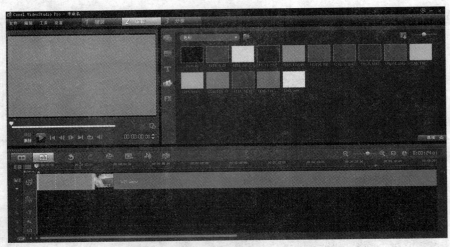

图 5-27　添加绿色片头后的视频轨及编辑界面

（2）移动/复制素材。移动视频轨中的素材可以通过拖动鼠标直接实现；复制素材可以在选中的素材上右击，在弹出的快捷菜单中选择"复制"命令，如图 5-28 所示，然后在需要插入素材的轨道点单击即可完成复制操作。

（3）删除素材。在要删除的素材上右击，在弹出的快捷菜单中选择"删除"命令就可以将选中的素材删除；也可以选定要删除的素材后直接单击 Delete 键进行删除，如图 5-28 所示。

（4）转场效果设置。转场效果是各个素材之间切换的一种过渡效果，可以应用在素材与素材之间。单击"编辑"面板中的"转场"按钮就可以打开转场效果的窗格，将选中的转场效果拖放至素材与素材的交界处，便可以为素材之间的切换添加所选定的转场过渡效果。

【例 5-3】在【例 5-2】的基础上，在视频文件 V21.wmv 和"绿色片头"之间添加"飞行翻转"转场效果。

图 5-28　复制素材快捷菜单

① 单击"编辑"面板中的"转场"按钮，打开转场效果的窗格，在选项列表框中选定 3D，从 3D 效果中选中"飞行翻转"，如图 5-29 所示。

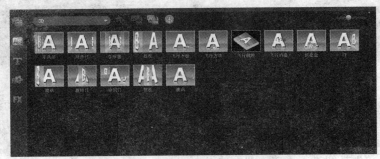

图 5-29　"飞行翻转"转场效果

② 将"飞行翻转"转场效果拖动至视频轨的视频文件 V21.wmv 和"绿色片头"之间。拖动完成后的视频轨如图 5-30 所示。

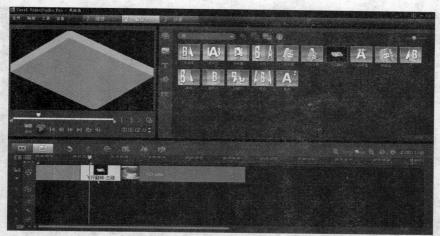

图 5-30　添加"飞行翻转"转场效果的时间轴

③ 单击"播放"按钮进行播放，观看效果。

（5）滤镜效果设置。滤镜效果是会声会影为各种素材编辑提供的一种特殊效果，会声会影库中为用户提供了 69 种滤镜效果可供选择。

图 5-31　"打开选项面板"快捷菜单

- 添加滤镜：在"编辑"面板中单击滤镜按钮 **FX**，可以打开滤镜效果窗格，将选中的滤镜效果拖放至素材上与素材重叠，便可以为素材添加相应的滤镜效果。
- 编辑滤镜：在视频轨中的素材上右击，在弹出的快捷菜单中选择"打开选项面板"命令，如图 5-31 所示，就可以在打开的"选项面板"的"属性"选项中对素材进行滤镜和变形等设置。"属性"选项面板如图 5-32 所示。

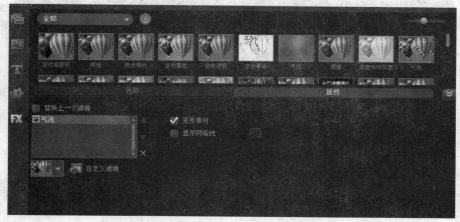

图 5-32　素材"属性"选项面板

【例 5-4】 在【例 5-3】的基础上，向"绿色片头"添加"气泡"滤镜效果，并将"绿色片头"素材变形。

① 单击"编辑"面板中的"滤镜"按钮 **FX**，打开滤镜效果窗格，在选项列表框中选择"标题效果"，从中选中"气泡"滤镜，拖动至"绿色片头"放开，便可以为"绿色片头" 成功添加气泡效果，如图 5-33 所示。

图 5-33　添加"气泡"滤镜的片头

②　在视频轨中的"绿色片头"上右击，在弹出的快捷菜单中选择"打开选项面板"命令，如图 5-31 所示。

③　在打开的"选项面板"中选择"变形"选项，对素材进行变形设置。变形后的效果如图 5-34 所示。

图 5-34　"绿色片头"变形效果

④　单击"播放"按钮进行播放，观看效果。

（6）旋转。旋转可以对素材进行顺时针旋转 90°，或者逆时针旋转 90°，旋转可以通过单击"选项面板"中的"旋转"按钮 进行设置。

（7）色彩校正。色彩校正可以对视频、图像、图形素材进行色彩方面的调整，单击"选项"面板中的"色彩校正"按钮 色彩校正，可以进入色彩编辑面板，如图 5-35 所示。在面板中可以设置素材的色调、饱和度、亮度、对比度、Gamma 等属性。

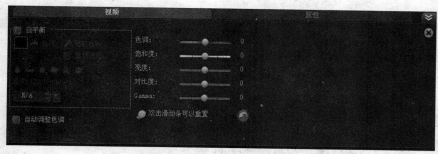

图 5-35　"色彩校正"面板

（8）速度/时间流逝。速度/时间流逝可以修改视频素材的回放速度。将视频设置为慢动作，可以起到强调动作的作用，设置快速的播放速度，可以为影片营造特殊的气氛。通过单击"选项"面板中的"速度/时间流逝"按钮，可以打开"速度/时间流逝"对话框，方便地调整视频素材的速度属性，如图 5-36 所示。根据对话框中的参数选择（如：慢、正常或快）拖动滑块或输入一个数值，就可以根据需要调整视频素材的播放速度。设置的值越大，素材的播放速度越快。

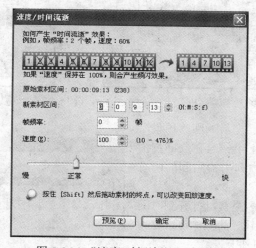

图 5-36　"速度/时间流逝"对话框

（9）反转视频。反转视频可以对视频素材进行从后向前的反向播放。单击"选项"面板中的"反转视频"按钮，就可以直接对视频素材进行反转设置。

（10）抓拍快照。可以将当前浏览到的帧上的图像保存为新的图像文件，并将其放置在会声会影素材样本中。单击"选项"面板中的"抓拍快照"按钮，就可以直接将当前帧图像进行捕获并保存到会声会影素材样本库中。

（11）分割音频。视频素材一般由图像和声音两部分组成，分割音频功能可以用于分割视频文件中的音频部分，并将其单独放置在"声音轨"上，达到图像和声音的分离。

（12）按场景分割。按场景分割操作根据帧内容的变化，如画面变化、镜头转换、亮度变化等，然后将它们分割成不同长度的视频文件。

单击"选项"面板中的"按场景分割"按钮，可以打开"场景"对话框，在此对话框进行相应设置即可将视频素材分割成多个视频片段。

会声会影检测场景的方式取决于视频文件的类型，在捕获的 DV AVI 文件中，场景的检测方法有两种：DV 录制时间扫描，根据拍摄日期和时间来检测场景；根据内容的变化来检测场景，在

MPEG-1 或 MPEG-2 文件中使用后一种方法。

【例 5-5】对视频轨中的视频素材按场景进行分割。

① 拖动样本库中的任意一个视频文件到视频轨上。

② 在视频轨的"时间轴"上选择该视频文件，在"选项"面板中单击"按场景分割"按钮，打开"场景"对话框，如图 5-37 所示。

③ 选择所需的"扫描方法"（DV 录制时间扫描或帧内容）。

④ 单击"选项"按钮，打开"场景扫描敏感度"对话框，如图 5-38 所示。在此对话框中拖动滑块设置敏感度级别，此值越高，场景检测越精确。

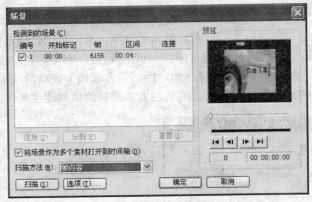

图 5-37　"场景"对话框

图 5-38　"场景扫描敏感度"对话框

⑤ 设置好场景扫描敏感度后返回"场景"对话框，单击"扫描"按钮，会声会影立即扫描整个视频文件并在列表框中列出检测到的所有场景，如图 5-39 所示。

⑥ 选定"将场景作为多个素材打开到时间轴"选项，单击"确定"按钮。此操作可以将列表框中选定的素材放到时间轴上。

如果不选定"将场景作为多个素材打开到时间轴"选项，也可以将检测到的部分场景合并到单个素材中，首先选定要连接在一起的场景（在列表框的场景前打√），然后单击"连接"即可。

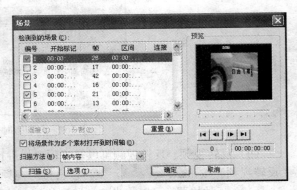

图 5-39　检测到的所有场景列表

（13）多重修整视频。多重修整视频功能是将一个视频分割成多个片段的另一种方法，按场景分割由程序自动完成，而使用多重修整视频则可以由用户自由控制，按照需要提取视频素材片段，使项目管理更为方便，其操作面板如图 5-40 所示。

多重修整操作面板中"1"、"2"、"3""4"分别具有不同的功能：

● "1"表示"间隔时间设置滑块"，上下拖动它，可以按设定时间间隔分割视频素材。

● "2"表示精确剪辑"时间轴"，可以逐帧扫描视频素材，进行精确的开始标记和结束标记定位。

● "3"表示"飞梭轮"，用它可以滚动到素材的不同部分。

● "4"表示"穿梭滑动条"，拖动它可以用不同的回放速度预览素材。

图 5-40　会声会影多重修整视频

【例 5-6】　从素材库中的 2.mpg 视频文件中截取 1 分 00 秒到 1 分 20 秒之间的片段视频作为新的视频素材插入到视频轨。

① 首先在"捕获"界面中单击"从数字媒体导入"按钮，导入素材库中的 2.mpg 视频素材到会声会影样本库，然后拖动样本库中的 2.mpg 视频素材至视频轨中。

② 在视频轨的"时间轴"上选择该视频文件，在"选项"面板中单击"多重修整视频"按钮 多重修整视频，打开"多重修整视频"对话框，如图 5-40 所示。

③ 通过拖动"间隔时间设置"滑块来确定划分帧的间隔。将滑块拖动至最下端，间隔时间最大；将滑块拖动至最上端，间隔时间最小，为每秒一帧分割。如图 5-41 所示为滑块拖动至最下端后，帧数间隔为 1 分 12 秒。如图 5-42 所示为滑块拖动至最上端后，帧数间隔为 1 秒。

图 5-41　最大帧数间隔

④ 拖动"飞梭轮"或者"精确剪辑时间轴"滑块,设定视频起始帧位置为 1 分 00 秒,单击"开始标记"按钮,将选中视频的开始位置设置为 1 分 00 秒处,如图 5-43 所示。

图 5-42　最小帧数间隔

图 5-43　设置分割开始位置

⑤ 再次拖动"飞梭轮"或者"精确剪辑时间轴"滑块,设定视频终止帧位置为 1 分 20 秒,单击"结束标记"按钮,选取的视频为 1 分 00 秒到 1 分 20 秒的区间,总时长为 20 秒,如图 5-44 所示。

图 5-44　选定后的分割场景片段

重复操作步骤④、步骤⑤,可以选定多个视频片段。当选定多个视频片段时,在"修整的视频区间"选项中会出现多个选定的片段,选中某个片段,单击"删除"按钮■,可以删除多余的视频片段,如图 5-45 所示。

⑥ 设置完成后,单击"确定"按钮,保留的视频片段将插入到"时间轴"上。

⑦ 单击"播放"按钮进行播放,观看效果。

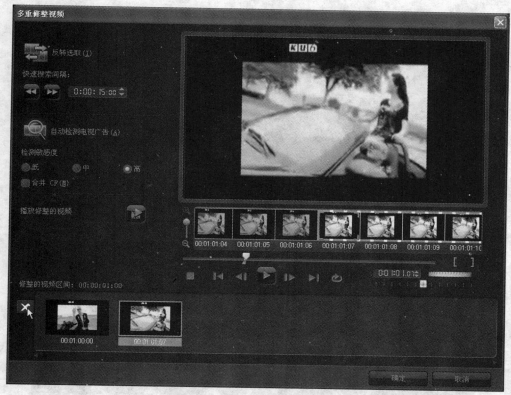

图 5-45　删除多余的视频片段

4. 覆叠轨编辑

　　覆叠轨相对视频轨来说，是覆盖与叠加的一个轨道，可以制作如画中画效果的视频或者图像。覆叠轨上能添加的素材可以是"视频"、"图像"和"图形"，其中图形中还包含了"色彩"、"对象"、"边框"和"Flash 动画"。只有当覆叠轨上设置的素材与视频轨上的素材相结合，才能组合成各种视觉效果。

　　覆叠轨是一个特殊的视频轨。具有大部分视频轨的功能，如支持视频、图像和图形素材，素材的移动、复制、删除与视频轨的操作完全相同，还可以应用转场、滤镜等效果。而覆叠轨的"选项"面板与视频轨"选项"面板设置有很大的区别。通过覆叠轨选项面板中的设置，可以对放置于覆叠轨的素材调整色彩、透明度、大小、位置等，还可以进行动画设置。这样，就可以实现丰富而精彩的覆叠效果。

　　（1）覆叠轨"选项"面板。向覆叠轨随意添加一个视频素材，在覆叠轨时间轴的视频素材上右击，在弹出的快捷菜单中执行"打开选项面板"命令，就可以进入覆叠轨素材的"选项"面板对覆叠轨中的素材进行各种编辑。如图 5-46 所示为覆叠轨素材"选项"面板的"编辑"选项面板，如图 5-47 所示为覆叠轨素材"选项"面板的"属性"选项面板。

- "编辑"选项面板。在"编辑"选项面板中对视频素材进行的设置基本上与视频轨中的相同，各个选项的操作方法也完全相同。
- "属性"选项面板。在"属性"选项面板中可以对素材进行"遮罩和色度键"设置、"对齐选项"设置、"替换上一个滤镜"设置、"进入"/"退出"方式设置。

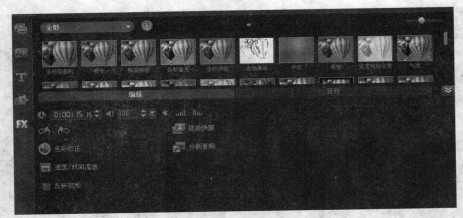

图 5-46   覆叠轨"编辑"选项面板

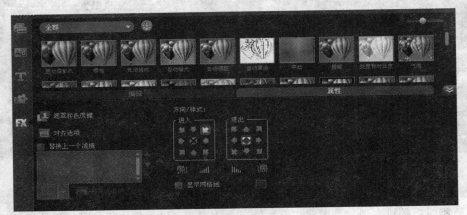

图 5-47   覆叠轨"属性"选项面板

（2）遮罩和色度设置。在"属性"选项面板中单击"遮罩和色度键"按钮 遮罩和色度键 ，可以进入"遮罩"、"色度键"和"透明度"的设置面板，如图 5-48 所示。

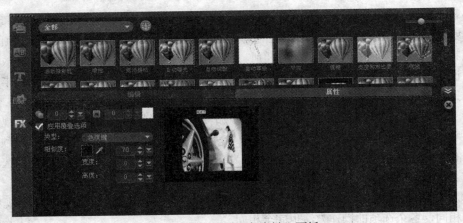

图 5-48   "遮罩和色度键"面板

【例 5-7】   分别向视频轨和覆叠轨添加素材，然后将覆叠轨中的素材设置"透明度"为 10，应用覆叠效果为椭圆。

① 分别拖动样本库中的视频或者图像素材至视频轨中，出现素材叠加后的画中画效果，如图 5-49 所示。

当素材添加到覆叠轨上时，预览窗口中将出现一个有 8 个黄色控制点的控制框，用鼠标移动到 4 个顶点中的任一个黄色控制点，呈双箭头时，拖曳鼠标可以调整画面的尺寸；用鼠标指针放置到控制框内拖曳，可以将画中画移动到合适的位置。

图 5-49　视频轨与覆叠轨叠加效果

② 在覆叠轨中的素材上右击，在弹出的快捷菜单中选择"打开选项面板"命令。单击面板中的"属性"选项，进入"属性"设置面板，如图 5-47 所示。

③ 单击"属性"面板中的"遮罩和色度键"按钮 ![遮罩和色度键]，进入遮罩和色度的设置面板，设置"透明度"为 10，其中"透明度"数值越大，透明度越高。单击"应用覆叠选项"，在"类型"中选择"遮罩帧"，然后在遮罩效果预览中选择椭圆，如图 5-50 所示。

图 5-50　"遮罩和色度键"设置面板

④ 设置完成后拖动覆叠轨的图像素材至画面左上角，播放预览效果，如图 5-51 所示。

（3）对齐选项。可以调整预览窗口中覆叠轨素材对象的位置，单击"对齐选项"按钮 ![对齐选项]，可以弹出对齐选项快捷菜单，如图 5-52 所示，在其中可以为覆叠素材对象选择需要在预览窗口中放置的位置。覆叠轨中的素材对象也可以通过直接用鼠标拖动的方法来改变在画面中的位置。

图 5-51 透明和遮罩设置完成后的画面

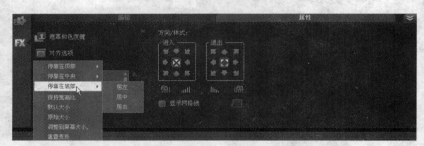

图 5-52 "对齐选项"快捷菜单

（4）滤镜设置。在"属性"选项面板中有一部分区域是专门进行滤镜设置的，如图 5-53 所示。对覆叠轨中的素材进行滤镜效果设置的时候，在"属性"面板中选中"替换上一个滤镜"选项后，再往素材中添加滤镜时，后面添加的滤镜效果将会替换上一个滤镜效果，如果不选择此项，后面添加的滤镜效果将会叠加到上一个滤镜效果之上；单击"删除"按钮 ，可以对选中的滤镜进行删除；单击"向上移动"按钮 和"向下移动"按钮 可以对选定的滤镜效果进行上下移动；单击"自定义滤镜"按钮可以进入自定义窗格，自行设置各种滤镜变化的效果。

【例 5-8】 在【例 5-7】的基础上给覆叠轨中的素材添加滤镜效果"FX 漩涡"和"气泡"。

① 如在图 5-53 所示的滤镜设置区域不要选择"替换上一个滤镜"效果选项，然后单击编辑窗口中的"滤镜"按钮 进入滤镜窗格，选定"FX 漩涡"，拖动至覆叠轨素材，效果如图 5-54 所示。

② 再从滤镜窗格中选定"气泡"，拖动至覆叠轨相同的素材。观察同时添加两种滤镜后的效果，如图 5-55 所示。

图 5-53 滤镜设置选项区域

图 5-54 添加"FX 漩涡"滤镜后的覆叠画面

图 5-55 两种滤镜叠加效果

（5）"进入"/"退出"设置。在"属性"面板的"方向/样式"设置区域，可以对覆叠轨中的素材进入预览画面和退出预览画面的方式进行设置，实现覆叠轨上素材的动画效果设置。

（6）淡入/淡出效果设置。通过单击选定"方向/样式"选项下的"淡入"按钮▥和"淡出"按钮▥，可以对进入预览画面的覆叠轨素材设置"逐渐出现"和"逐渐消失"的效果。

5．标题轨编辑

在标题轨中可以输入文字并进行编辑，标题轨中的文字在预览画面中与视频轨和覆叠轨中的素材可呈现出覆叠的效果。在"编辑"选项界面中单击"标题"按钮▥，可以打开标题窗格，如图5-56所示。会声会影库中有24种标题效果可供用户选择。可以将标题窗格中的标题样式直接拖动至标题轨进行编辑。

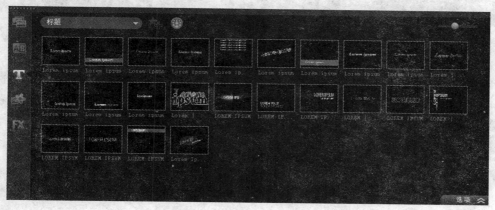

图 5-56　标题窗格

标题轨中标题素材的移动、复制、删除跟视频轨中素材的操作完全相同，在标题轨中也可以应用转场、滤镜等效果。

（1）标题轨选项面板。对于标题轨中标题素材的其余编辑可以通过标题"选项面板"来进行设置。右击标题轨中的标题素材，在弹出的快捷菜单中选择"打开选项面板"命令就可以打开"标题轨"选项面板，"标题轨"选项面板也有两个界面："编辑"界面和"属性"界面。如图5-57所示为标题轨"编辑"选项面板，如图5-58所示为标题轨"属性"选项面板。

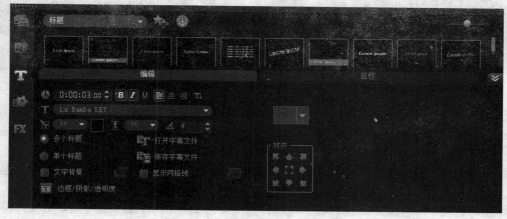

图 5-57　标题轨"编辑"选项面板

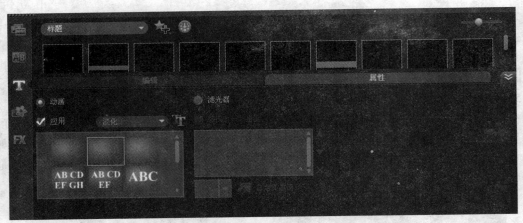

图 5-58　标题轨"属性"选项面板

在标题轨"编辑"选项面板中可以对标题文字进行进行加粗、倾斜、加下划线、左右对齐、居中对齐格式设置，还可以设置字体样式、字体颜色、字体大小、字体竖排格式设置；还可以选定多个标题或单个标题选项，并可以设置文字背景颜色。通过标题轨"属性"选项面板可以对标题设置动画效果，并对滤镜效果进行编辑等。

【例 5-9】 在【例 5-8】的基础上，向视频末尾添加以边框为背景的谢幕文字，文字内容为"谢谢观看"。

① 单击"编辑"选项窗口中的"图像"按钮，进入图形窗格，从对象列表框中选择"边框"，如图 5-59 所示。

图 5-59　"边框"选项窗格

② 从"边框"窗格中选择一种边框拖动至视频轨末尾，拖动完成后预览窗格界面如图 5-60 所示。

单击列表框右侧的"文件夹"按钮可以打开"浏览图形"对话框，如图 5-61 所示。通过此对话框，可以从计算机中选择图形素材进行插入。

③ 单击"编辑"选项窗口中的"标题"按钮，进入标题窗格，从中选择最后一种标题样式拖动至标题轨。

④ 将标题轨中的标题素材在时间轴中移动到视频轨中"边框"素材的正下方，效果如图 5-62 所示。

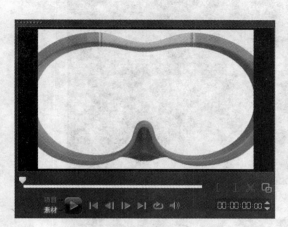

图 5-60　预览画面中的边框效果

图 5-61　"浏览图形"对话框

图 5-62　视频轨边框与标题轨中的文字叠加

⑤ 双击标题轨标题素材，进入标题文字编辑状态，如图 5-63 所示。

⑥ 双击周围有 8 个黄色小方块的方框，删除已有的文字，录入新的文字，标题为"谢谢观看"，副标题为 Thanks。

⑦ 在"标题"选项面板的"编辑"选项中设置标题文字字体为"华文行楷"，"土黄色"、文字大小为 100 号，如图 5-64 所示。副标题颜色为红色，其他选项不变。

⑧ 在"标题"选项面板的"属性"选项中单击选定"动画"选项，选择"应用"列表框"弹出"选项中的第一种动画效果，如图 5-65 所示。

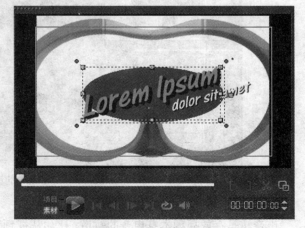

图 5-63　文字编辑状态

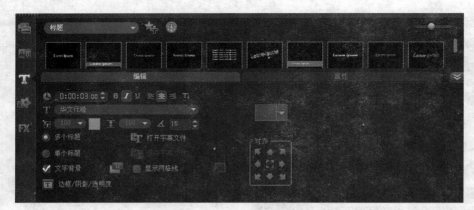

图 5-64　文字标题格式设置参数

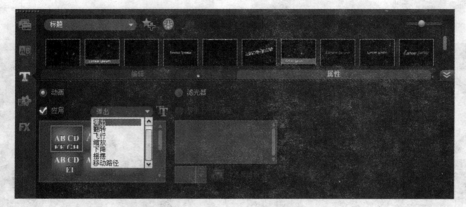

图 5-65　标题动画属性设置

⑨ 拖动副标题至边框右下角，最终效果如图 5-66 所示。

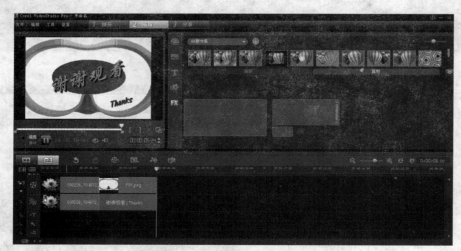

图 5-66　设置完成的谢幕边框文字

6. 声音轨和音乐轨编辑

声音轨是存放视频本身声音的轨道。比如从视频素材中分离音频，那么分离出的音频就自动放在声音轨与视频相对应的位置上。音乐轨是添加背景音乐的轨道。比如为制作好的视频影像添加一些音效、歌曲就可以放在音乐轨中。但声音轨和音乐轨本质上没有太大的区别，其相应的编辑操作也完全相同。

　　右击声音轨或者音乐轨中的素材，在弹出的快捷菜单中选择"打开选项面板"命令，就可以进入"选项"面板对音频素材进行编辑。"选项"面板如图 5-67 所示。在"音乐和声音选项"面板中可以对音频素材进行编辑。

图 5-67　音频素材"选项"面板

　　（1）音频素材的导入。如图 5-68 所示，执行"文件"→"将媒体文件插入到素材库"→"插入音频"命令，就可以打开"浏览音频"对话框，如图 5-69 所示。在"浏览音频"对话框中选择需要的音频素材，打击"打开"按钮进行导入，便可以将音频素材导入到会声会影样本素材库中。

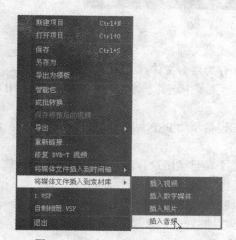

图 5-68　"插入音频"菜单命令

图 5-69　"浏览音频"对话框

　　将音频素材直接从样本素材库中直接拖动到时间轴的声音轨或者音乐轨就可以给制作好的影像作品添加声音。

　　（2）音频素材的移动/复制/删除。音频素材的移动/复制/删除和视频素材的操作完全相同。

　　（3）音量调整。在"选项"面板的"音量"选项中输入新的参数可以对音频素材的音量大小进行调整。

　　（4）速度/时间流逝。单击"速度/时间流逝"按钮可以打开"速度/时间流逝"对话框，对音频素材进行播放速度的调整。

（5）淡入淡出效果设置。单击"选项"面板中的"淡入"按钮 ，可以对音频素材设置音量逐渐增大的效果，单击"淡出"按钮 ，可以对音频素材设置音量逐渐减小的效果。

（6）音频滤镜。单击"选项"面板中的"音频滤镜"按钮 音频滤镜，打开"音频滤镜"对话框，如图 5-70 所示。在对话框中可以对选定的音频素材进行添加、删除操作，还可以单击"选项"按钮，对选定的音频效果进一步进行详细的参数设置。

图 5-70　"音频滤镜"对话框

5.2.5　会声会影视频分享

会声会影可以将渲染好的视频文件直接保存到硬盘上，刻录成光盘，作为网页、多媒体贺卡导出或者通过电子邮件将其发送给亲朋好友。所有此类操作均可在会声会影的"分享"步骤中完成。

1．"分享"选项面板

在会声会影主界面中单击"分享"选项，就可以进入"分享"主界面，在"分享"主界面中，所有的操作都通过 "分享"面板来完成，如图 5-71 所示。

图 5-71　会声会影"分享"面板

（1）创建视频文件：创建具有指定项目设置的项目视频文件。

（2）创建声音文件：允许将项目的音频部分单独保存为声音文件。

（3）创建光盘：调用 DVD 制作向导，并允许从弹出菜单中选择一个选项将项目以 AVCHD、DVD、VCD、SVCD 或 BDMV 格式刻录。

（4）导出到移动设备：视频文件可导出到其他外部设备，如 PSP、基于 Windows Mobile 的设备、SD 等。

（5）项目回放：清空屏幕，并在黑色背景上显示整个项目或所选片段。如果有连接到系统的 VGA-TV 转换器、摄像机或录像机，则还可以输出到录像带。

（6）DV 录制：使用 DV 摄像机将所选视频文件录制到 DV 磁带上。

（7）HDV 录制：使用 HDV 摄像机将所选视频文件录制到 DV 磁带上。

（8）上传到网站：将项目输出为文件直接上传到 YouTube。

2．创建并保存视频文件

在将整个项目渲染到影片文件之前，执行 "文件"→"保存"/"另存为"命令可以将其保存为会声会影项目文件（*.VSP），以便可以随时返回项目并进行编辑。

创建整个项目的视频文件的方法如下：

（1）单击"选项"面板中的"创建视频文件"按钮，选择合适的模板。

（2）要使用当前项目设置创建影片文件，选择与项目设置相同。当然也可以选择一个预设的影片模板，这些模板可以创建适合于 Web 或输出为 DV、DVD、SVCD 或 VCD、WMV 和 MPEG-4

的影片文件。

（3）在打开的"创建视频文件"对话框中，为影片选择保存路径，输入必要的文件名，然后保存。影片文件随后将保存并放入视频素材库。

3. 创建声音文件

单击"选项"面板中的"创建声音文件"按钮，可以打开"创建声音文件"对话框，在对话框中选择保存路径，输入新的保存文件名，可以将会声会影文件中的声音单独保存为音频文件，利用此方法可以实现从视频素材中提取音频素材。

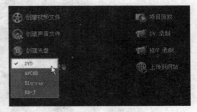

4. 刻录视频光盘

（1）单击"选项"面板中的"创建光盘"，输出项目可以创建 DVD、AVCHD、Blu-ray、或 BD-J，如图 5-72 所示。

图 5-72　创建光盘

（2）从中选择一种格式。例如选择 DVD 格式后，打开光盘刻录步骤 1"添加媒体"对话框，如图 5-73 所示。

图 5-73　添加多个素材后的"添加媒体"对话框

（3）从中可以添加视频文件或项目文件，也可以通过此对话框选择"从数字媒体"导入视频文件或者"从移动设备导入"视频文件。

① 添加视频文件的步骤如下：

单击"添加视频"文件按钮![icon]，找到视频所在的文件夹，然后选择要添加的一个或多个视频素材。

提醒：在视频素材添加到"媒体素材列表"后，有时可能会看到一个黑色的略图，这是因为此视频素材的第一个场景（帧）为黑屏，可以进行更改，双击选中此视频素材，然后将飞梭栏移到所要的场景，再右击此略图并选择更改略图。

② 添加会声会影项目的步骤如下：

选择"添加会声会影项目文件"按钮![icon]，找到此项目所在的文件夹，选择要添加的一个或多个视频项目，用飞梭栏、开始/结束标记和预览控件来修整视频或会声会影项目，修整视频可以随意和精确地编辑视频的长度。

（4）单击"添加/编辑章节"按钮![添加/编辑章节...]，可以打开"添加/编辑章节"对话框，如图 5-74 所示，对要添加的章节进行编辑。

图 5-74　　"添加/编辑章节"对话框

　　此功能只有在选择了"创建菜单"选项后才可用，通过添加章节可以创建链接到其相关视频素材的子菜单，即可以对视频的播放进行交互式的控制。

　　每个章节表示为子菜单中的一个视频略图，它就好像是视频素材的书签，当用户单击某个章节时，视频回放将从所选章节直接开始。最多可以为一个视频素材创建 99 个章节。

　　创建或编辑链接到视频素材的操作步骤如下：

　① 在如图 5-73 所示的对话框中，从媒体素材列表中选择一个视频。

　② 单击添加/编辑章节，进入如图 5-74 所示的对话框。

　③ 将飞梭栏拖到要设置为章节的场景位置，然后单击"添加章节"或者单击"自动添加章节"。

　④ 重复步骤③添加更多章节点，也可以根据需要删除不需要的章节。

　⑤ 设置完毕后单击"确定"按钮。

　　（5）完成上述操作后，在图 5-73 中单击"下一步"按钮，进入光盘刻录步骤 2 "菜单和预览"对话框，如图 5-75 所示，在此对话框中可以创建选择菜单。

图 5-75　　"菜单和预览"对话框

会声会影包括一组菜单模板用来创建主菜单和子菜单，这些菜单为视频提供了互动窗口。

编辑菜单的操作步骤如下：

① 默认情况下，会声会影将自动生成所需的所有菜单，使用当前显示的菜单切换到需要编辑的菜单。

② 在"画廊"选项卡中，单击菜单模板类别并选择某个特定类别，选择要应用的特定模板即可。

③ 在模板预览窗口，单击选定缩略图，可以对缩略图大小进行更改，单击菜单中的标题，可以对标题文字进行编辑，单击每个视频缩略图旁边的文字描述以进行自定义。

④ 单击"编辑"选项，进入"编辑"选项界面，如图 5-76 所示，在此界面可以添加背景图像、音乐、改变字体属性等来进一步定制菜单。

⑤ 完成之后，预览影片或进一步修改菜单，直到满意为止。

图 5-76　菜单和预览中的"编辑"选项界面

（6）设置好菜单后单击"下一步"按钮，进入光盘刻录步骤 3"输出"对话框，如图 5-77 所示，单击"刻录"按钮可以将影片刻录到光盘上，这是光盘创建过程的最后一步。

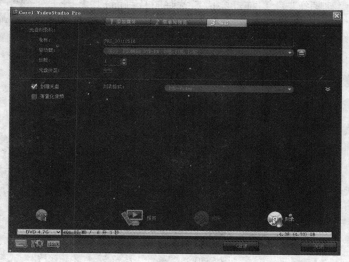

图 5-77　"输出"对话框

在刻录之前选择等量化音频以确保在回放期间防止不规则的音频级别。单击"针对刻录的更多设置"按钮，打开"刻录选项"对话框，如图 5-78 所示。定义其他刻录机和相关输出信息设置。

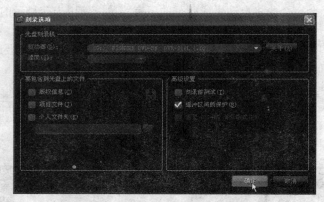

图 5-78 "刻录选项"对话框

5.3 综合应用实训

实训 1：网上查询。

（1）查询会声会影视频处理软件的最新版本及其新增功能。

（2）查询当前主流的视频处理软件有哪些？他们各自的优缺点有哪些？

实训 2：制作自己的个性化电子相册。

（1）打开会声会影软件，执行"文件"→"将媒体文件插入到素材库"→"插入照片"命令，如图 5-79 所示。打开"浏览照片"对话框，选择电脑中的照片素材导入到会声会影样本素材库中。

（2）在"编辑窗口"中，从样本库中选择图像素材，然后将它们依次拖放到"视频轨"上。拖动完成后首张照片画面预览效果如图 5-80 所示。

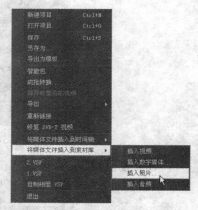

图 5-79 "插入照片"菜单命令

图 5-80 首张照片预览

（3）单击"转场"按钮，进入转场效果设置窗格，里面有三维、相册、遮罩、旋转、滑动、伸展等转场效果类，任意选择一个转场效果，拖动到时间轴上两个图片素材的中间，为图片播放增加转场特效。

（4）单击"滤镜"按钮，为电子相册中的每张照片素材添加滤镜效果。滤镜效果可以重复添加。

（5）单击"标题"按钮，进入标题设置窗格，拖动一种标题特效到"标题轨"上，为电子相册添加标题文字，如图 5-81 所示。

（6）拖动照片素材到覆叠轨中，设置画中画覆叠效果，对覆叠轨中的照片同样应用转场和滤镜效果，如图 5-82 所示。

图 5-81　标题添加　　　　　　　　图 5-82　覆叠轨照片设置

（7）导入音频素材到样本素材库，从样本素材库拖动至音频轨，进入"音频选项"面板进行相应设置，为电子相册设置背景音乐。

（8）最后可以为电子相册中的每张照片设置动画方式。在照片上右击，执行"打开选项"面板命令，在"选项"面板中选择"摇动和缩放"，在其中可以为选定的照片进行相应的动画设置，如图 5-83 所示。

图 5-83　"照片"选项面板

添加图片、效果、标题、音频后的时间轴如图 5-84 所示。

（9）选择"分享"面板，单击"创建光盘"按钮，选择 DVD 格式，然后给光盘创建播放选择菜单，最后单击"刻录"按钮开始刻录电子相册光盘。

到此，整个电子相册制作完成，可以在计算机上或家用 DVD 播放机上欣赏自己的作品。在制作电子相册的过程中，可以依据个人爱好，通过"图形"选项窗格添加边框、Flash 动画等效果到电子相册中，还可以通过"轨道管理器"添加多个覆叠轨、标题轨和音乐轨，进行相册编辑。

图 5-84　电子相册时间轴添加后的效果

5.4　本章小结

本章介绍了视频的基本概念、视频的各种标准，以及音频文件的常见格式，重点介绍了如何使用会声会影视频处理软件捕获、编辑和分享视频文件。会声会影视频处理软件中主要介绍了视频轨、覆叠轨、标题轨、声音轨和音乐轨的使用方法。

常用的视频标准有 MPEG-1、MPEG-2、MPEG-4、MPEG-7，以及 MPEG-21 等多个标准；常见的视频文件格式主要有 AVI 文件格式、MPEG 文件格式、RM/RMVB 文件格式、MOV 文件格式、ASF/WMV 流媒体文件格式、ISO/BIN/IMG 等镜像文件格式等，处理这些视频文件的软件主要有 Premiere Pro 和会声会影等。

会声会影处理软件提供了视频文件的捕获、编辑和分享三类功能，每种功能都可以对视频文件进行相应的操作，在编辑功能中，主要提供 5 个轨道进行视频编辑，掌握好这 5 个轨道的使用方法后，就能基本上解决视频编辑的所有问题。会声会影操作界面简单，操作容易掌握，是适合家庭视频制作的一种视频处理软件。

课后习题

1．填空题

（1）_____是一组连续画面信息的集合。

（2）_____即活动图像专家组，始建于 1988 年，专门负责为 CD 建立视频和音频标准。

（3）在会声会影中捕获视频文件应该在_____界面中进行。

（4）会声会影视频文件编辑完毕后执行菜单中的"保存"命令后，生成的文件格式为_____。

（5）在会声会影中，通过_____对话框，可以对每类轨道的数目进行设定。

2．思考题

（1）MPEG 格式的具体内容是什么？

（2）常见的视频处理软件有哪些？

（3）常见的视频文件格式有哪些？

第6章 多媒体平台设计

通过前面章节的学习我们已经能够把多媒体中所需要的图形、图像、音频、视频、动画等素材收集和整理出来，但如果要将它们组织成一个多媒体作品，还需要通过多媒体平台进行处理。本章以多媒体平台设计软件 Authorware 7.01 为例，介绍多媒体作品的整合与开发。

本章主要内容（主要知识点）：

- Authorware 的工作界面及基本操作
- Authorware 中图形、图像、文本、音频、视频的设计
- Authorware 中动画的设计
- Authorware 中交互的设计
- 变量和函数的使用
- 库、模板和知识对象的使用
- 程序的打包和发布

教学目标：

- 了解 Authorware 多媒体开发工具的工作界面
- 掌握 Authorware 中图标的基本使用方法以及程序设计和运行的主要流程
- 掌握图形、图像、文本、音频、视频的设计方法
- 掌握移动图标的使用方法以及 5 种动画的设计方法
- 掌握交互图标的使用以及 11 种交互响应类型的设计方法
- 掌握判断图标的使用以及判断分支结构的设计方法
- 掌握框架图标和导航图标的使用以及导航结构的设计方法
- 掌握变量与函数的使用
- 掌握库、模板和知识对象在程序设计中的应用方法
- 掌握程序的打包和发布的方法

本章重点：

- Authorware 中图标的基本使用方法
- 图形、图像、文本、音频、视频的设计方法
- 移动图标的使用方法以及 5 种动画的设计方法
- 11 种交互响应类型的设计方法
- 框架图标和导航图标的使用以及导航结构的设计方法

本章难点：

- 图形、图像、文本、音频、视频的设计方法
- 移动图标的使用方法以及各种动画的设计方法

- 11 种交互响应类型的设计方法
- 框架图标和导航图标的使用以及导航结构的设计方法

6.1　Authorware 简介

Authorware 是美国 Macromedia 公司出品的一款功能强大的多媒体制作软件，其面向对象、基于图标和流程图的程序设计方式，使不具备高级语言编程经验的用户也能设计和开发多媒体。Authorware 已成为世界公认领先的开发 Internet 和教学应用的多媒体创作工具。

Authorware 具有强大的文字、图形、图像处理能力，具备多样化的交互功能，并提供设计模板以及代码编辑窗口，用户使用模板和库，可以大大提高工作效率。此外，它还能够把经过其他软件处理过的各种多媒体素材有机地集成在一起，并以其特有的方式进行组织安排，最后将各种素材交互式地表现出来，设计出独特新颖的多媒体作品。

Authorware 自诞生以来，经历了很多版本的更新和发展，目前其最新版本是 Authorware 7.02，本书以 Authorware 7.01 为例来进行讲解。

6.2　Authorware 主界面介绍

6.2.1　Authorware 的启动

Authorware 有多种启动方式，最常用的有以下两种：

方法一：直接双击桌面上的 Authorware 快捷图标。

方法二：单击任务栏上的"开始"→"所有程序"→Macromedia→Macromedia Authorware 7.01 命令，即可启动。

在每次启动的时候，都会出现该软件的欢迎界面，如图 6-1 所示。

图 6-1　Authorware 7.01 启动界面

当该界面出现一会儿后就会消失，并进入到 Authorware 7.01 的启动界面，在启动界面中会出现一个标题为"New Project（新建）"的对话框，如图 6-2 所示。如果用户在列表中选择某个知识对象，单击 OK 按钮便可以创建该种类型的知识对象。通常情况下，在该对话框中选择 Cancel 按钮或 None 按钮即可关闭该对话框。

提示：可以将该对话框底部的"Show this dialog when creating a new file（创建新文件时显示本对话框）"复选框取消，这样每次启动时就不会出现该对话框。

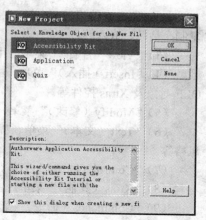

图 6-2 New Project 对话框

6.2.2 Authorware 的主界面

关闭 New Project 对话框后就会进入到 Authorware 7.01 的应用程序主界面，如图 6-3 所示。主界面主要由标题栏、菜单栏、常用工具栏、图标工具栏、程序设计窗口等部分组成。

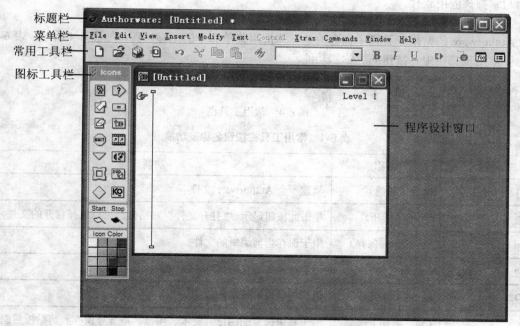

图 6-3 Authorware 7.01 主界面

1. 标题栏

Authorware 的标题栏和其他 Windows 应用程序的标题栏类似，主要由应用程序名称、打开的文件名称、控制菜单栏、最大化/最小化按钮、关闭按钮组成。

2. 菜单栏

Authorware 的菜单栏主要包括 File、Edit、View、Insert、Modify、Text、Control、Xtras、Commands、Window 和 Help 共 11 个菜单。下面对每个菜单的命令进行介绍。

（1）"File（文件）"菜单。提供处理文件的存储、打开、模板转换、属性设置、页面设置、打印以及程序打包、输出等功能。

（2）"Edit（编辑）"菜单。主要提供对流程线上的图标或画面上对象的编辑操作，包括剪切、复制、粘贴、嵌入等。

（3）"View（查看）"菜单。用于显示或取消显示菜单栏、工具栏和浮动面板等。

（4）"Insert（插入）"菜单。主要用于在流程线上或演示窗口中插入知识对象、图形、图像、OLE 对象及 Xtras 控件等。

（5）"Modify（修改）"菜单。主要用于对图标、文件属性、编辑对象等进行设置与修改。

（6）"Text（文本）"菜单。提供丰富的文字处理功能，用于设定文字的字体、大小、颜色、风格等。

（7）"Control（调试）"菜单。主要用于程序的运行和调试。

（8）"Xtras（其他）"菜单。主要用于库链接、拼写检查以及声音转换等操作。

（9）"Commands（命令）"菜单。主要提供了 Authorware 的在线资源与外挂程序的命令。

（10）"Window（窗口）"菜单。用于打开演示窗口、库窗口、计算窗口、变量窗口、函数窗口及知识对象窗口等。

（11）"Help（帮助）"菜单。主要提供了 Authorware 使用的基本帮助信息，便于用户学习、使用与掌握该应用软件。

3．常用工具栏

Authorware 的常用工具栏中包含的是一些常用菜单命令的图标按钮，如图 6-4 所示。表 6-1 中列出了常用工具栏中各按钮的名称和功能。

图 6-4　常用工具栏

表 6-1　常用工具栏按钮名称及功能

按钮	名称	功能
	New（新建）	新建一个 Authorware 文件
	Open（打开）	单击此按钮显示 "打开文件" 对话框，可以选择打开的文件
	Save All（保存）	用于保存当前编辑的文件
	Import（导入）	用于导入文本、图像等多媒体文件
	Undo（撤销）	用于撤销最近一次的操作
	Cut（剪切）	用于将所选定的图标、文本、图像、声音等保存到剪贴板后删除
	Copy（复制）	用于将所选定的图标、文本、图像、声音等保存到剪贴板
	Paste（粘贴）	将存放在剪贴板中的内容复制到插入点
	Find（查找/替换）	用于查找和替换指定的对象
(Default Styl)	Text Style（文本风格列表）	可以选择一种文本风格应用于选定的文本
B	Bold（粗体）	将所选定的文本设置为粗体
I	Italic（斜体）	将所选定的文本设置为斜体

续表

按钮	名称	功能
U	Underline（下划线）	给所选定的文本添加下划线
▮▶	Restart（运行）	运行当前的程序文件
⌁	Control Panel（控制面板）	打开控制程序运行的控制面板，可以进行跟踪调试
f()	Function Window（函数窗口）	打开函数窗口
▦	Variables Window（变量窗口）	打开变量窗口
KO	Knowledge Objects（知识对象）	打开知识对象列表框

4. 图标工具栏

图标工具栏是 Authorware 的重要组成部分，其中集成了制作和调试程序的基本构件，主要包含 14 个功能图标和 2 个标志旗。图标工具栏如图 6-5 所示。工具栏中的图标功能见表 6-2。

图 6-5　图标工具栏

表 6-2　图标工具栏按钮名称及功能

按钮	名称	功能
🖾	Display（显示）	主要用来显示文本、图形、图像对象
⟨?⟩	Interaction（交互）	提供用户响应，实现人机交互
☑	Motion（移动）	用于显示对象位置的移动，并控制移动速度等
▭	Calculation（计算）	实现变量、函数以及简单的语言设计功能
☒	Erase（擦除）	擦除所选定图标中的显示对象
🗔	Map（群组）	把流程线上的多个图标组合到一起，形成下一级流程窗口，从而缩短流程线

按钮	名称	功能
	Wait（等待）	暂停程序的运行，直到设置的响应条件得到满足为止
	Digital Movie（数字电影）	可以导入数字化电影文件，并控制其播放
	Navigate（导航）	用于建立超链接，实现超媒体导航，从而实现程序页图标之间的跳转
	Sound（声音）	导入声音文件，并对其进行相应的控制
	Framework（框架）	与"导航"图标配合使用，用于制作翻页结构和超文本文件
	DVD	用于控制 DVD 设备与文件的播放
	Decision（判断）	设置逻辑判断结构，使程序按照设置的分支结构执行
	Knowledge Objects（知识对象）	方便用户自行设置知识对象
	Start（开始）	用于设置程序运行的起点
	Stop（结束）	用于设置程序运行的终点
	Icon Color（图标颜色）	为图标着色，以区分不同的图标，对程序的运行结果没有影响

5. 程序设计窗口

Authorware 的设计窗口如图 6-6 所示。程序设计窗口用来进行程序设计，构建程序框架，是我们进行程序设计的主要操作窗口。

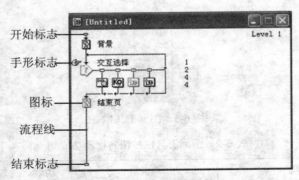

图 6-6　程序设计窗口

- 开始标志和结束标志：标志整个作品的开始位置和结束位置。
- 图标：组成程序的最基本元素。
- 流程线：指明图标之间的先后顺序和整个作品的结构。
- 手形标志：即图标插入点，用来指示图标放置的位置，也可以用来确定在当前位置上以什么方向来放置图标。

6. 演示窗口（Presentation Window）

演示窗口是程序运行结果的输出窗口，也是程序开发期间最为重要的设计窗口。用户在制作多媒体作品时，需要使用演示窗口来设计、排列文本、图形、按钮以及其他对象的位置，如图 6-7 所示。

图 6-7　演示窗口

6.2.3　Authorware 的退出

要退出 Authorware 有以下 4 种常用的方法：

方法一：单击 Authorware 标题栏最右边的"关闭"按钮 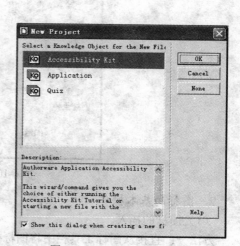 来关闭。

方法二：选择 File→Exit 命令退出程序。

方法三：直接按 Alt+F4 组合键关闭。

方法四：单击 Authorware 标题栏最左边的窗口控制按钮，然后在弹出的窗口控制菜单中选择"关闭"命令来关闭。

6.3　Authorware 基本设计

6.3.1　基本操作

1. 文件的基本操作

（1）新建文件。

方法一：选择 File→New→File 命令，打开如图 6-8 所示的"New Project（新建）"对话框，单击 Cancel 按钮即可。新建程序文件的后缀是.a7p。

方法二：单击常用工具栏中的"New（新建）"按钮。

方法三：按 Ctrl+N 组合键。

（2）打开文件。

方法一：选择 File→Open→File 命令，打开如图 6-9 所示的"Select a File（选择文件）"对话框，在列表中单击要打开的文件即可。

图 6-8　New Project 对话框

图 6-9　Select a File 对话框

方法二：单击常用工具栏中的"Open（打开）"按钮。

方法三：按 Ctrl+O 组合键。

（3）保存文件。

要对编辑的文件进行保存可以选择 File 菜单中的"Save（保存）"命令或者"Save As（另存为）"命令，两者的区别是：

- 首次保存：对于尚未保存过的文件，"Save（保存）"和"Save As（另存为）"命令的处理过程是一样的，都会打开"Save File As（另存为）"对话框，如图 6-10 所示。选择保存位置并输入保存的文件名和文件类型即可保存文件。
- 已保存的文件再保存：对于已经保存过的文件，Save 命令是按照原文件的路径和文件名进行保存，不再打开 Save File As 对话框，Save As 命令则会打开 Save File As 对话框，需要重新输入保存位置或文件名进行保存，同时将另存的文件作为当前的编辑文件。保存文件的组合键是 Ctrl+S。

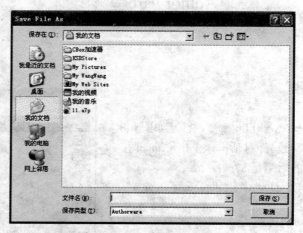

图 6-10　Save File As 对话框

2．图标的基本操作

（1）图标的插入。

方法一：直接从图标工具栏中将图标拖动到流程线上的合适位置释放即可。

方法二：首先在流程线上需要插入图标的地方单击定位手形标记，从而决定图标的插入位置，然后选择"Insert（插入）"→ "Icon（图标）"命令来完成图标的插入。

（2）图标的重命名。

大多数图标插入到流程线上以后默认的名称都是 Untitled（未命名），可以根据需要给图标重新命名。

方法一：单击需要重命名的图标或图标名称，然后直接输入新名字即可。

方法二：双击需要重命名的图标名称，然后以编辑的方式修改为新名称即可。

提示： 给图标命名时，最好是每个图标有唯一的名字，以此作为该图标的唯一标识。因为在 Authorware 程序中使用函数或变量对图标进行控制时，主要是通过图标的名字来执行的，如果多个图标重名，将会影响程序的正常执行。

（3）图标的选择。在进行图标的复制、删除等操作时，首先需要选择图标。选择图标有下列几种方法：

方法一：单击图标或图标名称即可选中单个图标。

方法二：按住 Shift 键的同时，依次单击图标即可同时选择多个连续或不连续的图标。

方法三：通过用鼠标拖动一个矩形框的方法，可以同时选择多个连续的图标。

方法四：按 Ctrl+A 组合键可以一次选择设计窗口中的全部图标。

方法五：选择"Edit（编辑）"→"Select All（全部选定）"命令也可以一次选择设计窗口中的全部图标。

（4）图标的移动。

方法一：选择要移动的图标，然后直接用鼠标将其拖动到目标位置释放即可。

方法二：选择要移动的一个或多个图标，按 Ctrl+X 组合键，然后将手形标记定位在目标位置，再按 Ctrl+V 组合键即可。

方法三：选择要移动的一个或多个图标，选择 Edit→Cut 命令，然后将手形标记定位在目标位置，再选择 Edit→Paste 命令即可移动。

（5）图标的复制。

方法一：选择要复制的一个或多个图标，按 Ctrl+C 组合键，然后将手形标记定位在目标位置，再按 Ctrl+V 组合键。

方法二：选择要复制的一个或多个图标，选择 Edit→Copy 命令，然后将手形标记定位在目标位置，再选择 Edit→Paste 命令。

（6）图标的删除。

方法一：选择要删除的一个或多个图标，直接按 Del 键即可。

方法二：选择要删除的一个或多个图标，选择 Edit→Clear 命令即可删除。

（7）改变图标颜色。

在默认情况下，程序设计窗口中图标的颜色都是白色的，可以使用图标工具栏中的"Icon Color（图标颜色）"调色板给图标着色。着色的方法非常简单，首先选择要着色的图标，然后单击调色板中的某个颜色，这样就改变了所选择图标的颜色。

6.3.2　图形图像设计

1. 显示图标

显示图标 是 Authorware 中最重要、最基本的图标。它的主要功能是在演示窗口中显示文本、图形、图像等信息，几乎所有的 Authorware 程序都会包含一个或多个显示图标。

在程序设计窗口中，将显示图标拖动到流程线上，再双击它就可以打开此显示图标的绘图工具箱和演示窗口，如图 6-11 所示。接下来就可以在演示窗口中为此显示图标添加内容了，如绘制图形、输入文本信息或导入文本、图形、图像等。

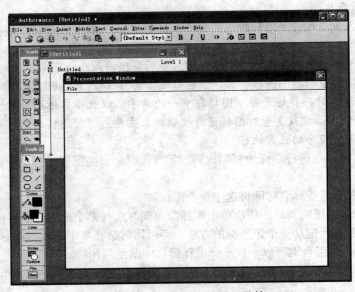

图 6-11　演示窗口和绘图工具箱

2．绘图工具箱

Authorware 的绘图工具箱可以用来绘制各种线条和图形，而且能够对图形进行着色。另外，它还常常被用来进行文字输入和处理图片的覆盖效果。绘图工具箱如图 6-12 所示。

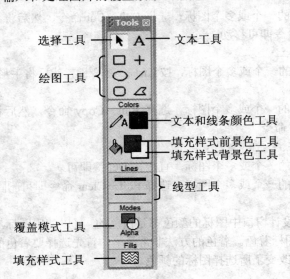

图 6-12　绘图工具箱

- 选择工具 ▶：主要用于选择、移动或者调整演示窗口中的显示对象。
- 文本工具 A：建立和修改文本。
- 矩形工具 □：用于绘制矩形。
- 直线工具 ＋：绘制水平线或垂直线以及和水平线、垂直线成 45°的直线。
- 椭圆工具 ○：用于绘制椭圆和圆。

- 斜线工具 / ：绘制任意角度的斜线。
- 圆角矩形工具 ◻ ：用于绘制圆角矩形。
- 多边形工具 ◿ ：用于绘制任意多边形。
- 线框颜色工具 ◢■：用于改变图形边框和文本的颜色。
- 填充颜色工具 ◣■：用于改变所绘制图形内部的颜色。
- 线型工具 ▬▬ ：用于改变线段、图形边框线型的粗细。
- 覆盖模式工具 ⬛ ：用于设置多个显示对象重叠放置时的覆盖模式，共提供了 6 种常见模式。
- 填充样式工具 ▦ ：主要用于设置图形内部的填充样式。

3. 绘制图形

在 Authorware 中绘制图形的方法非常简单，只需在绘图工具箱中选择相应的绘图工具后，在演示窗口中拖动鼠标进行绘制即可。下面利用具体的实例来介绍图形的绘制。

【例 6-1】　几何图形轮船的绘制，效果如图 6-13 所示。具体操作步骤如下：

① 新建一个文件，在设计窗口中拖动一个显示图标，命名为"图形轮船"，如图 6-14 所示。

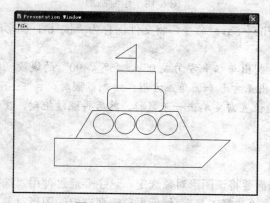

图 6-13　几何图形轮船

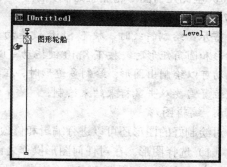

图 6-14　新建文件并插入显示图标

② 双击"图形轮船"显示图标，打开其演示窗口，在绘图工具箱中单击选择"多边形工具"。

③ 在演示窗口中按下左键并拖动鼠标，画出轮船的船身，如图 6-15 所示。

④ 在绘图工具箱中分别单击选择"圆角矩形工具"和"矩形工具"，在演示窗口中绘制轮船的上部分船身，如图 6-16 所示。

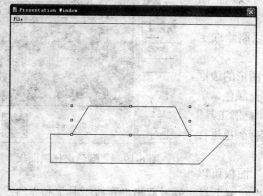

图 6-15　绘制多边形

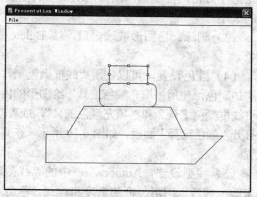

图 6-16　绘制矩形

⑤ 在绘图工具箱中选择"直线工具"，画出轮船顶的旗杆。

⑥ 在绘图工具箱中选择"多边形工具"，画出轮船顶的小旗，如图 6-17 所示。

⑦ 在绘图工具箱中选择"椭圆工具"，在船身处画出圆形的窗户，如图 6-18 所示。

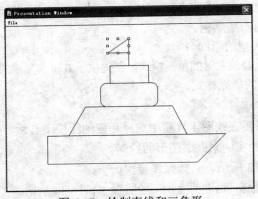

图 6-17　绘制直线和三角形

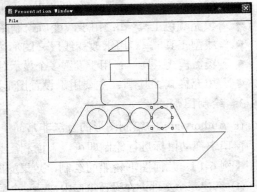

图 6-18　绘制圆形

⑧ 至此几何图形轮船就绘制完成了，选择 File→Save 命令，将文件保存为"例 6-1 图形轮船.a7p"。

提示： 绘制斜线时，按下 Shift 键拖动可以绘制出与水平方向成 0°、45°、90° 的线段；绘制矩形和圆角矩形时，按下 Shift 键拖动可以绘制出正方形和圆角正方形；绘制椭圆时，按下 Shift 键拖动可以绘制出圆形；绘制多边形时，在拐点的位置需要单击一下鼠标，然后再继续拖动，在结束点位置需要双击鼠标来结束绘制。

4. 编辑图形

对绘制好的图形还可以进行编辑和修改。

（1）选择图形。在对任何图形操作之前，都需要将该图形对象选定，这主要通过使用"选择工具" ▸ 来完成。如果要选定一个对象，只需单击"选择工具"，然后再单击要选定的图形对象即可。如果要一次选定多个对象，先单击"选择工具"，然后按住 Shift 键的同时依次单击要选定的多个对象。还可以在单击"选择工具"后，按住鼠标拖出一个虚线框，则所有被虚线框框在其中的图形就都被选定。

（2）调整大小。当图形对象被选定后，它的周围会出现 8 个矩形小方格的控制柄，鼠标拖动相应的控制柄就可以调整图形的大小。

（3）删除。当图形被选定后，按 Delete 键可以删除选定对象。

（4）颜色设置。可以使用"线框颜色工具"给图形的边框线添加颜色，使用"填充颜色工具"给图形的内部填充颜色。单击"线框颜色工具"和"填充颜色工具"，或者双击"椭圆工具"会打开"颜色选择"面板，如图 6-19 所示，在其中选择颜色进行设置。

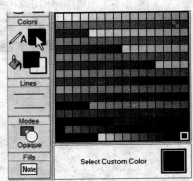

图 6-19　"颜色选择"面板

（5）线型设置。Authorware 中的"线型选择"面板可以用来改变线段、图形边框的宽度和样式。单击选择"线型工具"或者双击"直线工具"和"斜线工具"，都可以打开"线型选择"面板，如图 6-20 所示。

（6）填充设置。绘图工具箱中的"填充样式工具"主要用于设置图形的填充图案。单击选择"填充样式工具"或者双击"矩形工具"、"圆角矩形工具"和"多边形工具"，可以打开"填充样式"面板，如图 6-21 所示。

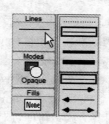
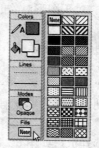

图 6-20　"线型选择"面板　　　　　图 6-21　　"填充样式"面板

（7）叠放次序设置。如果几个图形对象重叠在一起，默认情况下把后绘制的对象放在先绘制对象的前面，可以通过选择"Modify（修改）"→"Bring to Front（置于上层）"命令，将选定对象放在其他对象之前，选择"Modify（修改）"→"Send to Back（置于下层）"命令，将选定对象放在其他对象之后。

下面通过实例说明以上介绍的图形编辑操作的过程。

【例 6-2】　将【例 6-1】中的图形轮船进行着色和填充，效果如图 6-22 所示。具体步骤如下：

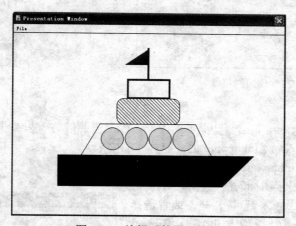

图 6-22　编辑后的图形轮船

① 打开"例 6-1 图形轮船.a7p"文件，双击显示图标，打开演示窗口，接着单击"选择工具"后单击船体，再单击"填充颜色工具"，然后在弹出的"颜色选择"面板中选择蓝色即可将船体填充成蓝色。

② 单击"选择工具"后按住 Shift 键将 4 个圆形全部选定，再单击"填充颜色工具"，然后在弹出的"颜色选择"面板中选择黄色。

③ 选择三角形小旗，单击"填充颜色工具"，在弹出的"颜色选择"面板中选择红色。

④ 选择图形中的圆角矩形，单击"填充样式工具"，在弹出的"填充样式"面板中选择细线斜纹图案进行填充。

⑤ 选择图形中的矩形，单击"线型工具"，在弹出的"线型选择"面板中选择较粗的线型，接着单击"线框颜色工具"，在弹出的"颜色选择"面板中选择蓝色。

⑥ 选择旗杆的直线，然后选择"Modify（修改）"→"Bring to Front（置于上层）"命令，将旗杆放置到小旗的上层，用上步同样的方法设置较粗的线型即可。

⑦ 选择 File→Save As 命令，将文件另存为"例 6-2 图形轮船的填充.a7p"。

（8）对齐设置。对于图形对象的对齐，Authorware 提供了两种方法：使用网格线和使用"对齐方式"选择板。

方法一：使用网格线。选择"View（查看）"→"Grid（显示网格）"命令，演示窗口中会出现一些均匀分布的交叉线，如图 6-23 所示。以这些交叉线为基准，使用鼠标或键盘可以精确地绘制和定位对象。选择"View（查看）"→"Snap To Grid（对齐网格）"命令，则在使用鼠标绘制和定位对象时，对象自动以半格为单位缩放或移动。再次执行 Grid 命令会关闭网格显示。

方法二：使用"对齐方式"选择板：选择"Modify（修改）"→"Align（对齐）"命令，可以打开"对齐方式"选择板，如图 6-24 所示，单击相应的对齐方式按钮即可对齐对象。

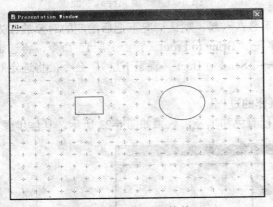

图 6-23　使用网格线

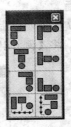

图 6-24　"对齐方式"选择板

5. 外部图像导入

由于 Authorware 只能绘制出一些简单的图形，因此需要借助一些专业的图形图像制作软件进行设计，然后再将其导入到 Authorware 的多媒体作品中来。

（1）导入图像。Authorware 中导入图像的方法主要有两种：

方法一：双击打开显示图标的演示窗口，单击常用工具栏中的"Import（导入）"按钮，或者选择 File→"Import and Export（导入和导出）"→"Import Media（导入媒体）"命令，打开 Import Which File 对话框，如图 6-25 所示，进行相应的选择后单击 Import 按钮即可。

方法二：打开图像所在的文件夹，直接将图像文件拖动到流程线上，Authorware 会自动在流程线上添加一个显示图标，并以该图像文件的名称命名。

（2）图像属性设置。导入的图像可能不符合要求，可以通过对图像的属性进行设置来进行调整。双击导入图像文件的显示图标，打开其演示窗口，接着

图 6-25　Import Which File 对话框

选择"Modify（修改）"→"Image Properties（图像属性）"命令，或者双击演示窗口中的图片，即可打开"Properties:Image（图像属性）"对话框，如图 6-26 所示。

在 Properties:Image 对话框中主要包含了"Image（图像）"选项卡和"Layout（版面布局）"选项卡。当前显示的是 Image 选项卡的内容，其中主要包含了图像文件的路径、存储方式（内部还是外部）、显示模式、前景色、背景色、文件大小、格式及色彩深度等内容，一般不需要改动。Layout 选项卡中主要包含显示方式以及图片的位置、大小、原始尺寸、缩放比例等内容，如图 6-27 所示。

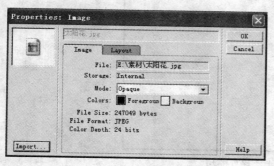

图 6-26　Properties:Image 对话框

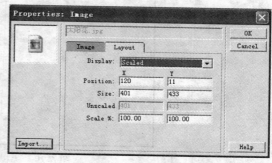

图 6-27　Layout 选项卡

Layout 选项卡中几个设置项的含义如下：

- Display（显示）：在下拉菜单中包括"Scaled（比例）"、"Cropped（裁切）"、"As Is（原始）"三个选项。
- Position（位置）：图片在演示窗口中的位置坐标，可以输入值来更改。
- Size（大小）：图片当前的大小，也可以输入值来更改。
- Unscaled（非固定比例）：图片没有缩放时的大小，即图片的原始大小，不可以更改。
- Scale %（比例）：图片缩放的比例，可以在 X 轴和 Y 轴方向上按一定的比例调整图片的大小。

6. 设置覆盖模式

如果几个图形图像在位置上发生重叠，在默认情况下会用前面的对象覆盖后面的对象，Authorware 提供了 6 种覆盖模式可以改变这种显示方式。在绘图工具箱中单击"覆盖模式工具"或者双击"选择工具"即可打开"模式选择"面板，如图 6-28 所示。

- "Opaque（不透明）"模式：主要实现前面的显示对象覆盖其后面的对象的效果。
- "Matted（遮隐）"模式：图片外围边界部分的白色变为透明，而内部的白色仍然为不透明。
- "Transparent（透明）"模式：图中所有的白色区域都变为透明。
- "Inverse（反转）"模式：图中所有白色部分变为透明，其余部分变为其所对应颜色的反色。
- "Erase（擦除）"模式：前面的图片不会显示，但它会对背景图片产生一种擦除的效果。
- "Alpha（阿尔法）"模式：此模式只对带有阿尔法通道的图片有影响，可以产生透明物、发光体等效果。

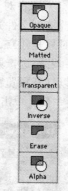

图 6-28　"模式选择"面板

6.3.3　文本设计

1. 文本的输入

对于少量简单的文本，可以在演示窗口中创建和修改。

（1）在程序设计窗口中，插入一个显示图标并双击，在弹出的绘图工具箱中单击"文本工具"按钮。光标变为"I"的形状，此时进入了文本输入状态，如图 6-29 所示。

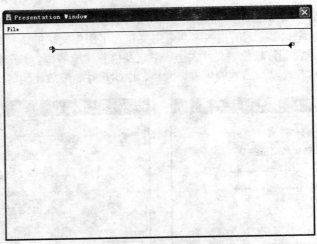

图 6-29 "模式选择"面板

（2）在演示窗口中单击左键，窗口中出现一条文本缩进线和文本输入标志，缩进线上的控制点用于调整文本的边界和段落属性。

（3）输入所需要的文本。

（4）输入完毕，单击"文本工具"按钮退出文本输入状态，鼠标指针还原，输入的文本对象周围出现 6 个控制点，拖动这些控制点可以移动文本的显示位置。

2．外部文本的导入

Authorware 还提供将外部文本文件导入的功能。

（1）首先使用外部的文本编辑器创建一个 RTF 或 TXT 格式的文本文件。

（2）插入一个显示图标并打开相应的演示窗口。

（3）单击常用工具栏中的导入图标，弹出"Import Which File（导入文件）"对话框，如图 6-30 所示。

（4）在对话框的列表区中选择要导入的 TXT 文本文件。对话框下方有两个选项："Link To File（链接到文件）"和"Show Preview（显示预览）"。若选中 Link To File 选项，则表示在导入外部文件时只是建立 Authorware 文件与外部文件之间的链接，而不是把外部文件包含到 Authorware 文件中；若不选，则在导入文件时把外部文件包含到 Authorware 文件中。若选中 Show Preview 选项，可以打开预览窗口，在该窗口中可以预览到所选文件的有关内容信息。

（5）单击"Import（导出）"按钮，将弹出如图 6-31 所示的"RTF Import（RTF 导入）"对话框。

图 6-30 Import Which File 对话框

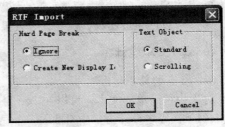

图 6-31 "RTF Import"对话框

- "Ignore（忽略）"：表示在导入文本时，忽略分页符。
- "Create New Display Icon（创建新的显示图标）"：表示在遇到文本中的分页符时，自动产生一个新的显示图标。
- "Standard（标准）"：表示将文本文件转换成标准的文本对象。
- "Scrolling（滚动条）"：表示将文本文件转换成滚动显示的文本对象。

（6）选择好选项之后，单击 OK 按钮即可把外部文本文件导入到 Authorware 文件中。

3．文本的格式设置

（1）选择文本。如果要选择整个文本对象，可以使用绘图工具箱中的"选择工具"，在文本上单击即可选定，被选定的整个文本周围会出现 6 个控制点。如果只需要选择其中的一部分文本，可以使用绘图工具箱中的"文本工具"，在要选定的文本上拖动鼠标即可，被选定的文本将反白显示。

（2）设置字体。选中要设置字体的文本，选择 Text→Font→Other 命令，在弹出的 Font 对话框中选择所要设置的字体即可，如图 6-32 所示。

（3）设置字号。选中要设置字号大小的文本，选择 Text→Size→Other 命令，弹出"字号"对话框，如图 6-33 所示。在该对话框中选择所要设置的字号即可。

图 6-32　Font 对话框

图 6-33　Font Size 对话框

（4）设置文字样式。选择"Text（文本）"→"Style（风格）"下级菜单中的命令，可以对选定的文本进行 Plain（普通）、Bold（粗体）、Italic（斜体）、Underline（下划线）、Superscript（上标）、Subscript（下标）的设置。其中粗体、斜体和下划线还可以通过常用工具栏中的相应按钮来设置。

（5）设置文字颜色。文本的默认颜色为黑色，可以通过绘图工具箱中的"文本和线条颜色工具"来改变选定文本的颜色。

（6）自定义文本风格。用户可以根据需要自己定义文本的风格。具体的操作如下：

① 选择"Text（文本）"→"Define Styles（定义风格）"命令，弹出"Define Styles（定义风格）"对话框，如图 6-34 所示，可以对字体、字号和样式进行整体的设置。

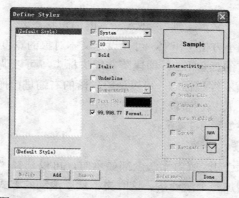

图 6-34　"Define Styles（定义风格）"对话框

② 单击"文本颜色"按钮▊▊▊，可以打开一个"Text Color（文本颜色）"对话框，如图 6-35 所示，从中可以选择一种文本颜色。单击"Format（格式）"按钮，可以打开"Number Format（数字格式）"对话框，如图 6-36 所示，可以设置所需要的数字格式。

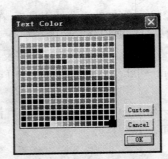

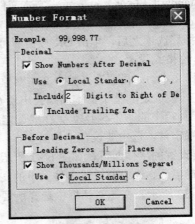

图 6-35　"Text Color（文本颜色）"对话框　　图 6-36　"Number Format（数字格式）"对话框

③ 单击"Add（添加）"按钮，然后在"Style Name（风格名称）"列表框下方的文本框中输入一个新的名称，然后按 Enter 键，新的文本风格就出现在"Style Name（风格名称）"列表框中。

④ "Define Style（定义风格）"对话框右上角的"Sample（风格）"实例区显示了当前设置的文本风格。设置完成后，单击"Done（完成）"按钮即可保存这种文本风格。在风格列表框中选择一种文本风格后，单击"Modify（更改）"按钮可以对该风格进行修改。

⑤ 风格定义完成后，可以对文本对象应用自定义的文本风格。首先选中文本对象，然后选择"Text（文本）"→"Apply Styles（应用风格）"命令，弹出"Apply Styles（应用风格）"对话框，在该对话框中显示出一组复选框，代表可以应用的自定义风格。选中某个复选框，就对当前选中的文本对象应用了它所代表的风格。

4. 文本的段落设置

（1）设置段落的对齐。选择 Text→"Alignment（对齐）"下级菜单中的命令可以对选定文本进行左对齐（Left）、居中（Center）、右对齐（Right）、两端对齐（Justify）的设置。

（2）设置段落的缩进。Authorware 提供的文本工具拥有简单的排版功能，例如设置段落的缩进。具体操作步骤如下：

① 单击绘图工具箱中的"文本工具"，进入文本的编辑状态。

② 拖动缩进标尺两边的小方格▷和◁，可以设定文本对象的宽度。

③ 拖动缩进标尺左上方的三角形◣，即段落左缩进标志，可以调整段落的左缩进；拖动缩进标尺右方的三角形◀，即段落右缩进标志，可以调整段落的右缩进；拖动缩进标尺左下方的三角形▼，即段落的首行缩进标志，可以调整段落的首行缩进。

④ 输入一段文字，效果如图 6-37 所示。

5. 文本的滚动显示设置

当文本的内容较多在一定的区域内无法全部显示时，可以选择"Text（文本）"→"Scrolling（滚动条）"命令，给文本增加一个滚动条。这时文本就以滚动的方式来显示，如图 6-38 所示。

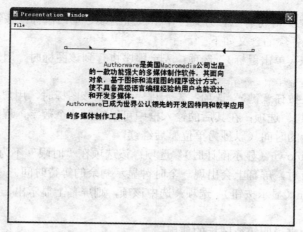

图 6-37 段落的缩进

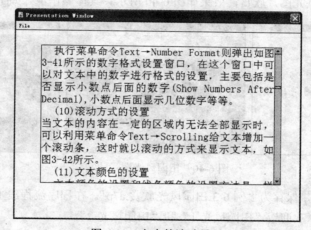

图 6-38 文本的滚动显示

6.3.4 等待图标的设计

在多媒体程序设计时经常要控制程序的暂停与继续，以便留给用户足够的时间来阅读屏幕上的内容或进行思考。在流程中使用一个等待图标，就可以实现这种功能。

1. 等待图标的创建

在流程图上创建一个等待图标很简单，用户只需要将图标工具栏上的等待按钮拖动到流程图上释放即可。这时，用户可以为图标命名。

2. 等待图标的属性设置

在等待图标上双击，弹出 "Properties: Wait Icon[]等待图标属性" 设置面板，如图 6-39 所示。

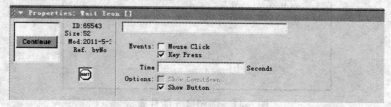

图 6-39 "等待图标属性" 面板

在 Authorware 中结束等待有三种方式：单击按钮继续、单击鼠标或按键盘任意键继续、等待几秒自动继续。面板中各项的含义如下：

- "Mouse Click（单击鼠标）"选项：表示程序执行到该图标时，用户在演示窗口单击即可继续。
- "Key Press（按任意键）"选项：表示程序执行到该图标时，用户按任意键即可继续。
- "Time（时限）"选项：在其后的输入框中可以输入一个数字，程序执行到该图标时，经过该数字所示的时间（以秒为单位）后继续。
- "Show Countdown（显示倒计时）"选项：该选项在"时限"不为空时有效。选中该项，则程序在等待时，屏幕上会出现一个时钟显示剩余的等待时间。
- "Show Button（显示按钮）"选项：选中该项，则屏幕上显示出一个按钮，用户单击该按钮可以继续。

下面通过具体实例来说明等待图标的使用。

【例 6-3】 田园风光图片欣赏，效果如图 6-40 所示。具体操作步骤如下：

图 6-40　田园风光图片欣赏

① 新建一个文件，保存为"例 6-3 田园风光欣赏.a7p"。在程序流程线上顺序拖入 3 个显示图标，并且分别命名为"欢迎"、"田园风光 1"和"田园风光 2"。

② 在显示图标"欢迎"中利用"文本工具"输入一行文字"欢迎进入田园风光图片欣赏"，设置字体样式，如图 6-41 所示。

③ 在显示图标"田园风光 1"和"田园风光 2"中分别导入两幅田园风光图片，并且调整大小使图片大小与演示窗口的大小一致（即满演示窗口显示），如图 6-42 所示。

图 6-41　田园风光图片欣赏

图 6-42　导入田园风光图片

④ 在显示图标"欢迎"和"田园风光 1"以及"田园风光 1"和"田园风光 2"之间分别插入一个等待图标，并且命名为"1"和"2"，如图 6-43 所示。

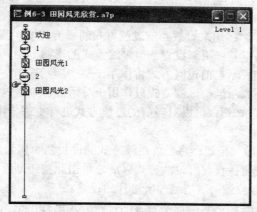

图 6-43　插入等待图标

⑤ 双击等待图标"1"，打开"Properties：Wait Icon [1]（等待图标的属性）"面板，设置 Time 为 5 秒，显示倒计时。

⑥ 双击等待图标"2"，打开"Properties：Wait Icon [2]"面板，设置"显示按钮"。

⑦ 选择"Control（控制）"→"Restart（重新运行）"命令运行程序，可以看到显示图标"欢迎"中的文字在显示 5 秒钟后自动显示"田园风光 1"中的图片，单击该图片左上角的 Continue 按钮后接着显示"田园风光 2"中的图片。通过插入等待图标实现了图片的间隔和交互显示。

6.3.5　过渡方式的设计

在多媒体作品中，往往要对一组图片和文本进行连续的显示，可以在相邻图片和文本切换时加入一些特殊的过渡效果，来增强作品的生动性。

在显示图标的属性面板，通过设置其中的"Transition（过渡）"选项可以为显示图标中的内容设置显示时的过渡方式，如图 6-44 所示。

在属性面板中单击"Transition（过渡）"选项后面的 按钮，则弹出如图 6-45 所示的"过渡方式设置"对话框。

图 6-44　设置过渡方式　　　　　　　　图 6-45　"过渡方式设置"对话框

- "Categories（分类）" 列表框：列出了 Authorware 提供的过渡方式的种类。
- "Transition（过渡）" 列表框：如果在分类列表框中选择了一个过渡种类，则在本列表框中就会列出这一类所包含的所有过渡方式。
- "Xtras Files（Xtras 文件）"：显示当前过渡方式所属的 Xtras 文件。在 Authorware 中，[Internal] 是内置的过渡种类，而其他种类的过渡方式均包含在*.X32、*.X16 等外部文件中。
- "Duration（持续时间）"：用来设置当前过渡方式的持续时间，单位为秒。
- "Smoothness(平滑)"：用来设置当前过渡方式的平滑程度，其值的可取范围是 0~128。
- "Affects（影响范围）"：用来设置当前过渡方式的影响范围。如果选择"Entire Window（整个窗口）"，则表示当前过渡方式将作用于整个演示窗口；如果选择"Changing Area（改变区域）"，则表示当前过渡方式只作用于显示图标中有内容的部分。
- "Options（选项）"按钮：可以对当前的过渡方式进行更进一步的设置，但是有些过渡方式没有这一选项。
- "Reset（重新设置）"按钮：将当前过渡方式的设置初始化为系统默认值。
- "OK（确定）"按钮：设置好过渡方式以后，单击此按钮则返回到设计窗口。
- "Cancel（取消）"按钮：取消当前所进行的设置。
- "Apply（应用）"按钮：对当前所设置的过渡方式进行预览。
- "About（关于）"按钮：对于部分外部过渡方式，单击此按钮可以查看它们的相关信息，如名称、作者、版本号和公司等。

6.3.6　擦除图标的设计

Authorware 的程序结构是沿着流程线向下执行的，它是一个图标的内容接着一个图标的内容显示的。但在程序运行过程中，用户有时希望在显示下一个图标内容之前擦除上一个图标的显示内容，这时就需要用到擦除图标🔲。

1. 擦除图标的属性设置

拖动一个擦除图标到流程线上，双击该图标，就会弹出"Properties: Erase Icon（擦除图标属性）"面板，如图 6-46 所示。

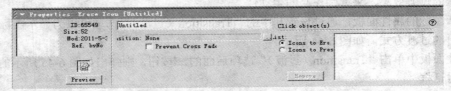

图 6-46　"Properties: Erase Icon（擦除图标属性）"面板

"擦除图标属性"面板的左边是预览框，预览框通常是空白的；在面板的左中部是基本信息显示区域。

- "Preview（预览）"按钮：对当前所设置的擦除内容和过渡方式进行预览。
- "Transition（过渡）"选项：设置擦除时的过渡方式，其设置方法类似于显示图标的过渡方式。
- "Prevent Cross Fade（防止交叉擦除）"选项：我们已经知道，对于显示图标既可以使用显示过渡方式，又可以使用擦除过渡方式。假如我们对流程线上某个擦除图标前面的显示图标设置的擦除过渡方式和对擦除图标后面的显示图标设置的显示过渡方式相同，则如果选中了"Prevent Cross Fade（防止交叉擦除）"选项，程序运行时前面显示图标中的内容完全擦除以后才显示后面显示图标中的内容，否则在擦除前面显示图标中内容的同时显示后面显示图标中的内容，即相当于过渡方式只起作用了一次。
- "Icon to Erase（擦除图标）"选项：如果选中该选项，则程序运行时右面 List 列表框中的图标将被擦除。
- "Icon to Preserve（保留图标）"选项：如果选中该选项，则程序运行时右面 List 列表框中的图标将被保留，而其他图标会被擦除。
- "Remove（删除）"按钮：在 List 列表框中选中一个显示图标后，单击此按钮可以将其删除。

2．擦除图标的使用

下面通过实例来说明擦除图标的使用方法。

【例 6-4】 对例【例 6-3】中的田园风光图片设置擦除过渡效果。具体操作步骤如下：

① 打开本章的"例 6-3 田园风光欣赏.a7p"程序，将其另存为"例 6-4 田园风光擦除效果.a7p"，在流程线上的 1 和 2 等待图标的下面各拖入一个擦除图标，并且分别命名为 erase1、erase2，程序流程图如图 6-47 所示。

② 在显示图标"欢迎"的属性面板中为其设置一种显示过渡方式，比如可以选择"Reveal"分类中的"Reveal Down"过渡方式，其他设置保持默认值不变，如图 6-48 所示。

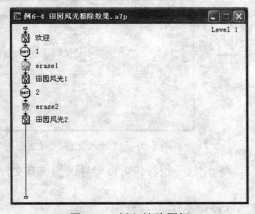

图 6-47　插入擦除图标

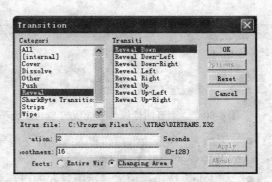

图 6-48　显示过渡方式设置

③ 双击打开显示图标"欢迎"的演示窗口，然后在 erase1 擦除图标的属性面板中首先选中 Icon to Erase 选项，然后在显示图标"欢迎"的演示窗口中单击文本，我们发现显示图标"欢迎"自动添加到 List 后面的列表框中，为其设置一种擦除过渡方式，比如 Push 分类中的 Push Up 过渡方式，并且选中 Prevent Cross Fade 选项，如图 6-49 所示。

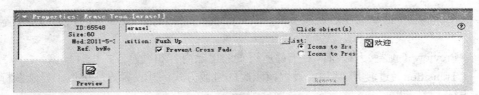

图 6-49　擦除过渡方式设置

④ 用类似的方法设置显示图标"田园风光 1"和擦除图标 erase2 的过渡方式。

⑤ 单击"重新运行"按钮 或选择 Control→Restart 命令，每个文本和图片显示时都有显示过渡方式，等待几秒钟后伴随着擦除过渡方式又被自动擦除。

6.3.7　音频设计

声音是多媒体作品中必不可少的组成元素。在 Authorware 中，使用声音图标可以导入、控制和播放声音文件。

Authorware 7.0 支持的声音文件较多，比如 AIFF、MP3、PCM、SWA、VOX 和 WAV 等，其中最为常用的是 MP3 和 WAV 声音文件。

1. 导入声音文件

在 Authorware 中导入音频文件可以单击常用工具栏中的导入按钮 ，或者在流程线上创建一个声音图标后导入。不管使用何种方式，最后在流程线上都会显示一个声音图标。

2. 声音图标的属性设置

双击声音图标，会打开"Properties: Sound Icon（声音图标属性）"面板，如图 6-50 所示。在默认情况下显示的是"Sound（声音）"选项卡。

● "Import（导入）"按钮：用来导入声音文件，单击此按钮则弹出如图 6-51 所示的"导入文件"对话框，在对话框中选择合适的路径和文件名，然后单击 Import 按钮，稍等片刻就可以将声音文件导入到 Authorware 中。

图 6-50　"声音图标属性"面板的 Sound 选项卡

图 6-51　"导入文件"对话框

● "停止和播放"按钮 ：声音文件导入后，利用这一组按钮可以对导入的声音文件以及设置的效果进行试听。

● "File"选项：用来显示所导入的声音文件的路径和文件名。

● "Storage（存储方式）"：用来显示所导入的声音文件的存储方式，Internal（内部方式）还是 External（外部方式）。

● 声音文件基本信息：用来显示当前所导入的声音文件的基本信息，如格式、是否立体声、声音的位数和速率等。

在属性面板中单击"Timing（时间）"标签，属性面板就会自动切换到"Timing（时间）"选项卡，如图 6-52 所示。

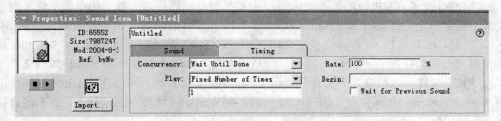

图 6-52　"声音图标属性"面板的 Timing 选项卡

- "Concurrency（同步方式）"下拉列表框：在该列表框中有如下 3 个选项："Wait Until Done（等待直到完成）"选项，表示只有当前声音图标中的声音文件播放完以后才可以执行流程线上的下一个图标；"Concurrent（同步）"选项，表示在播放当前声音文件的同时执行流程线上下面的图标；"Perpetual（永久）"选项，表示当声音图标中的声音文件播放完以后，Authorware 系统还会时刻监视 Begin 文本框中变量或表达式的值，一旦此值为 True（真），声音文件就会再次播放，且播放的同时继续执行流程线上下面的图标。
- "Play（播放）"下拉列表框：在该列表框中有如下 2 个选项："Fixed Number of Times（播放次数）"选项，可以在其下面的文本框中输入一个正整数，用来控制声音文件的播放次数，默认情况下播放次数为 1；"Until True（直到为真）"选项，在其下面的文本框中可以输入一个变量或表达式，在执行程序播放声音文件时，Authorware 系统会时刻监视变量或表达式值，一旦此值为真就停止播放声音文件。
- "Rate（速率）"选项：用来设置声音文件播放的速率，其默认值为 100%，表示保持原来的速率不变。如果设置的速率值比 100% 大，则声音文件加速播放；如果设置的速率值比 100% 小，则声音文件减速播放。
- "Wait for Pervious Sound（等待前一个声音文件）"选项：表示只有在播放完流程线上前一个声音图标中的声音文件以后才可以播放当前声音文件。

6.3.8　视频设计

Authorware 本身不能产生数字化电影，只能通过其他的软件来制作，然后再导入到 Authorware 中，因此 Authorware 支持很多的影片格式。

1. Authorware 支持的影片格式

（1）Director 文件（DIR、DXR）。Director 文件是由 Macromedia 公司开发的 Director 软件制作的数字化电影。该文件具有较好的交互性，可以用于 Authorware 中，用户可以通过鼠标或键盘直接与这种数字化电影进行交互。

（2）位图序列（BMP、DIB）。用一系列的 BMP 图像组合形成动画。在 Authorware 中，这些 BMP 文件必须放在同一个文件夹里并且要设置连续的编号。选择第一个位图文件作为起始帧后，Authorware 将加载剩余的位图文件后构成一个数字化电影。

（3）Video for Windows、Windows Media Play 文件（AVI）。它是一种 Windows 支持的 RIFF 视频格式，多用于视频捕捉、编辑、回放等应用程序中。在 Authorware 中如果要使用这种格式，必须保证系统中安装了相应的播放支持软件，并且只能从程序的外部导入。

（4）QuickTime for Windows 文件（MOV）。如果要在 Authorware 中播放该格式的电影文件，

必须保证开发环境中和最终用户使用的系统上都安装有 QuickTime for Windows 格式文件的播放器。这种格式的文件可以把声音和图像结合起来。

（5）MPEG 文件（MPG）。在 Authorware 中如果要使用该格式的数字化电影文件，则系统中必须安装下列组件之一：Microsoft Active Movie；MPEG 软件解码器，如 SoftMPEG、XingMPEG。

（6）FLC、FLI、CEL 文件。这些格式即 Animator Pro、Autodesk Animator、3ds max 软件文件。这些格式可以保存在 Authorware 内部，但是只能在 Windows 环境下将这些格式的文件导入。

（7）PICS 文件。这种格式的文件只能用于 Macintosh 计算机，可以在 Macintosh 环境下直接插入到 Authorware 中，并保存在 Authorware 内部。在 Windows 环境下必须导入，而不能直接插入到 Authorware 中。

（8）DVD 电影。这是 Authorware 7.0 新增的一个功能，可以导入和播放 DVD 电影格式的影片。

（9）GIF 动画：GIF 动画是 CompuServe 公司在 1987 年开发的图像文件格式，是一种基于 LZW 算法的连续色调的无损压缩格式。GIF 格式文件的主要特点是其在一个 GIF 文件中可以保存多幅彩色图像，如果把保存于一个文件中的多幅图像数据逐幅读出并显示到屏幕上，就可构成一种最简单的动画。在 Authorware 中可以插入 GIF 动画，并且可以正常播放其所包含的所有图像数据帧。

（10）Flash 动画：Flash 是 Macromedia 公司于 1999 年 6 月推出的优秀网页动画设计软件。它是一种交互式动画设计工具，用它可以将音乐、声效、动画以及富有新意的界面融合在一起，制作出高品质的网页动态效果。用 Flash 软件制作的动画就叫做 Flash 动画。2005 年 12 月 5 日，Macromedia 公司被 Adobe 公司收购，Flash 软件也就属于 Adobe 公司了。在 Authorware 中可以插入 SWF 格式的 Flash 动画。

2. 数字电影图标的使用

数字电影图标▣▣（Digital Movie）用来将数字电影文件导入到多媒体作品中，以增加其视觉效果。

这像导入声音文件的方法一样，将数字电影图标拖到流程线上后，双击该图标，打开其属性面板，如图 6-53 所示。面板的左方矩形空白区是预览区，▪▶◀▮▮按钮是用来控制所导入的数字电影的播放，从而对数字电影进行预览。这 4 个按钮从左至右分别是停止、播放、上一帧和下一帧，同时在其下方显示当前数字电影的当前帧和总帧数。预览区的右边是基本信息显示区，显示了当前数字电影图标的相关信息。

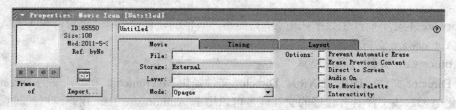

图 6-53　"数字电影图标属性"面板的"Movie"选项卡

默认情况下属性面板中显示的是"Movie（电影）"选项卡的内容，包含下列具体选项：

● "File（文件）"选项：显示所导入的数字电影文件所在的路径和文件名，如果在导入之前我们已经知道这个数字电影文件的路径和文件名，则可以直接在这里输入路径和文件名来打开数字电影文件。

● "Storage（存储方式）"：显示数字电影文件在 Authorware 中的存储方式，Internal（内部方式）还是 External（外部方式）。

● "Layer（层）"：显示和设置数字电影所在的层次。

- "Mode（模式）"：用来设置数字电影的覆盖模式。
- "Options（选项）"包含了 6 个复选框，具体功能如下：
- "Audio On（同时播放音频）"：选中该选项，播放数字电影时会播放数字电影文件中的伴音（数字电影文件中有伴音存在）。
- "Use Movie Palette（使用电影调色板）"：选中该选项，程序运行播放数字电影时会使用数字电影的调色板，而不使用 Authorware 默认的调色板。
- "Interactivity（交互）"：选中该选项，程序运行播放 Director 数字电影时，允许用户进行交互性操作。

数字电影图标属性面板中的"Timing（定时）"选项卡如图 6-54 所示，这个选项卡中的大部分选项与声音图标属性面板 Timing 选项卡中的选项相同，因此这里只介绍不同的选项。

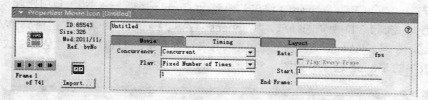

图 6-54　"数字电影图标属性"面板的 Timing 选项卡

- "Play（播放）"：用来设置数字电影的播放模式。"Repeatedly（重复）"选项，重复播放数字电影，如果想停止可以利用擦除图标将其擦除或用函数将其结束；"Fixed Number of Times（固定次数）"选项，选中该选项后，在其下面的文本框中输入一个数值或变量，用来控制数字电影的播放次数；"Until True（直到为真）"选项，选中该选项，则反复播放数字电影，直到其下面文本框中的变量或表达式的值为真时才结束。
- "Rate（速率）"：用来设置数字电影播放时的速率，单位为 fps（帧/秒）。
- "Play Every Frame（播放每一帧）"：选中该选项，程序运行时系统将以尽可能快的速度播放数字电影的每一帧，但是其播放速率不会超过 Rate 文本框中所设置的速率。
- "Start（开始帧）"和 End Frame（结束帧）"：用来设置播放数字电影时的开始帧和结束帧，即通过这两个设置可以达到只播放数字电影其中一部分内容的功能。

3. DVD 图标的使用

DVD 图标 是 Authorware 7.0 新增的一个图标，利用此图标可以在作品中播放 DVD 光盘上的视频文件。与数字电影相比，DVD 视频具有画面更清晰、音质更好和音效更逼真等诸多优点。

使用 DVD 图标时，首先将 DVD 图标拖动到流程线上的合适位置，然后打开如图 6-55 所示的"DVD 图标的属性"面板。

图 6-55　"DVD 图标属性"面板的 Video 选项卡

在"Video（视频）"选项卡中有如下选项：

- "File（文件）"：用来显示和修改 DVD 视频文件的路径。

- "Freeze（冻结）"：用来设置在 DVD 视频文件播放结束后是否在演示窗口中保留一帧画面。如果选择"Never（从不）"则表示不保留；如果选择"Last Frame Shown（显示最后一帧）"则表示保留 DVD 视频文件的最后一帧。
- "Options（选项）"：其中包含了"Video（视频）"选项，用来设置是否显示视频；"Full Screen（全屏）"选项，用来设置 DVD 视频是否全屏播放；Use Control（用户控制）"选项，用来设置在 DVD 视频的播放过程中是否允许用户进行交互控制。如果选中该选项，则程序运行时就会出现一个"DVD 播放控制"面板，如图 6-56 所示。这 9 个按钮从左至右依次是：Full Screen （全屏）、Root Menu（根菜单）、Previous Chapter（前一章节）、Fast Reverse（快倒）、Play（播放）、Pause（暂停）、Frame Forward（向前一帧）、Fast Forward（快进）和 Next Chapter（后一章节），利用这些按钮可以灵活方便地控制 DVD 视频的播放。"Captions（字幕）"选项，用来设置在播放 DVD 视频时是否显示字幕。"Audio（音频）"选项，用来设置在播放 DVD 视频时是否播放音频。

图 6-56   "DVD 播放控制"面板

属性面板中的 Timing 选项卡如图 6-57 所示，有如下选项：

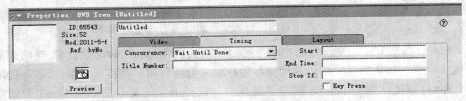

图 6-57   "DVD 图标属性"面板的 Timing 选项卡

- "Title Number（标题数字）"：用来设置播放 DVD 视频时的标题数字。
- "Start（开始）"：用来设置 DVD 视频开始播放的帧数。
- "End Time（结束时间）"：用来设置 DVD 视频播放的结束时间。
- "Stop If（如果……停止）"：选中该选项后，可以在后面的文本框中输入一个条件表达式，当 DVD 视频播放时，系统会时刻监视表达式的值，一旦此值为真则停止 DVD 视频的播放。
- "Key Press（按键）"：如果选中该选项，则 DVD 视频播放时只要按下键盘上的任意键，都会停止 DVD 视频的播放。

"DVD 图标属性"面板的"Layout（输出）"选项卡，如图 6-58 所示。

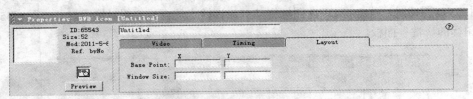

图 6-58   "DVD 图标属性"面板的 Layout 选项卡

- "Base Point（基点）"：用来设置播放 DVD 视频时其画面在演示窗口中左上角的坐标位置。
- "Window Size（窗口大小）"：用来设置播放 DVD 视频时其画面的大小，也就是画面在演示窗口中右下角的坐标位置。

注意：利用 Authorware 7.0 提供的 DVD 图标只能在程序运行时播放 DVD 光盘上的视频文件，而不能将视频文件导入到 Authorware 中去，因此，如果要使用 DVD 图标，则计算机必须配有 DVD

驱动器，并且具有 DVD 视频光盘。

4．其他媒体的使用

（1）插入 GIF 动画。GIF 动画是一种在网络上广泛使用的动画格式，它是由一幅幅连续的画面所组成，GIF 小巧且表现力丰富，因此深受多媒体爱好者的喜爱。

在 Authorware 7.0 中插入 GIF 动画之前先要在流程线上指定插入位置，然后单击此处，流程线上的"手形"标识就会指向那里，接着选择 Insert→Media→Animated GIF 命令，会弹出如图 6-59 所示的"Animated GIF Asset Properties（GIF 动画资源属性）"对话框。

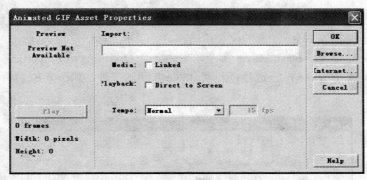

图 6-59　　"GIF 动画资源属性"对话框

使用这个对话框，可以用链接或者嵌入两种方式来引入动态 GIF 图形，也可以控制动态 GIF 图形的播放方式。下面介绍该对话框中各个选项的功能：

● "Play"按钮：用于预览导入的动画 GIF 效果。

● "Import（导入）"文本框：直接输入动画 GIF 文件所在的路径或显示通过浏览按钮导入 GIF 文件所在的路径。

● "Media（媒体）"复选框：设置 GIF 文件的存储方式，如果选中"Linked（链接）"，则 GIF 文件以外部方式存储，否则以内部方式存储。

● "Playback（回放）"复选框：设置 GIF 动画的显示模式，如果选中后面的"Direct to Screen （直接到屏幕）"，则不管 GIF 动画在流程线上的位置如何，在程序运行时总在最上面显示，否则以流程线上的顺序或层次设置来显示。

● "Tempo（速度）"复选框：用来设置 GIF 动画的播放速度。有 3 种方式："Normal（普通）"选项，以正常速度播放 GIF 动画，这也是 Authorware 的默认选项；"Fixed（固定帧数）"选项，选中这个选项以后将激活其后面的文本框，用来设置播放时的帧数/秒，默认设置为 15 帧/秒，如果大于 15 帧/秒将加速播放，小于 15 帧/秒将减速播放；"Lock-Step（前后紧接）"选项，如果选中这个选项，则 GIF 动画将以一种系统默认的连续的速度播放。

● "Browse（浏览）"按钮：浏览本地磁盘要导入的 GIF 动画文件。

● "Internet"按钮：指定 URL 地址从 Internet 上导入 GIF 动画，单击该按钮会出现一个要求输入 URL 的对话框。

● "Play（播放）"按钮：用于预览导入的动画 GIF 效果。

当设置完适当的参数后，单击 OK 按钮即可在流程线上插入一个动态 GIF 图标，如图 6-60 所示。双击 GIF 动画图标打开"GIF 动画图标的属性"面板，如图 6-61 所示。

（2）插入 Flash 动画。Flash 动画是一种基于矢量格式的动画，在网络和多媒体领域已经得到了广泛的应用。Flash 动画的插入方法类似于 GIF 动画的插入方法，具体步骤如下：

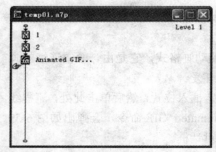

图 6-60　GIF 动画图标

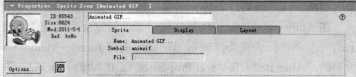

图 6-61　"GIF 动画图标的属性"面板

① 在流程线上要插入 Flash 动画的位置单击，将"手形"标识定位于此。

② 选择 Insert→Media→Flash Movie 命令，在弹出的"Flash Asset Properties （Flash 动画资源属性）"对话框中单击 Browse 按钮选择打开一个 Flash 动画文件，如图 6-62 所示。对话框中各选项的含义如下：

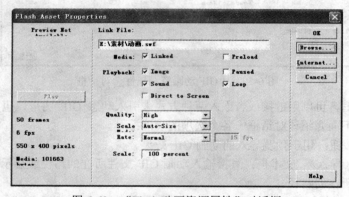

图 6-62　"Flash 动画资源属性"对话框

- "Media（媒体）"复选框：用来设置 Flash 文件的存储方式，如果选择"Linked（链接）"选项，则以外部方式存储。选中"Linked（链接）"后可以选择"Preload（预先载入）"复选框，在程序运行时可以加快 Flash 动画文件的载入速度。

- "Playback（回放）"复选框：用来设置 Flash 动画的播放模式。其中包含 5 个选项："Image（图像）"选项，只有选中这个选项，程序运行时 Flash 动画的图像部分才会显示；"Pause（暂停）"选项，选中这个选项后，程序运行时将暂停 Flash 动画的播放，如果同时选中了"Image（图像）"选项，则在演示窗口中只显示 Flash 动画的第一帧画面；"Sound（声音）"选项，只有选中这个选项，程序运行时才播放 Flash 动画中所包含的声音（如果 Flash 动画中有声音元素存在），否则只显示图像；"Loop（循环）"选项，如果选中这个选项，则 Flash 动画将循环播放，否则只播放一次；"Direct to Screen（直接到屏幕）"选项，选中这个选项以后不管 Flash 动画在流程线上的位置如何，在程序运行时总在最上面显示。

- "Quality（质量）"列表框：用来设置 Flash 动画播放时的画面质量。有 4 个选项："Auto-High（自动高质量）"、"Auto-Low（自动低质量)"、"High（高质量）"和"Low（低质量）"。

- "Scale Mode（比例模式）"列表框：用来设置 Flash 动画播放时的比例模式。有 5 个选项："Show All（显示全部）"、"No Border（不显示边框）"、"Exact Fit（精确适应 Scale 的值）"、"Auto-Size （自动大小）"和"No Scale（不使用比例模式）"。

- "Scale（比例）"输入框：可以在后面的文本框中输入一个数值，程序运行时 Flash 动画的画面将根据这个数值按比例缩放。

③ 在"Flash 动画资源属性"对话框中设置好 Flash 动画的各种相关参数以后，单击 OK 按钮返回设计窗口。此时我们发现，在流程线上的"手形"标识处多了一个 Flash 动画图标。双击该图标会显示"Flash 动画图标的属性"面板，如图 6-63 所示。

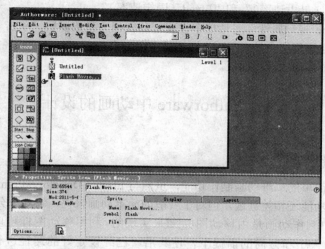

图 6-63　"Flash 动画图标"和属性面板

（3）插入 QuickTime 视频。

QuickTime 视频是苹果公司开发的一种视频格式，其扩展名为.mov，是一种流媒体格式，在网络和基于网络的多媒体作品中得到了广泛的应用。Authorware 7.0 支持 QuickTime 视频的播放，其插入方法类似于 Flash 动画的插入方法，具体步骤如下：

① 在流程线上要插入 QuickTime 视频的位置单击，将"手形"标识定位于此。

② 选择 Insert→Media→QuickTime 命令，在弹出的"QuickTime Xtra Properties （QuickTime 视频属性）"对话框中单击 Browse 按钮选择打开一个 QuickTime 视频文件，如图 6-64 所示。对话框中各选项的含义如下：

- "Framing（取景方式）"单选框：用来设置播放 QuickTime 视频时的取景方式。有 2 个选项："Crop（剪裁）"选项，用于设置是否对画面进行剪裁，如果选中该选项则会激活后面的"Center（居中）"复选框，用于表示剪裁以后保留画面的中心区域；"Scale（比例）"选项，用于设置是否对画面按比例进行缩放。

- "Options（选项）"复选框："Direct to Screen（直接到屏幕）"选项，不管 QuickTime 图标在流程线上的位置如何，程序运行时 QuickTime 视频总在最上面显示；"Show Controller（显示控制面板）"选项，在程序运行时会显示一个用来控制 QuickTime 视频播放的控制面板，如图 6-65 所示，从左到右分

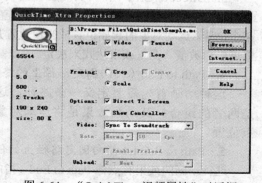

图 6-64　"QuickTime 视频属性"对话框

图 6-65　QuickTime 视频播放控制面板

别是"音量调节"、"播放"、"进度条"、"上一帧"和"下一帧"按钮。

● "Video(视频)"列表框：选中"Sync to Soundtrack(与音频同步)"选项后，播放 QuickTime 视频时会同步播放音频；选中"Play Every Frame（No Sound）"选项后，播放 QuickTime 视频时只播放视频而不播放音频。

● "Rate(速率)"列表框：用来设置播放 QuickTime 视频时的速率。有"Normal（正常速率）"、"Maximum（最大速率）"和"Fixed（固定速率）"。

③ 在"QuickTime 视频属性"对话框中设置好各种相关参数以后，单击 OK 按钮返回设计窗口。此时我们发现，在流程线上的"手形"标识处多了一个 QuickTime 视频图标。双击该图标会显示"QuickTime 视频图标的属性"面板。

6.4 Authorware 中动画的设计

6.4.1 Authorware 动画介绍

Authorware 具有简单的二维动画制作功能，虽然与 Flash、Director、Premiere 等专业的二维动画制作软件相比，其功能还相差甚远，但对于一般的简单动画来说，它却十分方便。

在 Authorware 中制作动画是由移动图标☑来实现的，利用移动图标可以将显示图标中的对象在不改变其形状、大小和方向的前提下，使其沿着已经设定好的路径进行运动。用来移动的对象可以是文本、静态的图形图像、动画和视频等。在 Authorware 7.0 中，可以创建 5 种类型的动画效果。

1. Direct to Point（指向固定点）

这是一种最常用、最简单的动画设计方式。其动画效果是将运动对象从演示窗口中的当前位置直接移动到演示窗口中的某个固定点上。

2. Direct to Line（指向固定直线上的某个点）

这种动画的效果是将运动对象从演示窗口中的当前位置移动到演示窗口中一条固定直线上的某个位置。运动对象的起始位置或当前位置是随意的，但其最终位置必须在这条直线上，具体位置可以由数值、变量或表达式来决定。

3. Direct to Grid（指向固定区域内的某个点）

这种动画的效果是将运动对象从演示窗口中的当前位置移动到演示窗口中一个固定区域内的某个位置。运动对象的起始位置或当前位置是随意的，但其最终位置必须落在这个区域内，具体位置可以由数值、变量或表达式来决定。

4. Path to End（指向固定路径上的终点）

这种动画首先需要定义一条路径，这条路径可以是直线段，也可以是曲线段，还可以是两者的组合。其动画效果是将运动对象从预先定义好的路径开始位置沿着路径移动到结束位置。

5. Path to Point（指向固定路径上的任意点）

这种动画的效果有点像 Path to End（指向固定路径上的终点）的效果，不同的是运动对象的最终停留位置不一定是预先定义好的路径的终点，而是这条路径上的任意位置，其具体位置可以由数值、变量或表达式来决定。

在流程线上添加一个移动图标后双击，可以在程序窗口下方看到"移动图标属性"面板，如图 6-66 所示。面板中各选项的含义如下：

图 6-66　"移动图标属性"面板

- "**Preview**（预览）"按钮：用来预览动画效果。
- "**Layer**（层）"输入框：用来设置移动对象所处的图层。
- "**Timing**（定时）"列表框：用来设置动画的移动速度。如果在 Timing 下拉列表框中选择 "**Time(sec)**"并在下面的文本框中输入一个数值、变量或表达式，则表示整个移动过程所花的时间，单位为秒。如果在下拉列表框中选择"**Rate(sec/in)**"并在下面的文本框中输入一个数值、变量或表达式，则表示移动每英寸路径所花的时间，单位为秒/英寸。
- "**Concurrency**（执行方式）"列表框：用来设置移动图标执行的同步方式。有 2 个选项：
  "**Wait Until Done**（等待直到完成）"选项，表示当程序流程执行到该移动图标时，系统会等待此移动图标所设置的动画执行结束后才沿着流程线继续向下执行；"**Concurrent**（同时）"选项，表示当程序流程执行到该移动图标时，系统会自动继续向下执行，而不管移动图标的内容执行完了没有。
- "**Click Object to be**（单击对象进行移动）"文本框：其实是一个提示信息，用来提示当前步骤应该进行什么样的操作，当然它会随着操作进程的不同而不同，也会随着所选择的动画方式的不同而不同。
- "**Type**（类型）"列表框：用来选择动画方式，可以从 5 种动画方式中选择其一。
- "**Base**（基点）、**Destination**（目标）、**End**（终点）"文本框：分别用来设置移动对象的起点、目标点和终点在演示窗口中的相对坐标位置。

6.4.2　点到点的动画

点到点的动画就是直接移动到终点类型的动画，是移动图标的默认设置，是最简单，操作最容易的移动。对象移动时，以直线方式从演示窗口的显示位置移动到对象被拖拽到的目标位置。下面以一个具体的实例来实现这种动画过程。

【例 6-5】 文字的移动效果如图 6-67 所示。具体步骤如下：

图 6-67　文字移动的效果

① 新建文件，选择 File→Save 命令，将其命名为"例 6-5 文字移动"后保存。

② 拖动一个显示图标到流程线上，将其命名为"文字"。

③ 双击打开"文字"显示图标的演示窗口，输入"多媒体技术与应用"文本，并调整文字的字体、大小与显示位置，如图 6-68 所示。

④ 拖动一个移动图标到显示图标的下方，命名为"移动"。

⑤ 单击常用工具栏中的"运行"按钮 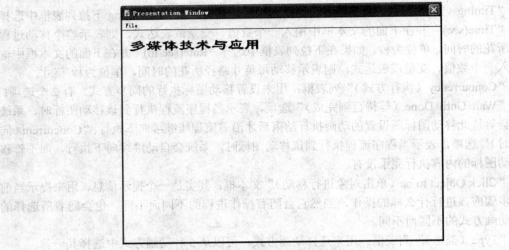，此时程序会自动暂停，打开"移动图标属性"面板，如图 6-69 所示。

图 6-68　输入要移动的文字

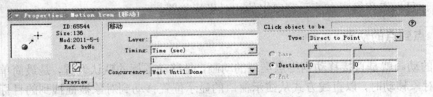

图 6-69　"移动图标属性"面板

⑥ 根据属性面板右侧的提示"Click object to be（单击对象进行移动）"，在演示窗口中单击"多媒体技术与应用"文本对象。

⑦ 此时窗口提示变为"Drag object to（拖动对象到目的地）"，如图 6-70 所示。拖动文本对象到目的地。

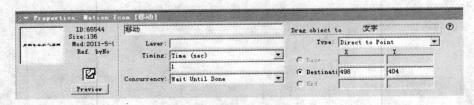

图 6-70　选择文本对象

⑧ 单击"运行"按钮程序开始运行，此时会看到"多媒体技术与应用"文本对象从演示窗口的左上角移动到右下角。

　　提示：移动图标以整个图标作为移动对象，而且一次只能移动一个图标中的所有显示对象。如果需要独立移动某个显示对象，则必须将其单独放置在另外的图标中。

6.4.3　点到直线的动画

　　前面介绍的点到点的动画方式，制作方法比较简单，只要设置移动对象的起点和终点，动画就可以运行了。在这里将介绍怎样制作沿直线定位的动画。也就是说，移动图标只能控制对象向直线上的各个点运动。下面通过具体实例来说明制作点到直线的动画过程。

　　【例 6-6】小兔子找食物。演示窗口的上方有 5 种食物等间距的排成一条直线，下方有一只小兔子，程序运行时，小兔子会随机地移动到其中一种食物上去，效果如图 6-71 所示。具体步骤如下：

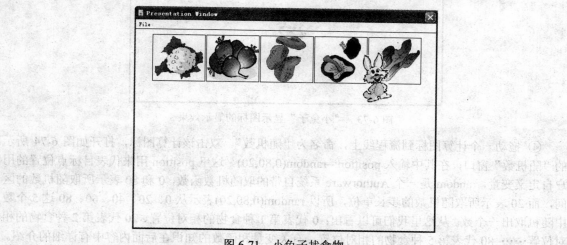

图 6-71　小兔子找食物

　　① 新建一个文件，命名为"例 6-6 小兔子找食物"保存。

　　② 拖动一个显示图标到流程线上，命名为"食物"，双击打开演示窗口，在其中画出一个矩形，调整大小并移动到左上方，然后再复制出 4 个同样的矩形，将它们等距地排列在同一条直线上。接着单击"导入"按钮，将 5 种食物的图片导入到演示窗口，并将图片调整大小后分别移动到 5 个矩形中，如图 6-72 所示。

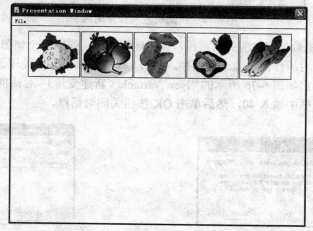

图 6-72　"食物"显示图标的显示效果

③ 再拖动一个显示图标到流程线上，命名为"小兔子"，双击打开演示窗口，导入一幅小兔子的图片，调整大小和位置，如图 6-73 所示。

图 6-73　　"小兔子"显示图标的显示效果

④ 拖动一个计算图标到流程线上，命名为"随机数"。双击该计算图标，打开如图 6-74 所示的"随机数"窗口，在其中输入 position:=random(0,80,20)。这里 position 用来代表目标点位置的用户自定义变量，random 是一个 Authorware 系统自带的取随机数函数，0 和 80 表示所取随机数的区间，而 20 表示所取随机数的步长单位，所以 random(0,80,20)表示从 0、20、40、60、80 这 5 个数中随机取出一个数。从这里我们可以看出：0 代表第 1 种食物的相对位置、20 代表第 2 种食物的相对位置…… 80 代表第 5 种食物的相对位置。有关变量和函数的知识在后面内容中有详细的介绍。

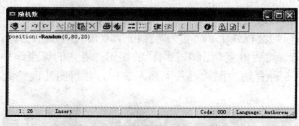

图 6-74　　"随机数"计算图标

⑤ 单击上面"随机数"窗口的关闭按钮，关闭计算图标，弹出一个如图 6-75 所示的"保存提示"对话框。提示用户对所作的修改进行保存，单击 Yes 按钮保存并且关闭该对话框。关闭"保存提示"对话框后自动弹出如图 6-76 所示的"New Variable（新建变量）"对话框，在对话框的"Initial Value（初始值）"输入框中输入 40，然后单击 OK 按钮关闭对话框。

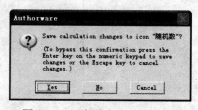

图 6-75　　"保存提示"对话框　　　　　　　　图 6-76　　"新建变量"对话框

⑥ 最后拖动一个移动图标到流程线上，命名为"小兔子找食物"，程序流程线如图 6-77 所示。

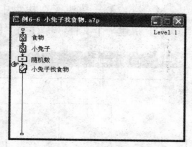

⑦ 按住 Shift 键的同时单击依次打开"食物"、"小兔子"显示图标和"小兔子找食物"移动图标，然后单击"小兔子"图片作为移动的对象。

⑧ 在"小兔子找食物"移动图标的属性面板中将移动类型设置为"Direct to Line（指向固定直线上的某点）"，Timing 文本框中输入 3，单击 Base 单选按钮，把小兔子拖动到第 1 种食物的中心处，然后单击 End 单选按钮，把小兔子拖动到第 5 种食物的中

图 6-77　程序流程线

心处，如图 6-78 所示。最后单击 Destination 单选按钮，在其后面的文本框中输入变量名 position，表示目的点的值取决于 position 随机得到的任意一个值。

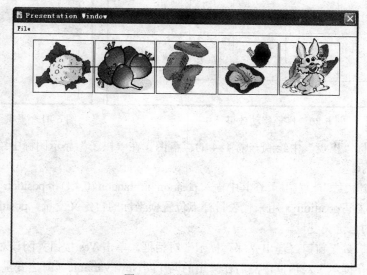

图 6-78　设置移动终点

⑨ 属性对话框中的 Beyond 选项选择"Stop at Ends（在终点停止）"，如图 6-79 所示。

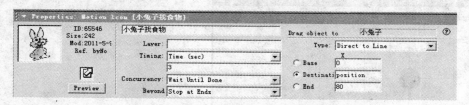

图 6-79　"小兔子找食物"移动图标的属性面板

⑩ 单击常用工具栏上的 按钮或选择 Control→Restart 命令，就会看到小兔子移动到其中的一种食物上。反复执行程序，你会发现，小兔子每次会随机地移动到任意一种食物上。

6.4.4　点到区域的动画

点到区域的移动方式是点到直线移动方式的平面扩展，也就是说将终点的定位由一维坐标系扩展到二维坐标系确定的平面。下面用一个有趣的程序实例来介绍点到区域内的某点移动方式的应用。

【例 6-7】一枚棋子在棋盘中移动，效果如图 6-80 所示。具体步骤如下：

① 新建一个文件，保存为"例 6-7 棋子在棋盘中移动"，然后创建如图 6-81 所示的流程图。

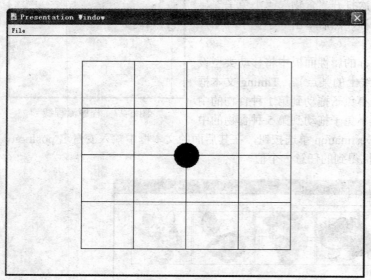

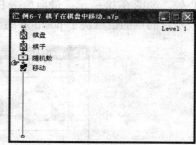

图 6-80　棋子移动效果　　　　　　　　　　　　图 6-81　"棋子移动"流程图

② 在显示图标"棋盘"中绘制一幅 4×4 的棋盘图，在"棋子"显示图标中绘制一个黑色的棋子，如图 6-82 所示。

③双击打开"随机数"计算图标，在其中输入 position_x:=random(0,4,1)和 position_y:=random(0,4,1)，如图 6-83 所示。这里 position_x 用来代表目标点位置横坐标的自定义变量，position_y 用来代表目标点位置纵坐标的自定义变量。

④ 关闭"随机数"窗口，弹出"保存提示"对话框，单击 Yes 按钮关闭该对话框。

⑤ 关闭"保存提示"对话框，然后在弹出的两个"New Variable（新建变量）"对话框中分别设置 position_x 和 position_y 两个变量的初始值为 0 和解释说明信息，如图 6-84 所示。

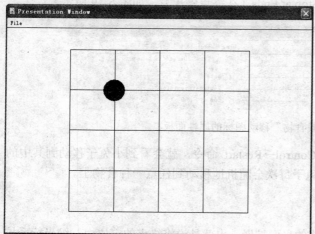

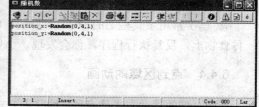

图 6-82　绘制棋盘和棋子　　　　　　　　　　　图 6-83　"随机数"计算图标

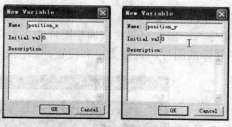

图 6-84　"新建变量"对话框

⑥ 在移动图标的属性面板中将类型设置为 "Direct to Grid（指向固定区域内的某点）"方式。选中 Base 单选按钮，在演示窗口中将棋子对象拖动到 Base 位置，即可选择 Base 的坐标。选中 End 单选按钮，在演示窗口中将棋子拖动到 End 位置，即可选择 End 的坐标。因为我们设置的是一个棋盘，在棋盘上可以落子的地方只有棋盘的交叉点处，所以在 Base 和 End 的设置上有一定技巧。可以将 End 的值设为 4，那么，Destination 中就只能设置 0、1、2、3、4 这 5 个值，就实现了棋盘的模拟。在 Destination 中设置 X 值为 position_x，Y 值为 position_y，如图 6-85 所示。

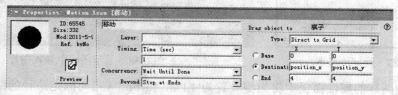

图 6-85　设置移动图标的属性

⑦ 运行程序，可以看到棋子会从 Base 位置随机移动到棋盘中的任意位置。

6.4.5　沿任意路径到终点的动画

沿任意路径到终点的动画与点到点的动画的操作过程是类似的，只是点到点的动画不可以指定被移动对象的移动路径，而沿任意路径到终点的动画增加了两种对移动的控制方式，大大增加了对象移动的灵活性。下面通过具体的实例介绍沿任意路径到终点动画的应用。

【例 6-8】　天空中飞行的热气球效果如图 6-86 所示。具体操作步骤如下：

图 6-86　飞行的热气球

① 新建一个文件，保存为"例 6-8 飞行的热气球"，然后创建如图 6-87 所示的程序流程图。

② 在显示图标"天空"中导入一幅天空图片，调整图片的大小以占满整个演示窗口，在"热气球"显示图标中导入一幅热气球的图片，调整大小和位置，如图 6-88 所示。

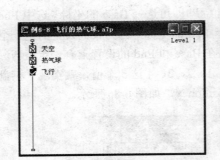

图 6-87　程序流程图

图 6-88　显示图标中导入图片

③ 在移动图标的属性面板中将类型设置为"Path to End（指向固定路径的终点）"方式，Timing 文本框中输入 5。在演示窗口中单击"热气球"将其作为移动对象，此时在热气球的中心位置出现了一个黑色的实心小三角形，然后将热气球拖动到其他位置，则会多出一个黑色的实心小三角形，而刚才的小三角形变成了空心。如此重复，即形成了一条热气球飞行的路径，如图 6-89 所示。

图 6-89　拖动热气球形成飞行路径

④ 运行程序，就会看到热气球沿着我们设置好的路径在天空中飞行。

6.4.6　沿任意路径到指定点的动画

沿任意路径到指定点的动画方式和沿任意路径到终点的动画方式比较相似，区别是：沿任意路径到终点的移动对象只能沿着路径一次到达终点，而沿任意路径到指定点则可以选择路径上的任意一点作为目标点。同样我们用一个具体的实例来说明沿任意路径到指定点动画的应用过程。

【例 6-9】　太阳在田野上升起的效果如图 6-90 所示。具体操作步骤如下：

图 6-90　太阳升起效果

① 新建一个文件，保存为"例 6-9 太阳升起"，然后创建如图 6-91 所示的程序流程图。

② 在显示图标"田野"中导入一幅田野图片，调整图片的大小以占满整个演示窗口，在"太阳"显示图标中导入一幅太阳的图片，调整大小和位置，如图 6-92 所示。

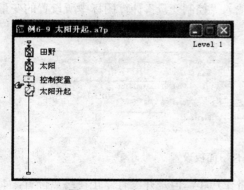

图 6-91　程序流程图

图 6-92　显示图标导入图片

③ 双击打开"控制变量"计算图标，在其中输入 ct:=50，如图 6-93 所示。在这里输入 0～100 之间的任意一个数都可以，只不过输入的数值不同，月亮的目标点位置也就不同。

④ 关闭"控制变量"窗口，然后在弹出的"保存提示"对话框中单击"Yes"按钮，保存并且关闭该对话框，接着在弹出的"New Variable（新建变量）"对话框中设置变量 ct 的初始值和解释说明信息，如图 6-94 所示。

图 6-93　"控制变量"窗口　　　　　　　　　　图 6-94　"新建变量"对话框

⑤ 在"太阳升起"移动图标的属性面板中选择动画类型为"Path to Point（指向固定路径上的任意点）"。选择"太阳"为移动对象，通过拖动"太阳"和使用"太阳升起"移动图标的属性面板中的 Delete 按钮和 Undo 按钮等操作设置一个如图 6-95 所示的太阳升起的路径。

图 6-95　太阳升起的路径

⑥ 在"太阳升起"移动图标的属性面板中的 Timing 文本框中输入一个合适的运动时间，比如 3 秒。单击 Destination 单选按钮，在其后的文本框中输入"控制变量"计算图标中所设置的变量名 ct，如图 6-96 所示。

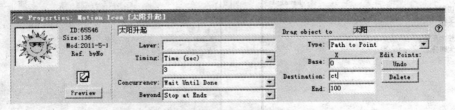

图 6-96　"移动图标属性"面板设置

⑦ 运行程序，就会看到太阳沿着我们设置好的路径升起，但是并没有停止在终点位置，而是停止在整个路径大约 50%的位置。

6.5　Authorware 交互设计

通过前面几节内容的学习，我们完全可以制作出一些比较简单而且实用的多媒体作品。但是不难发现，这些作品都有一个共同的特点就是只能顺序执行，每次都是从第一个图标顺序执行到最后一个图标,在这期间用户很难控制程序的运行,也就是缺少用户交互和响应。通过本节交互图标、判断图标、导航图标和框架图标的学习和应用,就可以让我们的多媒体作品具有灵活多样的控制功能,真正实现交互性。

6.5.1 交互响应设计

交互响应就是指人机可以对话,即人们可以根据自己的需要通过多媒体系统自由地选择、加工、处理和利用文本、图形、图像、动画和视频等多种媒体信息,用以满足不同用户的不同需求。具体来说就是指在多媒体作品的运行过程中,我们可以根据自己的需要通过菜单、按钮、按键等手段灵活自由地控制程序的运行流程。在 Authorware 中实现交互响应功能主要是由交互图标?来实现的。

1. 交互图标简介

(1) 交互响应结构的组成。一个典型的交互响应结构是由交互图标、交互响应类型标识和交互响应分支三部分所组成,如图 6-97 所示。

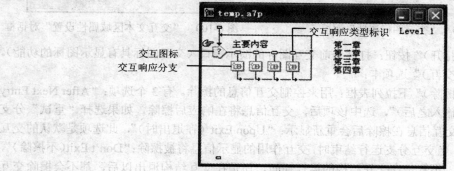

图 6-97　交互响应结构的组成

交互图标是交互响应结构中最重要的组成部分,是整个交互响应结构的入口。交互图标除了可以实现交互控制的功能以外,同时还具有显示图标的功能,即在交互图标中也可以显示文本、图形和图像等对象。

交互响应类型是指 Authorware 通过什么方式或手段来实现交互功能,而标识就是指这种方式或手段的比较形象的标记。在 Authorware 中有 11 种交互响应类型,如图 6-98 所示,每一种类型的左面是交互响应类型的标识,右面是交互响应类型的名称。这 11 种交互响应类型分别是 Button(按钮)、Hot Spot(热区)、Hot Object(热对象)、Target Area(目标区)、Pull-down Menu(下拉菜单)、Conditional(条件)、Text Entry(文本输入)、Keypress(按键)、Tries Limit(重试限制)、Time Limit(时间限制)和 Event(事件)。

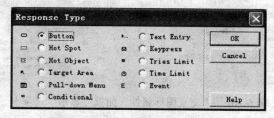

图 6-98　"交互响应类型"对话框

交互响应分支是用来实现交互响应的分支流程，例如图 6-97 中的交互响应结构就有 4 个交互响应分支。

注意：一般情况下，为了便于程序的设计，交互响应分支多为群组图标。

（2）交互图标的属性设置。"交互图标属性"面板共包括 4 个选项卡：Interaction（交互）、Display（显示）、Layout（版面布局）和 CMI（计算机管理教学），如图 6-99 所示。在默认情况下显示的是"Interaction（交互）"选项卡，各选项的功能介绍如下。

- "Text field（文本区域）"按钮：单击则打开如图 6-100 所示的"交互文本区域属性设置"对话框，可以对交互区域中文本的大小、位置、字体、颜色和字型等进行设置。

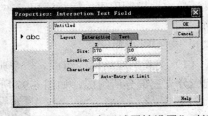

图 6-99　"交互图标属性"面板　　　　图 6-100　"交互文本区域属性设置"对话框

- "Open（打开）"按钮：打开当前交互图标的演示窗口（交互图标具有显示图标的功能）。

"Interaction（交互）"选项卡：

- "Erase（擦除）"下拉列表框：用来控制交互信息的擦除。有 3 个选项："After Next Entry（在下次输入之后）"，选中该项后，交互信息将在响应后擦除，如果选择"重试"分支流向，该交互信息在擦除后会重新显示；"Upon Exit（在退出时）"，此选项是默认的交互擦除方式，当交互分支运行结束时，交互作用的显示信息将被擦除；"Don't Exit（不擦除）"，选择此项，不管是在交互结构的运行期间，还是在交互结构退出以后，都不会擦除交互信息，如果想擦除只能使用擦除图标。

- "Erase（擦除）"文本框：单击其右侧的─按钮，弹出"擦除模式"对话框，可以设置擦除交互信息的过渡方式，设置方法类似于显示图标的擦除过渡方式设置。

- "Options（选项）"复选框："Pause Before Exit（在退出之前暂停）"选项，如果选中该复选框，则在退出交互结构时系统会暂停程序的执行，单击鼠标或按任意键将继续（退出交互结构）。"Show Button（显示按钮）"选项，此复选框只有选中"Pause Before Exit（在退出之前暂停）"复选框后才有效，表示在暂停程序的执行时，同时会在屏幕的左上角显示一个 Continue 按钮，单击此按钮或按任意键将继续执行程序（退出交互结构）。

"Display（显示）"选项卡：在该选项卡中可以设置交互图标中内容的显示方式，如图 6-101 所示。

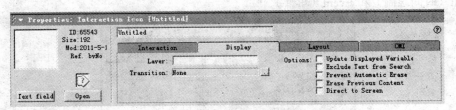

图 6-101　"交互图标属性"面板"显示"选项卡

"Layout（版面布局）"选项卡：该选项卡中的选项用于设置显示位置属性，如图 6-102 所示。

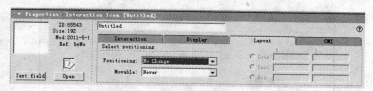

图 6-102　"交互图标属性"面板"版面布局"选项卡

"CMI（计算机管理教学）"选项卡：此选项卡中的内容主要用来对用户的交互操作进行跟踪，以便即时反馈信息，从而通过改进等手段提高教学质量。如图 6-103 所示。

- "Knowledge Track（知识对象跟踪）"复选框：如果选中该选项，则在程序运行期间 Authorware 系统会自动跟踪用户在交互过程中的各种操作。
- "Interaction ID（交互标识）"文本框：用来指定当前交互图标在 CMI（计算机管理教学）中的标识号，值得注意的是此标识号必须唯一。

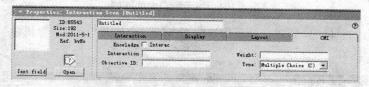

图 6-103　"交互图标属性"面板 CMI 选项卡

- "Weight（重要性）" 文本框：用来指定当前交互图标在 CMI（计算机管理教学）中的重要性。
- "Type（类型）" 下拉列表框：用来指定当前交互图标在 CMI（计算机管理教学）中的响应类型。

2. 交互响应结构创建的流程

建立交互结构的步骤如下：

（1）将一个交互图标拖动到流程线上。

（2）双击打开交互图标的演示窗口，并且添加相应的对象（文本、图形和图像等）。

（3）在交互图标的属性面板中对交互图标进行相应的属性设置。

（4）拖动交互响应分支图标在交互图标的右侧释放，弹出"交互响应类型"对话框，从中选择一种交互响应类型。

（5）对交互响应类型进行属性设置。

（6）创建交互响应分支的内容。

（7）以同样的方法创建其他交互响应分支。

注意： 交互响应分支的创建具有继承性，即在创建下一个响应分支时会自动继承上一个响应分支的响应类型和相关设置。

3. 按钮交互（Button）

按钮交互是多媒体程序中比较常用的交互方式之一。选择按钮交互，程序进入交互时会在屏幕上显示一个按钮，用户使用鼠标单击或双击（根据设置）该按钮时，程序进入交互分支结构运行。下面就详细介绍其使用方法。

将一个显示图标拖放到交互图标的右侧，Authorware 会自动弹出"交互响应类型选择"对话框，其中第一个按钮响应是作为默认响应类型。单击 OK 按钮后，一个被控制点包围的名为"Untitled（未命名）"的 Windows 风格的按钮就出现在演示窗口中，如图 6-104 所示。

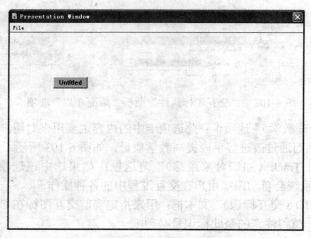

图 6-104　演示窗口中的按钮

双击按钮响应类型标记，或者在演示窗口中双击按钮会打开"响应类型属性"面板，如图 6-105 所示。

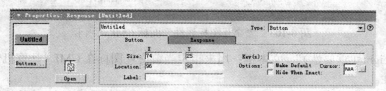

图 6-105　"响应类型属性"面板

"响应类型属性"面板上方的响应标题文本框中输入的内容将作为响应图标的标题及按钮的标题。其右侧的 Type 下拉列表框包含了 11 种响应类型的列表，在此可以改变响应类型。另外，该面板中还有两个选项卡："Button（按钮）"和"Response（响应）"，下面分别进行介绍。

（1）"Buttons（按钮）"按钮。用于设置按钮的样式，单击后会弹出"Buttons（按钮）"对话框，如图 6-106 所示，在该对话框中可以设置按钮的类型和属性，也可以增加和编辑按钮。

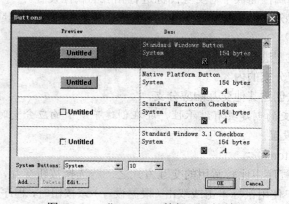

图 6-106　"Buttons（按钮）"对话框

在第一次单击 Edit 按钮时，会弹出如图 6-107 所示的对话框，询问是否复制标准按钮进行编辑，选择 OK 按钮才能看到如图 6-108 所示的"Button Editor（按钮编辑）"对话框，可以在该对话框中定义按钮在不同状态下的形状、样式、图案以及声音。

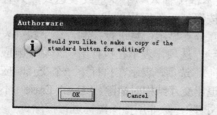

图 6-107　消息框

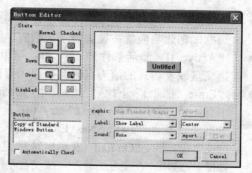

图 6-108　"Button Editor（按钮编辑）"对话框

（2）"Button（按钮）"选项卡。"Button（按钮）"选项卡包括如下选项：

- "Size（大小）"文本框：用来设置按钮的大小。
- "Location（位置）"文本框：用来设置按钮的位置。
- "Label（标签）"文本框：在此文本框中可以输入一个变量，程序运行时系统会将变量的值显示在对应的按钮上，利用此方法可以实现按钮上显示内容的动态变化。

注意：如果 Label（标签）文本框中有变量，则程序运行时按钮上的显示内容就是变量的值；如果 Label（标签）文本框中没有变量，则程序运行时按钮上的显示内容就是响应分支的名称。

- "Keys（快捷键）"文本框：用来对当前按钮设置一个键盘快捷键。如果要设置的快捷键是字母或数字则直接按下相应的按键或输入键名即可，如果要设置的快捷键是功能键则只能输入对应的键名。
- "Options（选项）"复选框："Make Default（默认按钮）"选项，如果选中该复选框则表示将当前按钮作为默认按钮，即程序运行时此按钮自动获得焦点，按 Enter 键就相当于用鼠标单击此按钮。但值得注意的是一个交互结构中只能有一个默认按钮；"Hide When Inactive（非激活状态下隐藏）"选项，如果选中该复选框则表示当此按钮不可用时自动隐藏，否则当此按钮不可用时将以灰色显示。
- "Cursor（指针）"选择框：设置此按钮获得焦点时鼠标指针的形状，单击后面的 按钮则弹出如图 6-109 所示的"Cursors（指针）"对话框，在此对话框中可以对鼠标指针的形状重新进行选择，也可以自定义鼠标指针形状。

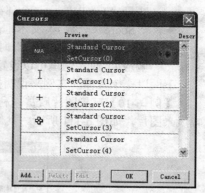

图 6-109　"Cursors（指针）"对话框

（3）"Response（响应）"选项卡。"Response（响应）"选项卡用于设置响应属性，在这个选项卡上可以根据实际的需要来设置响应分支的作用范围、激活的条件以及擦除方式等。"Response（响应）"选项卡如图 6-110 所示。

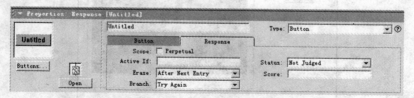

图 6-110　"响应类型属性"面板的"响应"选项卡

- "Scope（范围）"选择框：用于设置响应的作用范围。如果选中"Perpetual（永久）"复选框，则此响应就被设置为永久响应。
- "Active If（激活条件）"文本框：可以在右面的文本框中输入一个变量或表达式，只有当变量或表达式的值为真时此按钮才有效，否则此按钮处于不可用的状态。
- "Erase（擦除）"下拉列表框：用于对何时擦除该交互分支显示信息进行控制，该下拉列表中有4个选项："After Next Entry（在下一次输入之后）"选项，表示在执行下一个交互响应分支之后擦除；"Before Next Entry（在下一次输入之前）"选项，表示在执行下一个交互响应分支之前擦除。"On Exit（在退出时）"选项，表示在退出交互结构时擦除。"Don't Erase（不擦除）"选项，在交互运行期间或交互结构退出后都不擦除，除非用擦除图标进行擦除。
- "Branch（分支）"下拉列表框：用来设置当前交互响应分支执行完以后，交互结构的程序流程。有4种交互分支类型："Try Again（重试）"，执行完当前交互响应分支以后，程序将重新返回到交互图标的起点；"Continue（继续）"，执行完当前交互响应分支以后，系统将作好执行其右面响应分支的准备，即如果条件满足将执行对应的响应分支。在这个选项中，系统只能执行当前分支后面的分支而不能执行当前分支前面的分支(包括当前分支)；"Exit Interaction（退出交互）"，执行完当前交互响应分支以后将退出交互结构；"Return（返回）"，这个选项只有选中"Perpetual（永久）"选项时才有效，表示此交互响应分支在整个程序运行期间都有效。
- "Status（状态）"下拉列表框：用来设置系统对用户交互操作的正确与否作出判断。有3个选项："Not Judged（不判断）"，系统对用户的交互操作不作正确性判断；"Correct Response（正确响应）"，如果选中该选项，则在当前交互响应分支名称的前面会出现一个"+"符号，并且系统会自动跟踪用户的交互操作，如果用户的交互操作正确则进行累加，并且将结果存入系统变量"Total Correct（全部正确）"中；"Wrong Response（错误响应）"，如果选中该选项，则在当前交互响应分支名称的前面会出现一个"-"符号，并且系统会自动跟踪用户的交互操作，如果用户的交互操作错误则进行累加，并且将结果存入系统变量"TotalWrong（全部错误）"中。
- "Score（分数）"文本框：该选项用来对用户的交互操作进行记分，当设置为"Correct Response（正确响应）"时在这里可以设置一个正数；当设置为"Wrong Response（错误响应）"时在这里可以设置一个负数。

下面以一个具体的实例来说明按钮交互响应类型的具体应用。

【例 6-10】风景图片欣赏。利用按钮响应制作一组风景图片的演示课件，每一个按钮代表一幅风景图片，如图 6-111 所示。具体操作步骤如下：

图 6-111　风景图片欣赏效果

① 新建一个文件，并且保存为"例 6-10 风景图片欣赏.a7p"，在设计窗口中拖入一个交互图标并命名为"风景图片欣赏"。

② 双击打开"风景图片欣赏"交互图标的演示窗口，制作如图 6-112 所示的文本和矩形框。

图 6-112　"风景图片欣赏"交互图标的显示内容

③ 在交互图标的右侧拖入一个显示图标，释放后出现"交互响应类型选择"对话框，选择"Button（按钮）"响应类型，并且命名为"瀑布"。

④ 按下 Shift 键的同时双击打开交互图标的演示窗口，关闭后再双击打开"瀑布"显示图标的演示窗口，导入一幅瀑布的图片，然后调整其大小和位置，效果如图 6-113 所示。

图 6-113　"瀑布"显示图标的显示内容

⑤ 双击按钮响应类型标识，打开"按钮响应类型的属性"面板，改变鼠标指针为手形。

⑥ 用同样的方法建立"海滩"和"花卉"显示图标的交互响应分支。程序的流程如图 6-114 所示。

⑦ 双击打开"风景图片欣赏"交互按钮的演示窗口,此时我们发现在演示窗口中出现了3个按钮,调整按钮的大小和位置。

⑧ 运行程序,将鼠标移动到任意按钮上,鼠标指针变成手形,单击鼠标会在右边的矩形框中打开对应的图片。

4. 热区交互(Hot Spot)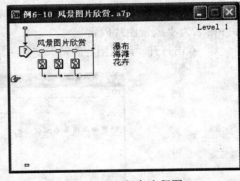

热区交互响应是指在演示窗口中定义一个矩形区域作为热区,当鼠标指针指向该区域或在该区域内单击或双击鼠标时,发生交互响应并且执行相应的响应分支。下面通过一个实例来介绍热区交互响应的应用。

图 6-114   程序流程图

【例 6-11】 识别形状。制作一个识别"矩形"、"圆形"和"三角形"的演示课件,当鼠标放到图形上时,自动显示该图形的形状名称,单击有"退出"字样的区域时退出程序,效果如图 6-115 所示。具体操作步骤如下:

① 新建一个文件,命名为"例 6-11 识别形状"。然后在程序流程线上拖入一个显示图标,命名为"背景",双击打开演示窗口,导入一幅背景图片,并输入文本,调整大小、字体和位置后如图 6-116 所示。

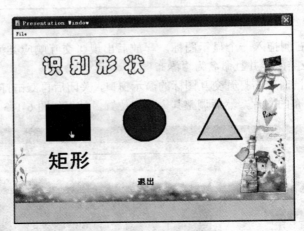

图 6-115   程序演示效果

图 6-116   "背景"显示图标效果

②　在程序流程线上拖入一个等待图标，命名为"等待"，双击打开其属性面板，将"Events（事件）"设置成 Mouse Click 和 Key Press 并选中 Show Button 复选项，如图 6-117 所示。

③　在等待图标后面建立一个交互图标，命名为"识别形状"，并在其右侧拖动 3 个显示图标和 1 个计算图标，响应类型均为 Hot Spot，如图 6-118 所示。

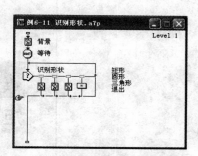

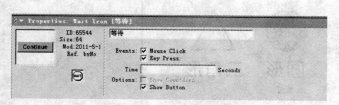

图 6-117　等待图标设置　　　　　　　　　图 6-118　交互分支流程图

④　双击打开"识别形状"交互图标的演示窗口，在其中绘制 3 个图形对象：矩形、圆形、三角形，再输入文本对象"退出"，调整对象和对应热区的大小和位置，如图 6-119 所示。

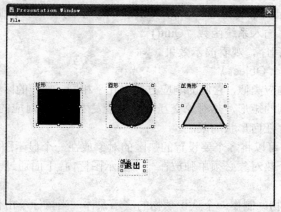

图 6-119　绘制交互图标中的图形并设置热区位置

⑤　3 个显示图标分支的响应类型分别设置为"Try Again（重试）"，擦除类型设置为"Before Next Entry（在下一次输入之前）"，响应匹配类型设置为"Cursor in Area（指针处于指定区域内）"，指针形状设置为手形，如图 6-120 所示。

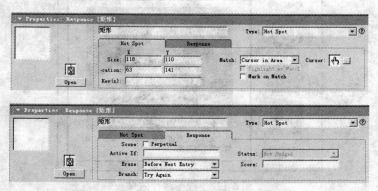

图 6-120　显示图标响应分支的设置

⑥ 分别在前 3 个分支响应的显示图标中输入文字"矩形"、"圆形"和"三角形"，调整文字格式和位置，与交互图标中的图形搭配合适，如图 6-121 所示。

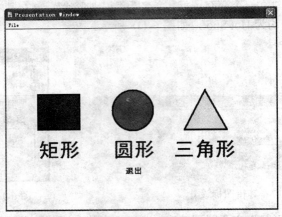

图 6-121　设置 3 个显示图标中的文字

⑦ 单击计算图标的交互响应类型标识，在属性面板中设置"Branch（分支）"为"Exit Interaction（退出交互）"，响应匹配类型设置为"Single-Click（单击鼠标）"，指针形状设置为手形。双击打开计算图标的编辑窗口，输入系统函数"Quit()"。

⑧ 保存文件，运行程序，观看演示效果。

5. 热对象交互（Hot Object）※

热对象响应和热区响应类似，它们的响应方式也几乎相同，唯一的区别就是：热区交互响应类型的响应区域是一个规则的矩形，热对象交互响应类型发生响应时对应的是一些实实在在的物体，因此它的响应区域不再有任何形状的限制。

在热区交互响应中，可以将多个要设置的热区的对象放在一个显示图标或交互图标中，而在热对象的交互响应中每一个热对象必须单独放在一个显示图标内。下面通过具体的实例来说明热对象交互的应用。

【例 6-12】　认识动物。制作一个认识动物的演示课件，当鼠标单击代表动物的小图标时，在窗口右边的矩形框中显示对应动物的图片和说明文字，单击"退出"按钮时退出程序，效果如图 6-122 所示。具体操作步骤如下：

图 6-122　程序运行效果

① 新建一个文件，命名为"例 6-12 认识动物"。然后在程序流程线上拖入一个显示图标，命名为"背景"，双击打开演示窗口，制作如图 6-123 所示的背景文字和图形。

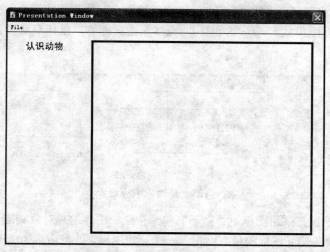

图 6-123 "背景"显示图标效果

② 在流程线上拖入一个群组图标，命名为"动物"，双击打开群组图标，在其二级流程线上顺序拖入 3 个显示图标，并且分别命名为"大熊猫"、"狮子"和"企鹅"。

③ 按下 Shift 键的同时双击打开"背景"显示图标的演示窗口，关闭以后再双击打开"大熊猫"显示图标的演示窗口，导入一幅大熊猫的图标图片，并且调整好它的大小和位置。用同样的方法制作"狮子"和"企鹅"显示图标，效果如图 6-124 所示。

图 6-124 导入动物图标的效果

④ 在"动物"群组图标的下面拖入一个交互图标，并命名为"认识动物"。然后在"认识动物"交互图标的右面拖入 3 个显示图标，在"Response Type（交互响应类型）"对话框中选择"Hot Object（热对象）"类型，分别命名为"大熊猫"、"狮子"和"企鹅"。

⑤ 分别在 3 个显示图标中导入对应的动物图片并输入说明文字，调整好尺寸和位置。

⑥ 单击热对象交互响应类型标识※打开其属性面板，打开"动物"群组图标中的"大熊猫"显示图标的演示窗口，然后单击大熊猫图标图片，此时我们发现属性面板中"Hot Object（热对象）"后面的文本框中显示出现了"大熊猫"字样，这样就将这个图片设置成了当前交互响应分支的热对象。设置"Match（匹配模式）"为"Single-Click（单击鼠标）"，鼠标形状设置为手形。属性设置如图 6-125 所示。

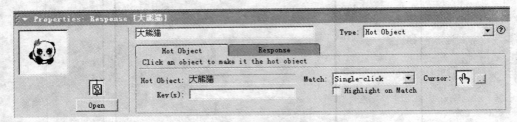

图 6-125　热对象响应设置

⑦ 用同样的方法设置群组图标中"狮子"和"企鹅"图片的热对象响应。

⑧ 在"认识动物"交互图标的最右面拖入一个计算图标，并且命名为"退出"。设置退出交互响应分支的响应类型为"Button（按钮）"响应，在其属性面板中设置"Branch（分支）"为"Exit Interaction（退出交互）"，"Match（匹配模式）"为"Single-Click（单击鼠标）"，鼠标形状为手形。双击打开计算图标的编辑窗口，输入系统函数"Quit()"。

⑨ 双击打开"认识动物"交互图标的演示窗口，调整"退出"按钮的大小和位置。至此整个程序设计完成，程序流程图如图 6-126 所示。

⑩ 保存文件，运行程序，观看演示效果。

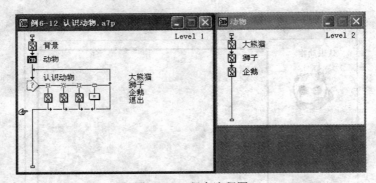

图 6-126　程序流程图

6. 目标区域交互（Target Area）

目标区域交互响应类型也叫移动交互响应类型，该响应类型是通过移动对象来触发的，即当我们把某个对象移动到指定的目标区域时，就会自动触发交互并执行相应的交互响应分支。下面通过一个具体的实例来说明目标区域交互的应用。

【例 6-13】通过"对号入座"认识动物。使用目标区响应类型，制作一个对号入座的演示课件，将动物图标拖到正确的位置，会出现相应的动物说明文字；拖动到错误的位置，图标回到原来位置，同时显示错误提示文字，单击"退出"按钮时退出程序。效果如图 6-127 所示，具体操作步骤如下：

图 6-127　"对号入座"效果图

① 新建文件，将文件命名为"例 6-13 对号入座识别动物"，然后在程序流程线上拖入一个显示图标，命名为"背景"，双击打开演示窗口，导入背景图片后调整尺寸与演示窗口相同，并且输入标题文字和提示语句，如图 6-128 所示。

② 在流程线上拖入一个显示图标，命名为"动物名称框"，在其中绘制 3 个矩形框，并输入动物名称。

③ 在流程线上依次拖入 3 个显示图标，依次命名为"大熊猫图标"、"狮子图标"和"企鹅图标"，分别导入 3 张相对应的图片。调整所有建立的显示对象的大小和位置，如图 6-129 所示。

图 6-128　"背景"显示图标效果

图 6-129　调整所有显示对象的位置

④ 拖动一个交互图标到流程线上，命名为"识别动物"，在其右侧拖入一个群组图标，命名为"大熊猫"。在弹出的"交互响应类型"对话框中选择"Target Area（目标区域）"响应类型。

⑤ 单击"运行"按钮 ，程序自动停止在"大熊猫目标区"交互类型，根据提示，单击屏幕上的"大熊猫"图片，然后按下鼠标左键将该图片移动到大熊猫的目标位置上；改变屏幕上矩形虚线框的大小，使其与已经设置好的大熊猫目标区域大小一样，如图 6-130 所示。

⑥ 单击目标区域交互响应类型标识，打开其属性面板，在"On Drop（放下）"列表框中选择"Snap to Center（在中心定位）"选项，如图 6-131 所示。

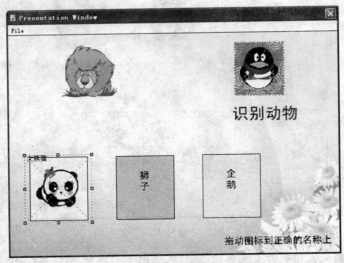

图 6-130　将大熊猫图片移动到目标位置

图 6-131　"交互图标属性"面板

"Target Area（目标区）"选项卡中的相关设置说明如下：

● "Target（目标对象）"文本框：根据操作提示，单击演示窗口中显示的一个物体对象，将它选为目标对象，在右边的文本框中将出现该对象的名称，并在左端的预览框中出现该对象的缩略图。

● "Accept Any Object（允许任何对象）"复选框：该选项可以接受任何移动对象，常用于正确选择之外的所有错误选择。

● "On Drop（放下）"列表框：物体拖放位置。有 3 种不同的放置方式："Snap to Center（在中心定位）"选项，物体自动移动到指定区域的中心位置；"Leave at Destination（在目标点放下）"选项，物体停留在用户拖放的位置；"Put Back（返回）"选项，物体自动返回用户移动前的位置，常用于错误移动的还原。

⑦ 在"交互图标属性"面板的"Response（响应）"选项卡中设置"Status（位置）"列表框的"Correct Response（正确响应）"，如图 6-132 所示。

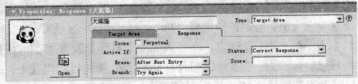

图 6-132　"Response（响应）"选项卡

⑧ 双击"大熊猫"群组图标，打开二级程序设计窗口，拖入一个显示图标到流程线上，命名为"大熊猫文字"，在该图标的演示窗口输入关于大熊猫的说明性文字。关闭窗口，回到主流程线上。

⑨ 在"大熊猫"群组图标上右击，在弹出的菜单中选择"Calculation（计算）"命令后，打开一个"计算图标"窗口，在其中输入："Movable@"大熊猫图标":=FALSE"。使用该命令把"大熊猫图标"中的图片的"可移动性"设置为"不可移动"，如图 6-133 所示。

图 6-133　　"计算图标"窗口

⑩ 用同样的方法设置"狮子"、"企鹅"的目标区交互。

⑪ 在交互图标的最右侧拖入一个群组图标，命名为"错误响应"。设置"错误响应"的目标区覆盖整个演示窗口，其"Target Area（目标区）"选项卡设置为"Accept Any Object（允许任何对象）"和"Put Back（返回）"。"Response（响应）"选项卡设置为"Wrong Response（错误响应）"。

⑫ 双击"错误响应"分支结构的群组图标，进入二级程序设计窗口，在流程线上拖入一个显示图标，命名为"错误提示"，在其中输入"对不起，重新再来"。

⑬ 在交互图标的最右侧拖入一个计算图标，命名为"退出"，设置其交互类型为按钮类型，在其中输入函数"Quit()"。

⑭ 保存文件，运行程序，观看演示效果。程序的流程如图 6-134 所示。

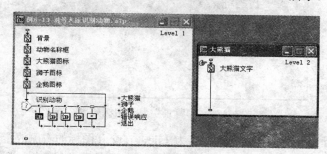

图 6-134　程序流程图

7. 下拉菜单交互（Pull-down Menu）

在 Windows 操作系统中，下拉菜单是一种使用比较频繁的操作方式，任何一款正式软件都有自己的下拉菜单。Authorware 同样也支持下拉菜单的交互响应方式，在默认情况下，Authorware 的演示窗口都带有一个 File 下拉菜单，并且只有一个菜单项 "Quit(Ctrl+Q)"，用来退出当前正在运行的 Authorware 程序。这里用具体的实例来介绍下拉菜单交互类型的应用方法。

【例 6-14】 美丽的自然风光欣赏。使用下拉菜单交互响应类型，制作一个自然风光图片欣赏的演示课件，单击下拉菜单并选中其中的菜单命令，在演示窗口中将显示对应的自然风光的图片，如果单击"退出"菜单命令，则退出当前程序的运行，效果如图 6-135 所示。具体操作步骤如下：

① 新建文件，将文件命名为"例 6-14 美丽的自然风光"，然后在程序流程线上拖入一个显示图标，命名为"背景"，双击打开演示窗口，导入背景图片后调整尺寸与演示窗口相同，并且输入标题文字，如图 6-136 所示。

图 6-135　图片欣赏效果

图 6-136　"背景"显示图标效果

② 拖入一个交互图标到流程线上，命名为 File，在交互图标的右侧放置一个群组图标，在弹出的"交互响应类型"对话框中选择"Pull-down Menu（下拉菜单）"响应类型。

③ 单击刚创建的下拉菜单交互类型标识▣，其"Response（响应）"选项卡的响应范围设置为"Perpetual（永久）"，分支结构设置为"Exit Interaction（退出交互）"，如图 6-137 所示。

图 6-137　"Response（响应）"选项卡

④ 拖入一个擦除图标在交互图标的下方，将其命名为"删除文件菜单"。运行程序，程序自动停止在擦除图标位置，单击演示窗口中的 File 菜单，将其删除。

提示：步骤③和④是删除系统 File 菜单的，所以交互图标的名字必须和 File 同名。另外在交互图标的右侧拖入其他图标也可以，因为接下来是要将其擦除，所以不会影响程序的运行结果。

⑤ 再拖入一个交互图标在流程线下方，命名为"自然风光"。在其右侧放置一个显示图标，选择"Pull-down Menu（下拉菜单）"响应类型，并且命名为"田园"，导入一张田园风光的图片，

调整尺寸和位置。

⑥ 单击"田园"分支结构上方的下拉菜单交互类型标识，在"响应交互属性"面板的"Response（响应）"选项卡中将范围设置为"Perpetual（永久）"，分支结构设置为"Return（返回）"，如图 6-138 所示。

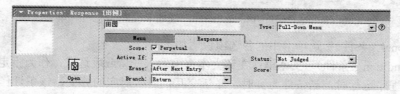

图 6-138　"田园"交互分支的"Response（响应）"选项卡

⑦ 设置菜单命令之间的灰色分隔线。拖放一个群组图标在"田园"显示图标的右侧，将其命名为"(-"，注意必须在英文状态下输入符号，同样将范围设置为"Perpetual（永久）"。

⑧ 在群组图标的右侧再拖入一个显示图标，命名为"海滩"，导入一张海滩的图片，该分支结构的响应类型设置与"田园"分支结构相同，不再赘述。

⑨ 拖入一个交互图标到流程线的下方，命名为"退出"。

⑩ 拖入一个计算图标在交互图标的右侧，选择下拉菜单交互方式，命名为"退出"，在该图标的编辑窗口中输入"Quit()"函数，用来结束程序的执行。

⑪ 保存文件，运行程序。程序的流程如图 6-139 所示。

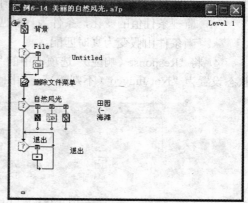

图 6-139　"美丽的自然风光"流程图

提示： 在下拉菜单交互响应类型中，交互响应分支的名称就是下拉菜单中菜单项的名称（即菜单命令的名称）。如果输入"(-"或"-"则会显示一条分隔线。如果输入"&"，则表示将此符号后面的字母设置成等效键，并且会自动在该字母的下面显示一条下划线。

8. 条件交互（Conditional）=

条件交互响应类型是一种比较特殊的交互响应类型，它不是通过用户来直接操作交互，而是通过一定的条件来自动响应，如果条件为真，则交互响应并且执行相应的分支内容；如果条件为假，则不会发生交互响应。下面通过实例来介绍条件交互响应的应用。

【例 6-15】 改进的"对号入座"识别动物。使用条件交互响应，制作一个带有鼓励性质的演示课件，当用户把所有的图标拖入到正确的位置时，屏幕上会出现"你真棒！"的字样，同时响起鼓掌声。具体操作步骤如下：

① 打开"例 6-13 对号入座识别动物.a7p"的程序文件，把该文件另存为"例 6-15 改进对号入座识别动物.a7p"。

② 删除原程序中的"退出"分支结构，拖入一个群组图标到"错误响应"分支结构的右侧，双击交互响应类型标识，在 Type 列表框中选择"Conditional（条件）"响应类型。

③ 在"条件响应属性"面板的"Conditional（条件）"选项卡中的"Condition（条件）"文本框中输入逻辑变量"AllCorrectMatched（全部匹配）"。当用户选择了所有的正确响应后，条件值为真，触发另一个响应。"Automatic（自动）"列表框中选择"When True（为真）"选项，如图 6-140 所示。

图 6-140 "条件"选项卡设置

"Conditional（条件）"选项卡中的各选项说明如下：

● "Condition（条件）"文本框：在该文本框中输入变量或表达式，作为指定的响应匹配条件，程序运行时，当条件为真时，激活交互，进入对应的分支，该条件作为相应分支上的图标的标题。

● "Automatic（自动）"列表框：该选项用于指定匹配的方式。有 3 种："Off（关）"，非自动匹配，只有在用户作出响应动作时才判断条件是否匹配；"When True（为真）"，不断监视条件值的变化，条件为真时匹配，执行分支；"On False to True（当由假为真时）"，当条件由假变为真时匹配。

④ 将"Response（响应）"选项卡中的"Branch（分支）"设置为"Exit Interaction（退出交互）"，状态设置为"Not Judged（不判断）"，如图 6-141 所示。

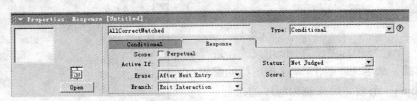

图 6-141 "Response（响应）"选项卡设置

⑤ 在流程线上拖入一个群组图标，命名为"鼓掌"，双击该图标进入二级设计窗口，拖入一个显示图标，命名为"你真棒"，在其中输入"你真棒！"文字。在显示图标下方拖入一个声音图标，命名为"鼓掌"，导入一个鼓掌的声音文件。关闭窗口，返回到主程序流程。

⑥ 在流程线上放置一个等待图标，设置其等待方式为单击鼠标和时限 3 秒，不选择"Show Button（显示按钮）"复选框。

⑦ 拖入一个计算图标在流程线的最下方，命名为"退出"，在其中输入 Quit()函数。

⑧ 保存文件，运行程序，观看演示效果。程序流程如图 6-142 所示。

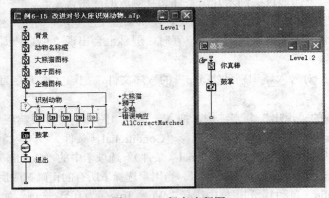

图 6-142 程序流程图

9. 文本输入交互（Text Entry）

利用文本输入交互响应类型可以在演示窗口中创建一个供用户输入文本信息的文本框，当用户输入一定的文本信息并按 Enter 键时就会进行交互响应，并且执行相应的内容。文本输入交互响应类型多用于用户名或密码的输入。下面通过实例来介绍如何运用文本交互类型来设计程序。

【例 6-16】　用户登录界面。使用文本输入交互响应，制作一个输入用户名和密码的用户登录小程序，只有当用户输入正确的用户名和密码并按下 Enter 键后，屏幕上才出现图片，否则显示用户名或密码错误的提示文字。效果如图 6-143 所示，具体操作步骤如下：

（a）输入正确

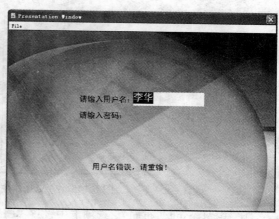
（b）输入错误

图 6-143　实例运行效果

① 新建文件，将文件命名为"例 6-16 用户登录"，然后在程序流程线上拖入一个显示图标，命名为"背景"，双击打开演示窗口，导入背景图片后调整尺寸与演示窗口相同，并输入标题文字，如图 6-144 所示。

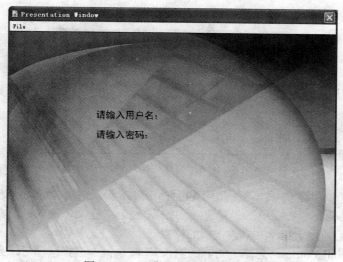

图 6-144　"背景"显示图标效果

② 拖入一个交互图标到流程线上，命名为"登录"。在其右侧拖入一个群组图标，命名为"王小明"，在弹出的"交互响应类型"对话框中选择"Text Entry（文本输入交互）"类型。

注意：在这里交互响应分支的名称也就是程序运行时需要输入的用户名。

③ 双击打开"登录"交互图标的演示窗口，在该窗口中出现一个用于文本输入的虚线框和文本输入标记，双击虚线框弹出"交互作用文本字段属性"对话框，如图 6-145 所示。

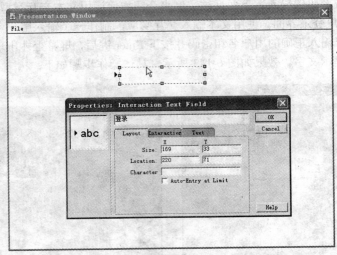

图 6-145 "交互作用文本字段属性"对话框

④ 在"Layout（布局）"选项卡中设置"Character（字符限制）"为 4，各选项的功能如下：

● "Size"文本框：用于设置文本框的尺寸。

● "Location"文本框：用于设置文本框的位置。

● "Character"文本框：该选项主要用于设置文本输入的字符数。

● "Auto-Entry at limit（自动登录限制）"复选框：该选项用于设置文本交互的自动登录功能。

在"Interaction（交互作用）"选项卡中不选"Entry Marker（输入标记）"，如图 6-146 所示，各选项的功能如下：

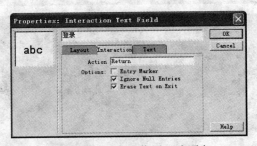

图 6-146 "交互作用"选项卡

● "Action（作用键）"文本框：用于设置结束文本输入的功能键，默认是 Enter 键。

● "Entry Marker（输入标记）"复选框：选择该选项，在文本输入框最左边显示一个黑色的三角形标记，用于指示文本输入框的位置。

● "Ignore Null Entries（忽略无内容的输入）"复选框：选择该项后，允许空输入情况下结束输入。

● "Erase Text on Exit（退出时擦除输入的内容）"复选框：选择该项后，当程序退出交互作用结构时删除用户所输入的文本。否则文本将会保留在演示窗口内，除非用擦除图标将其擦除。

在"Text（文本）"选项卡中设置输入文本的字体、字号、颜色等，如图 6-147 所示。

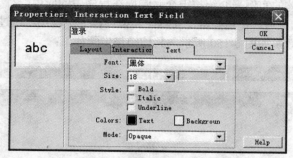

图 6-147   "Text（文本）"选项卡

⑤ 双击文本输入交互响应类型标识，则打开其属性面板，设置响应状态为"Correct Response（正确响应）"，如图 6-148 所示。

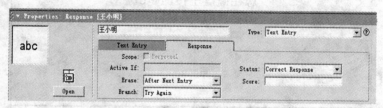

图 6-148   "Response（响应）"选项卡

⑥ 在群组图标右侧拖放一个显示图标，命名为"*"，表示可以接受任何文本字符的输入，该分支结构用于如果输入了其他用户名，则程序所做出的反应。该分支结构的响应状态设置为"Wrong Response（错误响应）"。双击显示图标打开演示窗口，输入"用户名错误，请重输！"的文字，并调整大小和位置。

⑦ 双击"王小明"群组图标进入二级程序设计窗口，拖入一个交互图标到流程线上，命名为"密码"，然后在其右侧拖入一个显示图标，命名为 123，表示用户密码为 123，在弹出的交互类型对话框中选择"Text Entry（文本输入交互）"类型，利用步骤③、④、⑤中相同的方法设置该交互分支，并在演示窗口中导入一幅图片。

⑧ 在 123 显示图标的右侧再拖入一个显示图标，命名为"*"，和步骤⑥中的方法相同，设置该交互分支的属性，并在演示窗口中输入"密码错误，请重输！"的文字。

⑨ 保存文件，运行程序观看效果。程序的流程如图 6-149 所示。

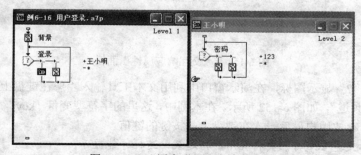

图 6-149   "用户登录"程序流程图

10. 按键交互（Keypress）

按键交互响应类型是指当用户按下键盘上的某个按键或组合键时，执行对应的响应分支的一种交互类型。下面通过具体的实例来介绍按键交互响应在程序中的应用。

【例 6-17】 按键选频道。使用按键交互响应类型设计一个程序，通过按键盘上的数字键进行电视节目频道的选择。效果如图 6-150 所示，具体操作步骤如下：

图 6-150　按键选频道效果

① 新建文件，将文件命名为"例 6-17 按键选频道"，然后在程序流程线上拖入一个显示图标，命名为"背景"，双击打开演示窗口，导入背景图片后调整尺寸与演示窗口相同。

② 在流程线上再拖入一个显示图标，命名为"提示语"后，在演示窗口中输入"在键盘上按下数字键选频道"的提示语句。

③ 拖入一个交互图标到流程线上，命名为"按键交互"。在其右侧拖入一个显示图标，在弹出的"交互类型"对话框中，选择"Keypress（按键）"响应类型，将该图标命名为"?"。

④ 双击该响应类型标识，弹出对应的属性设置面板，如图 6-151 所示。其中"?"在这里表示可以接受键盘上的任意键。

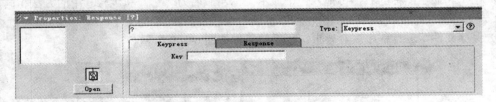

图 6-151　"交互响应属性"面板

⑤ 双击打开"?"显示图标，在演示窗口中利用文本工具输入"您在键盘上按的是{Key}键，您选择的是{Key}频道"，如图 6-152 所示。在本例中，这里的字符型变量"key"是一个 Authorware 的系统变量，用于存放用户最后一次在键盘上的按键的键值。

提示：在显示变量 key 时，要将其用{}括起来，这样才能显示。

⑥ 保存文件，运行程序观看效果。程序流程如图 6-153 所示。

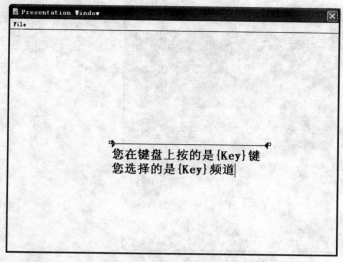

图 6-152   显示按键设置

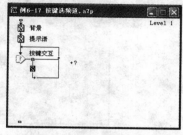

图 6-153   程序流程图

11. 重试限制交互（Tries Limit）※

重试限制交互响应类型是指在交互结构运行时，系统会自动记录用户和当前交互结构所发生的交互次数，并且当发生交互的次数达到所设定的次数时，就会执行对应的响应分支。这种交互响应类型多用于用户名和密码的输入校验，通常情况下要与其他交互类型配合使用。下面通过一个简单的实例来介绍利用重试限制交互响应控制用户输入次数的应用。

【例 6-18】 输入用户密码。使用重试限制交互控制用户输入密码的次数，最多不能超过 3 次输入。效果如图 6-154 所示，具体操作步骤如下：

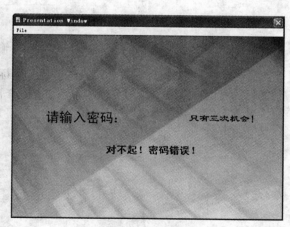

（a）输入正确密码   （b）输入 3 次错误密码

图 6-154   实例运行效果

① 新建文件，将文件命名为“例 6-18 输入用户密码”，然后在程序流程线上拖入一个显示图标，命名为“背景”，双击打开演示窗口，导入背景图片后调整尺寸与演示窗口相同。

② 在流程线上再拖入一个显示图标，命名为“提示语”后，在演示窗口中输入如图 6-155 所示的提示语句。

图 6-155　"提示语"显示图标效果

③ 在流程线上拖入一个交互图标，命名为"输入密码"。在其右侧拖入一个显示图标，选择"文本输入"交互方式，命名为 123（正确密码就是 123）。双击交互类型标识 ，打开"交互类型属性"面板，单击"响应"标签，擦除方式设置为"Don't Erase（不擦除）"，"Branch（分支）"设置为"Exit Interaction（退出交互）"，如图 6-156 所示。

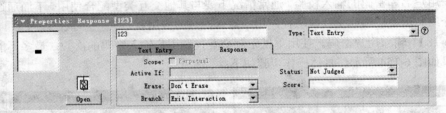

图 6-156　"文本输入交互属性"设置

④ 同时打开"提示语"和"输入密码"图标，调整文本输入框的位置和大小。接着在 123 显示图标的右侧拖入一个显示图标，命名为"限 3 次"。双击该图标上方的交互类型标识，打开交互属性设置面板。从"类型"下拉列表框中选择"Tries Limit（重试限制）"交互类型，在"Maxnum（最大限制）"文本框中输入 3，表示允许用户尝试的最大次数，如图 6-157 所示。

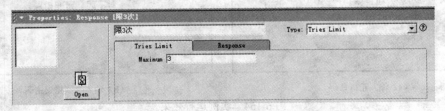

图 6-157　"重试限制交互属性"设置

⑤ 选中"响应"选项卡，在"擦除"下拉列表中选择"Don't Erase（不擦除）"，分支设置为"Exit Interaction（退出交互）"，完成"限 3 次"图标的属性设置。

⑥ 同时打开"提示语"和 123 图标，输入"密码正确"的交互信息文字。再同时打开"限 3 次"图标，输入"密码错误"的交互信息文字，调整位置和尺寸。

⑦ 完成程序设计，保存文件，整个程序流程如图 6-158 所示。

12. 时间限制交互（Time Limit）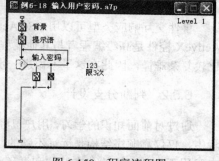

类似于重试限制交互响应类型，时间限制交互响应类型是指系统会自动记录用户进行交互所花的时间，并且当所花的时间等于所设定的时间值时就会执行对应的响应分支。在大多数情况下，时间限制交互响应类型需要与其他交互响应类型配合使用。下面通过一个简单的实例来介绍利用时间限制交互响应控制用户输入时间的应用。

图 6-158　程序流程图

【例 6-19】 限制时间输入密码。对【例 6-18】的程序做一个改动，使用时间限制交互来设置用户输入密码的时限，最多不能超过 10 秒钟。程序运行效果如图 6-159 所示，具体操作步骤如下：

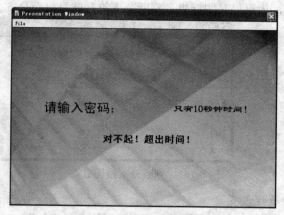

图 6-159　超出时限的效果

① 打开"例 6-18 输入用户密码"程序，将其另存为"例 6-19 限制时间输入密码"。

② 双击打开"提示语"显示图标，将提示语改为"只有 10 秒钟时间！"

③ 将"限 3 次"图标名称改为"限 10 秒"。双击交互类型标识**#**，打开交互响应属性面板，从"类型"下拉列表框中选择"Time Limit（时间限制）"交互类型，在"Time Limit（时限）"文本框中输入 10，表示允许用户尝试的时间，单位是秒，在"Interruption（中断）"下拉列表中选择"Continue Timing（继续计时）"选项，并选中"Show Time Remaining（显示剩余时间）"复选框，这样在演示窗口中显示一个小闹钟，用以倒计时。交互属性的设置如图 6-160 所示。

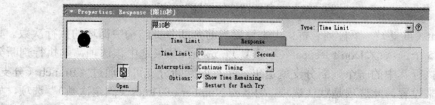

图 6-160　"限时交互属性"面板

④ 双击"限 10 秒"显示图标，打开演示窗口，将交互信息改为"对不起，超出时间！"。

⑤ 完成程序修改，保存文件，运行程序观看效果。

13. 事件交互（Event）E

事件交互响应类型可以用来对 ActiveX 控件的属性进行设置和执行对应的事件。一般情况下，ActiveX 控件是高级编程者与其他编程语言协同开发多媒体作品时才使用，对于初学者来说会觉得比较复杂难懂，因此在这里不做进一步介绍。

6.5.2 判断分支设计

通过对前面知识的学习，用户已经掌握了程序设计中的顺序结构，但是在多媒体作品的制作过程中，仅仅靠顺序结构是远远不够的，还需要使用分支结构和循环结构。在 Authorware 中有一个专门用于实现程序的分支结构和循环结构的图标——判断图标◇。判断图标又称为决策图标，该图标主要用于设置流程线的控制点，从而实现对程序分支的选择。

1. 判断分支结构的组成

一个简单的判断分支结构如图 6-161 所示。它由判断图标、判断分支和判断分支符号组成。判断分支可以是单个的图标，也可以是图标组。判断分支符号就是每个分支上方的小菱形。

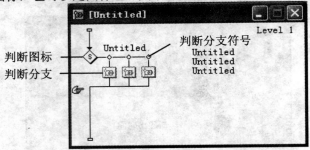

图 6-161　判断分支结构组成

2. 判断分支结构的属性设置

（1）判断图标的属性设置。双击流程图上的判断图标，弹出如图 6-162 所示的判断图标属性设置面板。在该面板中可以设置判断分支的执行时间、各分支的循环方式以及分支的选择方式。

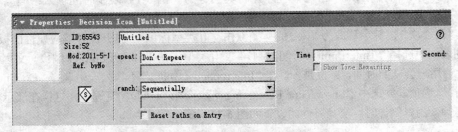

图 6-162　"判断图标的属性"面板

- "Repeat（重复）" 下拉列表框：用来设置当前判断分支结构中循环的执行次数。其列表中包括 5 个选项："Don't Repeat（不重复）"选项，如果选中该选项，则执行判断分支结构时只执行其中的一个判断分支就退出，执行的判断分支可以通过"Branch（分支）"列表选项来设置，此选项是默认选项；"Fixed Number of Times（固定次数）"选项，如果选中该选项，则可以在文本框中输入一个正整数、变量或表达式，用来控制循环执行的次数；"Until All Paths Used（直到路径全部被执行）"选项，如果选中该选项，程序会在每一个判断分支都被执行过一次后退出分支结构；"Until Click/Keypress（直到单击鼠标或按任意键）"选项，如果选中该选项，则程序会反复执行判断分支结构，直到单击鼠标或按下任意键时才退出分支结构；"Until True（直到为真）"选项，如果选中该选项，则可以在文本框中输入一个变量或表达式，直到变量或表达式的值为真才退出分支结构。

- "Branch（分支）"下拉列表框：要与"Repeat（重复）"下拉列表框中的选项配合使用，用来设置执行判断分支结构中判断分支的顺序。有 4 个选项："Sequentially（顺序）"选项，执行当前判断分支结构时，系统会从左向右顺序执行每一个判断分支；"Randomly to Any Path（随机执行每条路径）"选项，执行当前判断分支结构时，系统会随机地选择某一个判断分支进行执行；"Randomly to Unused Path（随机执行未执行过的路径）"选项，执行当前判断分支结构时，系统会从没有被执行过的判断分支中随机地选择一个判断分支进行执行；"To Calculated Path（计算路径）"选项，可以在文本框中输入一个变量或表达式，执行当前判断分支结构时，系统会根据变量或表达式的值来决定执行哪一个判断分支。

注意：当在"Branch（分支）"中选择不同的选项时，判断图标的形态也会做相应的变化："Sequentially（顺序）"类型对应⑤、"Randomly to Any Path（随机执行每条路径）"类型对应⑫、"Randomly to Unused Path（随机执行未执行过的路径）"类型对应⑪、"To Calculated Path（计算路径）"类型对应©。

- "Reset Paths on Entry（重置路径）"复选框：此选项只有在"Branch（分支）"中选择"Sequentially（顺序）"类型和"Randomly to Unused Path（随机执行未执行过的路径）"类型时才有效。当程序流程第二次进入该分支结构时，第一次进入时的所有访问记录被清除。
- "Time（时限）"文本框：文本框中键入的数字表示允许用户在当前分支结构中可以停留的时间，单位为秒。
- "Show Time Remaining（显示剩余时间）"复选框：此选项只有在"Time（时限）"文本框中设定了时间值时才有效，如果选中该选项则运行当前判断分支时，会在演示窗口中显示一个倒计时的时钟。

（2）判断分支的属性设置。双击判断分支符号◇则打开对应分支属性设置面板，如图 6-163 所示。

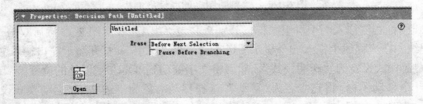

图 6-163 "判断分支的属性"面板

- "Erase（擦除）"下拉列表框：用来设置当前判断分支中内容的擦除方式。有 3 种选项："Before Next Selection（下次选择之前）"选项，如果选中该选项，则程序在执行下一个判断分支之前将擦除当前判断分支中的内容；"Upon Exit（在退出时）"选项，如果选中该选项，则只有在退出分支结构时才擦除当前分支中的内容；"Don't Erase（不擦除）"选项，如果选中该选项，则当前分支中的内容将不会被擦除，只有用擦除图标来擦除。
- "Pause Before Branching（执行判断分支前暂停）"复选框：如果选中该选项，程序在推出分支结构时会暂停执行，出现一个名为"继续"的按钮，用户单击该按钮后，程序才继续执行。

　　下面通过一个具体的实例来介绍判断分支结构在程序中的应用。

　　【例 6-20】 移动的字幕。利用判断分支结构实现文字在屏幕上来回移动的效果，如图 6-164 所示，具体操作步骤如下：

（a）文字从左向右移动　　　　　　　　　　　（b）文字从右向左移动

图 6-164　实例运行效果

　　① 新建一个文件，命名为"例 6-20 移动字幕"。然后在程序流程线上拖入一个显示图标，命名为"背景"，双击打开演示窗口，导入一幅鲜花的背景图片，调整尺寸和演示窗口相同。

　　② 拖入一个判断图标到流程线上，并命名为"判断"。双击该图标打开属性面板，在"Repeat（重复）"下拉列表框中选择"Until Click/Keypress（直到单击鼠标或按任意键）"选项，在"Branch（分支）"列表框中选择"Sequentially（顺序分支路径）"，如图 6-165 所示。

图 6-165　"判断图标的属性"面板

　　③ 在判断图标右侧拖入两个群组图标，分别命名为"组 1"和"组 2"，然后双击"组 1"图标进入二级流程线。在流程线上拖入一个显示图标，命名为"文字"，打开演示窗口输入文字"美丽的鲜花"，并将覆盖模式设定为"透明模式"，然后将文字拖动到屏幕左侧以外的位置。

　　④ 拖入一个移动图标，将它命名为"移动"，选择移动对象为上述文字，运动模式设置为"Direct（指向固定点）"动画，将文字从左侧窗口外移动到右侧窗口外，运动时间为 5 秒，"Concurrency（执行方式）"列表框中选择"Wait Until Done（等待直到完成）"，如图 6-166 所示。

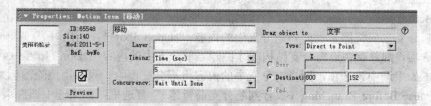

图 6-166　"移动图标的属性"面板

　　⑤ 双击打开"组 2"图标的二级流程线，同样拖入一个显示图标并命名为"文字"，然后输入

文本"热爱大自然",将其拖动到屏幕右侧以外的位置。再拖入一个移动图标并命名为"移动",设置方式与"组 1"中的移动图标设置方式相同,文字的移动方向设置为从右向左移动。

　⑥ 返回主流程线,拖入一个计算图标到流程线的下方,命名为"结束",输入函数"Quit()"。

　⑦ 完成程序设计,保存文件,运行程序观看效果,程序流程如图 6-167 所示。

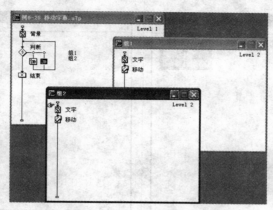

图 6-167　移动字幕程序流程图

6.5.3　导航设计

在多媒体作品中,经常需要实现程序分支结构中的翻页功能,在 Authorware 中利用框架图标和导航图标可以非常方便地实现程序内部的任意跳转,用户可以通过超文本、翻页结构、查找功能等访问程序中的相应内容。由框架图标、导航图标和附属于框架图标的页图标可以组成导航结构。

　1. 框架图标

框架图标□是 Authorware 中比较重要和复杂的一个图标,主要用来制作程序的总体框架结构,配合导航图标可以实现跳转、上下翻页、浏览、查找等功能。

（1）框架图标的结构组成。在程序流程线上拖入一个框架图标,双击后打开如图 6-168 所示的窗口。从中可以发现,框架图标是一个复合图标,它是由一个显示图标、一个交互图标、多个导航图标和多个按钮交互响应类型所组成的。

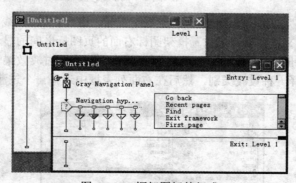

图 6-168　框架图标的组成

● "Gray Navigation Panel（灰色导航面板）"显示图标:该显示图标主要用来显示一个导航按钮组的背景面板,如图 6-169 所示。

● "Navigation Hyperlinks（导航链接）"交互图标:该交互图标和右面的 8 个按钮交互响应

分支共同构成了框架图标的主体，用来组织和管理课件的整体结构。双击打开此交互图标的演示窗口，如图 6-170 所示，共有 8 个按钮，分别对应 8 个交互响应分支。这 8 个按钮依次为：↩返回、↪最近页、🔍查找、↩退出框架、⬅第一页、◀上一页、▶下一页和⏭最后一页。

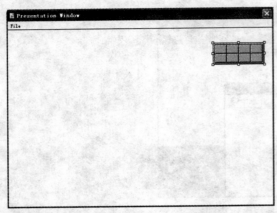

图 6-169   "灰色导航面板"显示图标的内容

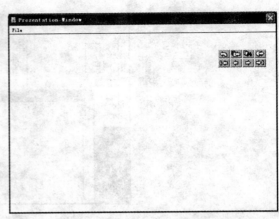

图 6-170   "导航链接"交互图标的内容

注意："Gray Navigation Panel（灰色导航面板）"显示图标中的内容会在每一页中都显示；可以根据需要对"Navigation Hyperlinks（导航链接）"交互结构中的背景面板、交互响应类型和交互响应分支的数目进行修改或调整。

（2）框架图标的属性设置。在框架图标上右击，在弹出的快捷菜单中选择"属性"命令，就可以打开"框架图标的属性"面板，如图 6-171 所示，在该面板中可以对框架图标的属性进行设置。

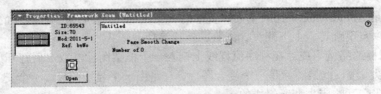

图 6-171   "框架图标的属性"面板

- "Open（打开）"按钮：单击则打开当前框架图标，相当于在流程线上双击此框架图标。
- "Page（页）"文本框：用来设置框架图标右面的页图标之间的显示过渡效果，单击文本框后面的 — 按钮，则打开如图 6-172 所示的"页面显示过渡效果设置"对话框，先从左面列表框中选择一种过渡类别，然后在右面列表框中选择一个过渡效果。

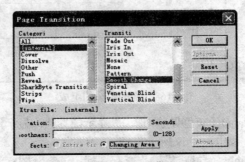

图 6-172   "页面显示过渡效果设置"对话框

- "Number of（页面计数）"文本框：用来显示当前框架图标的右面有多少页，新建的框架图标数字为 0，有多少页数字就为几。

2. 导航图标

导航图标▽一般不单独使用，而是与框架图标相结合，用来制作具有跳转功能的多媒体作品。

（1）导航图标的使用。导航图标在 Authorware 中可以用于以下两种场合：

① 程序自己指定的跳转。当程序执行到流程线上的导航图标时会自动跳转到在导航图标中已经设定好的目标页。

② 用户控制的跳转。在这种情况下，导航图标附属于某个框架图标，利用交互响应进行跳转。

注意：导航图标只能跳转到导航结构中的某页，而不能跳转到流程线上的某个图标；导航图标可以跳转到同一个文件中不同导航结构中的页，而不能跳转到不同文件中导航结构中的页。

（2）导航图标的属性设置。双击导航图标打开"导航图标的属性"设置面板，如图 6-173 所示。

图 6-173　"导航图标的属性"面板

在"Destination（目的地）"下拉列表框中有 5 种跳转方式，其中：

① "Recent（最近）"选项。该选项用于链接到导航图标刚刚浏览过的页，如图 6-173 所示。

- "Go Back（返回）"：用于设置返回功能，在程序运行时，单击"返回"按钮，程序将自动跳转至前一页。
- "List Recent Pages（最近页列表）"：当程序执行到该导航图标时，将自动弹出一个对话框，在该对话框中显示出用户最近预览的页面。

② "Nearby（附近）"选项。该选项用于将导航图标链接同一框架内的各页。选择该选项，则属性面板的"Page（页）"选项组中变为 5 个选项，如图 6-174 所示。

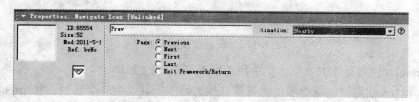

图 6-174　设置附近页属性

- "Previous（前一页）"：选择该选项，程序就会跳转到当前页的前一页。
- "Next（下一页）"：选择该选项，程序就会跳转到当前页的下一页。
- "First（第一页）"：选择该选项，程序就会跳转到该页面系统的第一页。
- "Last（最末页）"：选择该选项，程序就会跳转到该页面系统的最后一页。
- "Exit Framework/Return（退出框架/返回）"：选择该选项，程序就会退出本页面系统或执行后返回。

③ "Anywhere（任意位置）"选项。该选项用于将导航图标链接到任意框架中的任意页。选择该选项，则属性面板如图 6-175 所示。

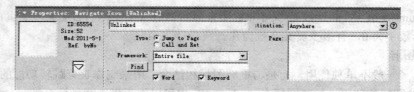

图 6-175 设置任意位置页属性

其中"Type（类型）"选项的设置与其他跳转形式相同，其他主要选项说明如下：

● "Framework（框架）"：用户可以在该下拉列表中选择该导航图标将要跳转的框架图标的名称，然后在右侧"Page（页）"中选择要跳转的页的名称。

● "Find（查找）"：用于输入所要查找的文本对象。

④ "Calculate（计算）"选项。选择该选项后，导航图标将根据表达式的值链接到某页。在"Icon（图标表达）"文本框中输入页面将跳转的 ID 号。在程序运行时，Authorware 将通过计算 ID 号来跳转到相应的页面中去；此外也可以在"Icon（图标表达）"文本框中输入系统变量与函数来制定要跳转到的页，如图 6-176 所示。

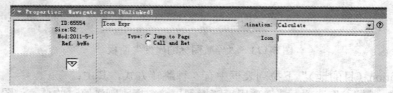

图 6-176 设置计算页属性

⑤ "Search（查找）"选项：选择该选项导航图标将链接到根据关键词所查找到的页。"查找"的属性面板如图 6-177 所示。

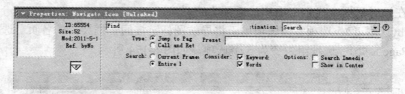

图 6-177 设置查找页属性

● "Preset（预设文本）"：文本框中用于输入要查找的文本内容。

● "Search（搜索）"：该选项用于设置查找的范围，其中有 2 个选项："Current Framework（当前框架）"选项，选择该选项后，系统将只在当前框架图标中的页面里查找；"Entire File（整个文件）"选项，选择该选项后，系统将在整个文件中进行查找。

● "Consider（根据）"：该选项用于设置具体的查找功能，其中也有 2 个选项："Keyword（关键字）"选项，选择该复选框后，只查找符合指定关键字的页面；"Words（字词）"选项，选择该选项后，只在规定的范围内查找符合此单词的页面。

● "Options（选项）"：用于设置查找时的显示形式，其中有 2 个选项："Search Immediately（立即搜索）"选项，选择该选项后，程序运行时单击"查找"按钮将直接显示查找内容；"Show in Context（高亮显示）"选项，选择该选项后，将把查找到的文本的上下文全部显示出来。

下面通过一个具体的实例来说明框架图标和导航图标的使用。

【例 6-21】　电子相册。使用框架图标和导航图标来制作一个电子相册，在该电子相册中设置功能按钮，如上一页、下一页和退出。效果如图 6-178 所示，具体操作步骤如下：

① 新建一个文件，命名为"例 6-21 电子相册"。然后在程序流程线上拖入一个显示图标，命名为"背景"，双击打开演示窗口，导入一张背景图片，调整尺寸和演示窗口相同。

② 拖入一个框架图标到流程线上，命名为"照片"。

③ 在框架图标的右侧依次放置 5 个显示图标，对它们进行命名后，分别导入素材中的图片文件。程序流程如图 6-179 所示。

图 6-178　电子相册效果

④ 双击打开"照片"框架图标，删除该图标中不需要的内容，如灰色面板、一些按钮等，只保留"上一页"和"下一页"按钮。

⑤ 拖动一个计算图标到交互图标的最右侧，将该图标命名为"退出"，然后在其编辑窗口内输入函数"Quit()"，程序流程如图 6-180 所示。

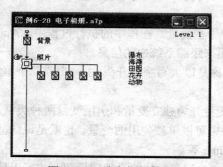

图 6-179　建立框架结构

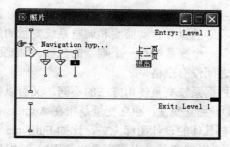

图 6-180　添加退出交互分支

⑥ 设置按钮。双击"上一页"按钮交互类型标识，打开"按钮交互设置"面板，单击"Buttons（按钮）"按钮，打开"Buttons（按钮）"对话框，选择一种按钮类型，并设置鼠标形状为手形，如图 6-181 所示。

⑦ 用同样的方法设置"下一页"按钮和"退出"按钮。

⑧ 保存文件，运行程序，用户可以单击"上一页"、"下一页"按钮进行相册内容的切换，单击"退出"按钮结束程序的运行。

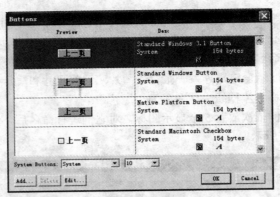

图 6-181　设置按钮类型

6.6　变量和函数

编程语言离不开变量和函数，Authorware 也不例外。Authorware 为用户提供了大量功能丰富的系统变量和系统函数，另外还允许用户自己来定义特殊的变量和函数。在 Authorware 中可以进行算术运算、关系运算、逻辑运算和连接运算，可以使用多种类型的表达式以及简单的编程语句。利用这些功能，用户就可以创作出自己想要的多媒体作品。

6.6.1　变量和变量窗口

1. 变量

变量是指在程序的运行过程中其值可以发生改变的量。运用变量，可以了解和控制程序的运行，跟踪用户行为，存储一些必要的信息等。在 Authorware 中，变量可以用在计算图标中进行各种运算，可以用在显示图标中显示特殊的信息，也可以用在大多数图标的属性面板中作为控制条件。

（1）系统变量和用户自定义变量。变量可以分为两类：一类是系统变量，一类是用户自定义变量。

系统变量是 Authorware 本身已经预先定义好的一些变量。在程序的执行过程中，Authorware 随着程序的执行自动监测和调整系统变量的值，即用来跟踪系统中的信息。

每一个变量都有一个唯一的名称。系统变量的名称是以大写字母开头，由一个或几个单词组成，单词之间没有空格。

根据系统变量使用方法的不同，又可以将系统变量分为独立变量和引用变量两种类型。

① 独立变量：独立变量是指在 Authorware 程序中可以单独使用的变量，也就是说这些变量的使用与具体的设计图标无关，比如 FullDate 和 FullTime 等。

② 引用变量：引用变量在使用时必须通过字符 "@" 和具体的设计图标配合才可以使用。如 DisplayHeight@"Icon" 和 DisplayWidth@"Icon"，用来显示图标中所包含对象的高度和宽度。

用户自定义变量就是用户自己定义的变量。Authorware 允许用户自己创建新的变量，并且同样也可以跟踪存储变量值的变化。但是，必须注意的是，在定义自定义变量时，要避免使用同系统变量相同的变量名，否则，会引起系统中相关内容的混乱。

（2）变量的数据类型。在 Authorware 中，根据变量存储数据的类型不同可以把变量分为数值变量、字符变量、逻辑变量、列表变量和符号变量 5 种。

① 数值变量。数值变量用来存储具体的数值。数值可以是整数，也可以是小数。Authorware

所支持的数值的存储范围是：-1.7×10308～+1.7×10308。

②　字符变量。字符变量用来存储字符和字符串。字符串是一个有序的字符序列。在 Authorware 中，一个字符变量最多可以存储一个由 30000 个字符所组成的字符串。需要注意的是，在把字符串赋值给一个字符型变量时，必须给字符串加上双引号。

③　逻辑变量。逻辑变量用来存储逻辑值真（TRUE）或假（FLASE）。在 Authorware 中，数字 0 等价于假（FLASE），而非 0 数字等价于真（TRUE）；字符串"TURE"、"T"、"YES"和"ON"等价于真（TRUE），而其他字符串均等价于假（FLASE）。

④　列表变量（数组变量）。列表变量用来同时存储一组常量或变量。Authorware 有两种类型的列表变量：线性列表变量和属性列表变量。

线性列表变量用来存储一组数值或字符串，如[11,32,45,"china",56, "computer",88]。

属性列表变量用来存储属性名和属性值，并且要求属性名和属性值之间要用冒号（:）隔开，如[#code: "1007025001",#name: "zhangming",#score:98]。

⑤　符号变量。符号变量类似于数值变量和字符变量，用来存储数值或字符串，但是符号变量必须以字符"#"开头，并且符号变量的处理速度比数值变量和字符变量要快。

2.　变量窗口

打开变量窗口可以通过两种方法。

（1）选择"Window（窗口）"→"Panels（面板）"→"Variables（变量）"命令。

（2）单击常用工具栏上的"Variables Window（变量窗口）"按钮，打开"Variables（变量）"窗口，如图 6-182 所示。接下来对这个窗口的各项进行说明。

图 6-182　"Variables（变量）"窗口

- "Category（分类）"下拉列表框：其中包括了 Authorware 提供的各类系统变量和用户自定义的所有变量，利用它可以快速查找某个类型的变量。如果选择"All（全部）"则在其下方的变量列表框中显示所有的系统变量和用户自定义变量。分类下拉列表框的最后一行是当前文档名，单击则在其下方变量列表框中显示当前文档中所有的用户自定义变量。

- "Initial Val（初始值）"文本框：显示了当前选中的变量在初始建立时的值。对于系统变量，由于它是系统给定的，所以只能查看而不能修改。但是用户可以修改自定义变量的初始值。

- "Current Value（当前值）"文本框：显示所选中变量的当前值，与"Initial Val（初始值）"文本框一样，对于绝大多数系统变量不能修改其值。

- "Referenced By（参考）"列表框：显示了程序文件中使用了当前选中的变量的设计图标，选中其中的某个设计图标后，单击列表框下方的"Show Icon（显示图标）"按钮，系统将自动跳到包含该图标的设计窗口并将该设计图标加亮显示。

- "Description（描述）"文本框：显示所选中图标的描述信息，可以包括使用变量的语法、变量参数和参数的意义，使用示例等有关说明。对于用户自定义变量，用户可以在这里修改该变量的描述信息，但是对于系统变量，它们的描述信息是不可以修改的。

- "New（新建）"按钮：用来定义一个用户自定义变量。单击该按钮，将弹出"New Variable（新建变量）"对话框，如图 6-183 所示。

- "Rename（改名）"按钮：修改选中用户自定义变量的变量名。
- "Delete（删除）"按钮：删除当前处于选中状态的用户自定义变量，当然，这里只能删除未曾引用的用户自定义变量。
- "Paste（粘贴）"按钮：将变量粘贴到光标当前所在的位置，这些位置必须是可以使用变量的位置。
- "Done（完成）"按钮：完成对变量的设置，保存所做的操作，关闭"Variables（变量）"窗口。

图 6-183　"New Variable（新建变量）"窗口

6.6.2　使用变量

下面通过一个具体的实例来说明系统变量的使用。

【例 6-22】 显示系统日期和时间。利用系统变量 FullTime、FullDate 和 DayName，在 Authorware 中实现一个简单地显示日期和时间的功能。效果如图 6-184 所示，具体操作步骤如下：

图 6-184　显示日期和时间效果

① 新建文件，保存为"例 6-22 显示日期和时间"。拖入一个显示图标到流程线上，并命名为"背景"。

② 双击显示图标，在其演示窗口中输入相应的文字，如图 6-185 所示。

图 6-185　输入系统变量

注意：系统变量要用"{}"括起来。如果是在编辑状态下，变量的形式是 FullTime、FullDate 和 DayName，变量在一对大括号内；在非编辑状态下只实时显示当前系统时间、当前日期和当前的星期。

③ 在显示图标的属性面板中选择"Update Displayed Variable（更新显示变量）"复选项，如图 6-186 所示。

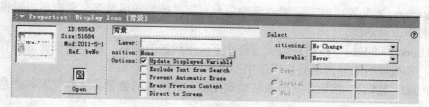

图 6-186　"显示图标的属性"面板

④ 保存文件，运行程序。

6.6.3　函数和函数窗口

1. 函数

函数是指能够完成特定功能的相对独立的程序段，通过一个字符串（函数名）来表示，主要用于某一特殊的操作。Authorware 为用户提供了大量的函数，实现各种不同的功能；用户能够利用这些功能开发界面美观、逻辑性强的程序文件。

在 Authorware 中，函数可以分为两种类型，即系统函数和用户自定义函数。

系统函数是指 Authorware 自带的、预先定义好的函数，它可以实现处理变量、控制程序流程或操作文件等功能。在程序设计过程中，用户可以直接调用系统函数。系统函数根据用途可以大致分为 17 类：字符函数、CMI 函数、文件管理函数、框架函数、一般通用函数、图形函数、图标管理函数、跳转函数、编程语句函数、列表函数、数学运算函数、网络函数、OLE 处理函数、交互处理函数、目标函数、时间函数、视频函数。

用户自定义函数也叫做外部函数，是指为了某种特殊的需要而由用户自行编写的函数。

2. 函数窗口

打开函数窗口可以通过如下两种方法：

（1）选择"Window（窗口）"→"Panels（面板）"→"Functions（函数）"命令。

（2）单击常用工具栏上的"Functions Window（函数窗口）"按钮 💹，打开"Functions（变量）"窗口，如图 6-187 所示，其中各项的含义如下：

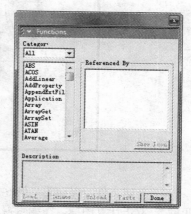

图 6-187　"Functions（函数）"窗口

- "Category（分类）"：在其中包括了各类系统函数和用户自定义函数，利用它可以快速查找某个类型的函数。如果选择了"All（全部）"则在其下方的函数列表框中显示所有的函数。

- "Referenced By（参考）"列表框：用来显示引用了当前函数的所有设计图标的名称。单击选中某个图标后，然后再单击"Show Icon（显示图标）"按钮，则此图标就会在程序流程线上高亮显示。

- "Description（描述）"文本框：显示所选中图标的描述信息，可以包括使用函数的语法，各函数的意义，使用示例等有关说明。对于自定义函数，用户可以在这里修改描述信息，但是对于系统函数，它们的描述信息是不可以修改的。
- "Load（载入）"按钮：用来加载外部函数。单击该命令按钮，将弹出"加载函数"对话框。
- "Rename（改名）"按钮：修改选中用户自定义函数的函数名。单击该按钮将弹出一个函数名修改对话框。
- "Unload（卸载）"按钮：卸载当前处于选中状态的函数，前提是该函数没有引用它的图标。卸载以后的外部函数在程序中不可用。
- "Paste（粘贴）"按钮：将函数粘贴到光标当前所在的位置，这些位置必须是可以使用函数的位置。
- "Done（完成）"按钮：完成对函数的设置，保存所有的操作，关闭"Functions（变量）"窗口。

6.6.4 使用函数

下面通过一个具体的实例来说明系统函数的使用。

【例 6-23】 二位数以内的加法运算。利用系统函数 Random()产生两个二位以内的随机数，利用 Goto()函数将程序流程返回到开始，继续一个新的计算。程序运行效果如图 6-188 所示，具体操作步骤如下：

图 6-188 加法运算效果图

① 新建文件，保存为"例 6-23 加法运算"。拖入一个计算图标到流程线上，并命名为"定义变量"，双击计算图标，在编辑窗口中输入"x1:=0"，"x2:=0"。

② 拖入一个显示图标到流程线上，命名为"背景"，导入一幅背景图片，调整图片尺寸与演示窗口同样大小，并输入提示文字，如图 6-189 所示。

图 6-189　"背景"显示图标内容

③ 拖入一个交互图标到流程线上，并命名为"数学题"，然后在其右侧拖入一个群组图标，选择交互类型为"Conditional（条件）"交互，并且将其命名为 TRUE。

④ 双击条件响应类型标识，在"条件响应属性"面板的"Conditional（条件）"选项卡中设置如图 6-190 所示的各选项。

⑤ 双击 TRUE 群组图标，进入二级程序设计窗口，在流程线上拖入一个计算图标，命名为"变量"，在其编辑窗口输入如图 6-191 所示的函数。

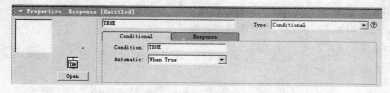

图 6-190　"条件响应属性"面板设置

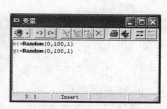

图 6-191　产生两个随机数

⑥ 在"变量"计算图标的下方拖入一个显示图标，命名为"题目"，在其演示窗口中输入如图 6-192 所示的文字。

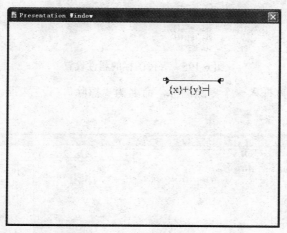

图 6-192　输入"题目"显示图标的内容

⑦ 在"题目"显示图标的下方拖入一个交互图标，命名为"答案"，在其右侧拖入一个群组图标，在弹出的"交互响应类型"对话框中选择"Text Entry（文本输入）"交互类型，将其命名为"*"。

⑧ 双击文本输入交互类型标识，在其属性面板中设置如图 6-193 所示的各选项。

图 6-193　设置文本输入交互响应属性

⑨ 双击打开"答案"交互图标的演示窗口，在该窗口中出现一个用于文本输入的虚线框和文本输入标记，调整虚线框的合适大小和位置。

⑩ 双击"*"群组图标，进入到三级程序设计窗口，在流程线上拖入一个计算图标，命名为"判断"，在其编辑窗口中输入如图 6-194 所示的语句。

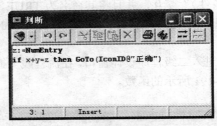

图 6-194　"判断"计算图标的内容

⑪ 在计算图标下面拖入一个显示图标，命名为"错误提示"，在其演示窗口中输入错误提示文字"回答错误！"。

⑫ 拖入一个等待图标到流程线上，命名为"等待"，设置等待图标的属性，如图 6-195 所示。

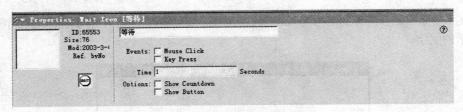

图 6-195　等待图标的属性设置

⑬ 在等待图标的下方拖入一个擦除图标，命名为"擦除"，设置擦除图标的属性，如图 6-196 所示。

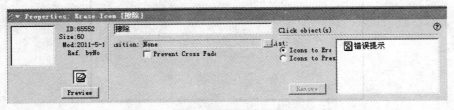

图 6-196　擦除图标的属性设置

⑭ 关闭三级程序设计窗口，返回到二级程序设计窗口，在流程线的最下方拖入一个群组图标，命名为"正确"，双击打开其三级程序设计窗口，在流程线上拖入一个显示图标，命名为"显示正确提示"，在其演示窗口中合适的位置输入提示文字"回答正确！"。

⑮ 在显示图标的下方拖入一个等待图标，设置时限为 1 秒。

⑯ 在等待图标的下方拖入一个擦除图标，设置擦除对象为"显示正确提示"显示图标。关闭三级程序设计窗口和二级程序窗口，返回到主程序窗口。

⑰ 完成程序设计，保存文件，运行程序。程序流程如图 6-197 所示。

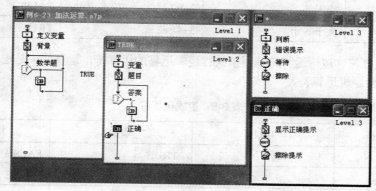

图 6-197　程序流程图

6.6.5　表达式

Authorware 中的表达式与其他语言中的表达式的概念没有多大的区别。表达式是由常量、变量、函数和运算符按一定规则组合在一起的式子，用来执行某种操作。表达式主要在计算图标的编辑窗口中使用，也可以在各个属性面板或者显示图标中使用。

前面已经对变量和函数做了介绍，而常量相信大家都比较了解，所以接下来介绍表达式另外的组成部分——运算符。

Authorware 按照运算符功能的不同，大致分为 5 类：算术运算符、关系运算符、逻辑运算符、赋值运算符和连接运算符。

（1）算术运算符。算术运算符用于简单的算术运算。Authorware 有 5 个算术运算符，表 6-3 列出了算术运算符。

表 6-3　算术运算符

运算符	功能	举例
+	加	15+6=21
-	减	9-4=5
*	乘	4*5=20
/	除	9/6=1.5
**	乘方	3**2=9

（2）关系运算符。关系运算符用来对两个表达式的值进行比较，比较的结果为逻辑值（TRUE 或 FALSE）。表 6-4 列出了 Authorware 的关系运算符。

表 6-4　关系运算符

运算符	功能	举例	结果
=	等于	"A"="a"	FALSE
<>	不等于	4<>3	TRUE
<	小于	"abc"<"ac"	TRUE
>	大于	"ab">"ac"	FALSE
<=	小于等于	3<=2	FALSE
>=	大于等于	5+4>=2	TRUE

（3）逻辑运算符。逻辑运算符是用来执行逻辑运算的运算符，运算结果是逻辑值。表 6-5 列出了 Authorware 的逻辑运算符。

表 6-5　逻辑运算符

运算符	功能	举例	结果
~	非	~TRUE	FALSE
&	与	TRUE&FALSE	FALSE
		或	TRUE |FALSE	TRUE

（4）赋值运算符。赋值运算符（：=）是将运算符右边的值赋予左边的变量，例如 x:=5。

（5）连接运算符。连接运算符（^）是将运算符左边的字符串与右边的字符串连接起来，例如 c:="Author"^"ware"等价于 c:="Authorware"。

Authorware 在计算表达式的值时，需要按照运算符的优先级别来决定运算的顺序，先计算优先级高的运算符，再计算优先级低的运算符，对处于相同优先级的运算符按照从左到右的顺序执行。一般情况下，运算符的优先级别是：先计算括号里面的运算，然后是逻辑非运算、乘方运算、乘（除）运算、加（减）运算、连接运算、关系运算、逻辑与（或）运算、最后是赋值运算。

6.6.6　程序语句

程序语句是指为了某个特定目的而由系统开发者按照一定的语法规则所编写的程序段。在 Authorware 中有两种语句：条件语句和循环语句。

1. 条件语句

条件语句的功能是根据用户所设置的不同条件而执行不同的操作。

条件语句的一般格式是：

```
if 条件 then
    操作语句 1
else
    操作语句 2
end if
```

系统首先判断"条件"是否为真，如果为真，则执行"操作语句 1"，否则执行"操作语句 2"。

2. 循环语句

循环语句主要用于重复执行操作，共有 3 种常用格式。

（1）第一种格式。

repeat with　变量:=初始值　[down] to　终止值

　　操作语句

end repeat

在此循环语句中，程序将执行"操作语句"的次数为（终止值-初始值+1）次，如果此次数小于 0，程序将不执行"操作语句"。

（2）第二种格式。

repeat with　变量　in　列表

　　操作语句

end repeat

在这种循环结构中，只有当列表中的所有元素都被使用过以后才能退出循环结构。在该种循环中，不是根据计算再决定循环的次数，而是根据列表中元素的个数来决定的。

（3）第三种格式。

repeat while　条件

　　操作语句

end repeat

在这种循环结构中，"操作语句"一直被执行，直到"条件"发生改变。

6.7　库、模板和知识对象

6.7.1　库

在多媒体作品的开发过程中，经常要重复使用某些已经设计好的图标，如显示、交互、声音、数字电影和计算图标，这时可以使用 Authorware 库，避免重复的设置与编辑。

库（Library）即是各种设计图标的集合，是存放各种设计图标的仓库。一般情况下我们把经常使用的某些设计图标进行"入库"，当在程序流程设计中需要再次使用时，只需从库里"调用"即可，而程序只是保存库里调用的设计图标与程序之间的链接关系，这样做的好处一方面是体现程序与数据分离的优化，方便对程序的更新与修改，另一方面是避免设计者的重复劳动，节省文件存储空间，加快主程序的执行速度。

6.7.2　库的创建和使用

下面以一个实例来介绍创建库的具体过程。

【例 6-24】　库的创建和使用。创建一个库，并保存成库文件。具体操作步骤如下：

① 新建一个文件，并保存为"例 6-24 库的创建"。

② 拖入一个显示图标到流程线上，命名为"背景"，导入一幅背景图片，调整尺寸和位置，如图 6-198 所示。

③ 选择"File（文件）"→"New（新建）"→"Library（库）"命令，弹出如图 6-199 所示的库窗口。

④ 直接从程序流程线上将"背景"显示图标拖动到库窗口中，拖入后的库窗口如图 6-200 所示。

图 6-198　　"背景"显示图标内容

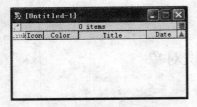

图 6-199　库窗口

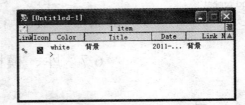

图 6-200　库中添加图标

⑤ 单击常用工具栏上的"保存"按钮![]或选择"File（文件）"→"Save（保存）"命令，弹出如图 6-201 所示的"库文件保存"对话框。选择合适的路径并输入库文件名"创建库"，然后单击"保存"按钮即可将当前库以文件的形式保存起来。在 Authorware 中，库文件的扩展名为 *.a7l。

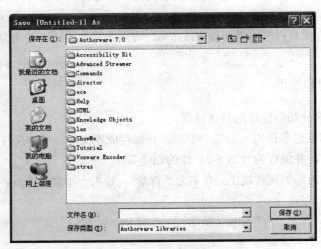

图 6-201　　"库文件保存"对话框

提示：库只支持显示、交互、声音、数字电影和计算图标，而不能将其他图标添加到库中。

6.7.3 库的编辑

1. 打开和关闭库

如果要引用库中的图标，首先要打开相应的库文件。如果不再使用一个库，则应当关闭库文件。

（1）打开库。选择"File（文件）"→"Open（打开）"→"Library（库）"命令，弹出如图 6-202 所示的"Open Library（打开库文件）"对话框。选择库文件的路径和文件名，然后单击"打开"按钮即可打开一个库文件。

图 6-202 "Open Library（打开库文件）"对话框

（2）关闭库。如果要关闭一个库文件，只需单击库窗口右上角的关闭按钮即可。

2. 在库中添加和删除图标

（1）添加图标。向库窗口中添加图标的方法有以下两种：

① 直接从程序流程线上拖动相应的图标到库窗口中。

② 复制粘贴的方法：首先在设计窗口中选中要添加的图标，选择"Edit（编辑）"→"Copy（复制）"命令，然后单击库窗口，选择"Edit（编辑）"→"Paste（粘贴）"命令，即可将图标添加到库中。

（2）删除图标。如果想删除库中的图标，可以单击选中该图标，然后按 Del 键或者选择"Edit（编辑）"→"Clear（清除）"命令，弹出如图 6-203 所示的"删除图标警告信息"对话框，用来提示用户是否删除。

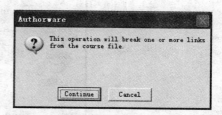

3. 引用库中的图标

如果要引用库中的图标，首先打开或新建一个 Authorware 程序，然后打开相应的库文件，直接从库窗口中拖动图标到程序流程线上即可，此时流程线上图标的名称将以斜体显示。

图 6-203 "删除图标警告信息"对话框

4. 更新链接

如果修改库中的源图标的内容，Authorware 会自动更新与之链接的引用图标，但对于库中源图标属性的修改，Authorware 则不会自动更新，可以通过选择"Xtras"→"Library Links（库链接）"命令，打开"Library Links（库链接）"对话框，如图 6-204 所示，选择相应的链接

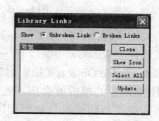

图 6-204 "Library Links（库链接）"对话框

后，单击"Update（更新）"按钮，可进行手动更新。

6.7.4　模板

模板可以存放流程线上的一组图标，这组图标可以包含各种设计图标和分支结构，并形成一段逻辑程序结构，实现一定功能。模板与库文件的区别主要在于模板是功能的集合，而库是设计图标的集合。在使用模板时，Authorware 将模板的内容复制到流程线上，之后模板与程序流程并无任何关系，即它们之间的修改互不相干；当使用库时，Authorware 将库中的图标链接到流程线上，对库中图标的修改会反映到程序中。

6.7.5　模板的创建和使用

在一个程序文件中创建了模板之后，可以将该模板应用到另一个程序文件中，下面通过一个例子来介绍模板的创建和使用方法。

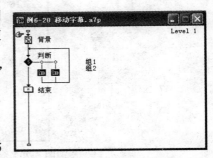

图 6-205　选择判断图标及其分支

【例 6-25】模板的创建与使用。利用"例 6-20 移动字幕"的程序创建一个模板，然后将其应用到"例 6-21 电子相册"程序中。具体操作步骤如下：

① 打开"例 6-20 移动字幕.a7p"的程序文件。

② 选择整个判断图标及其右侧的分支结构，如图 6-205 所示。

③ 选择"File（文件）"→"Save in Model（保存在模板）"命令，打开"保存在模板"对话框，使用默认路径，并命名为"新建模板"，如图 6-206 所示。

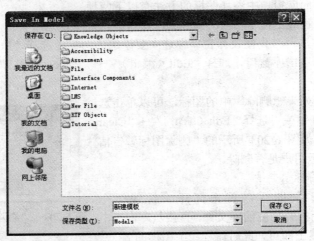

图 6-206　"Save In Model（保存在模板）"对话框

④ 关闭该程序，打开"例 6-21 电子相册.a7p"程序文件。

⑤ 选择"Window（窗口）"→"Panels（面板）"→"Knowledge Objects（知识对象）"命令，打开"Knowledge Objects（知识对象）"面板，如图 6-207 所示。单击该面板中的"Refresh（刷新）"按钮，刚刚创建的模板就会出现在列表中。

⑥ 拖动"新建模板"放到程序流程线中"背景"显示图标的后面，创建模板的一个副本，如图 6-208 所示。

图 6-207　"Knowledge Objects（知识对象）"面板

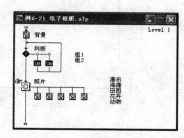

图 6-208　将"新建模板"应用到程序

⑦ 保存文件为"例 6-25 模板的使用"，运行程序。先显示一个移动字幕的界面，单击鼠标后进入主要的内容界面。

6.7.6　知识对象

自从 Authorware 5.0 开始，模板就渐渐地从 Authorware 的前台设计退隐到了后台，转而以知识对象 KO（Knowledge Object）的形式出现为主，因此知识对象其实就是模板的扩展，是带有可视化配置向导的模板。通过类似"所见即所得"的使用属性配置向导，设计者可以很方便、快捷地使用已有的知识对象，而无须再次经历一次重复性的流程设计工作。值得高兴的是越来越多的 Authorware 扩展开发厂商开始进行知识对象的开发设计，为 Authorware 爱好者提供了许多实用的知识对象，使用户无需了解复杂的程序编写知识也可设计出专业的多媒体作品。

6.7.7　知识对象的创建和使用

下面通过一个实例来介绍知识对象的创建和使用方法。

【例 6-26】 制作实用退出按钮。在"例 6-10 风景图片欣赏"的程序中，使用系统提供的"消息框"知识对象制作一个实用的退出按钮。具体操作步骤如下：

① 打开"例 6-10 风景图片欣赏.a7p"文件，并另存为"例 6-26 实用退出按钮.a7p"。

② 拖入一个显示图标到流程线的最上方，命名为"退出按钮"，如图 6-209 所示。

③ 双击"退出按钮"图标，打开演示窗口，导入一张退出按钮的图片并调整大小和模式。

④ 按住"Shift"键，双击"退出按钮"图标，打开演示窗口，将退出按钮图片移动到如图 6-210 所示的位置。

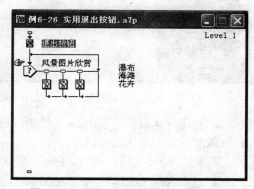

图 6-209　添加"退出按钮"显示图标

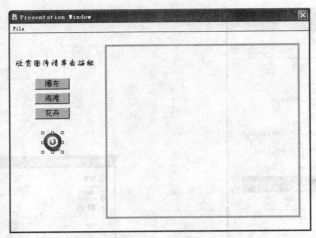

图 6-210　调整"退出按钮"的位置

⑤ 拖入一个群组图标到流程线上交互图标的最右边，命名为"退出"，在其属性面板中将其交互类型设为"热对象"，鼠标形状为手形，如图 6-211 所示。

⑥ 单击常用工具栏中的"运行"按钮，程序自动停止在"热对象"交互分支结构上。此时，单击"退出按钮"图片，将其指定为热对象。

⑦ 双击"退出"群组图标打开其二级程序设计窗口，选择"Window（窗口）"→"Panels（面板）"→"Knowledge Objects（知识对象）"命令，打开"Knowledge Objects（知识对象）"面板，在该面板中拖动"Message Box（消息框）"知识对象到流程线上，之后弹出设置向导程序，如图 6-212 所示。

⑧ 单击 Next 按钮，进入"Modality（模式）"设置向导，如图 6-213 所示。

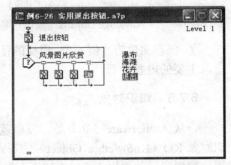

图 6-211　拖入"退出"群组图标

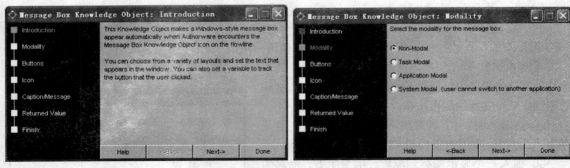

图 6-212　"消息框知识对象"设置向导—简介　　　图 6-213　"消息框知识对象"设置向导—模式

⑨ 使用默认设置，单击 Next 按钮，进入"Buttons（按钮）"设置向导，如图 6-214 所示，选择"OK,Cancel"单选按钮。

⑩ 单击 Next 按钮，进入"Icon（图标）"设置向导，选择问号图标，如图 6-215 所示。

⑪ 单击 Next 按钮，进入"Caption/Message（标题/提示）"设置向导，在第一个文本框中输入"提示消息框"的标题，在第二个文本框中输入"是否真的要退出？"的提示信息，如图 6-216 所示。

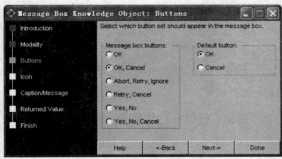
图 6-214　"消息框知识对象"设置向导—按钮

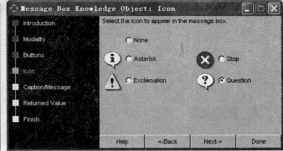
图 6-215　"消息框知识对象"设置向导—图标

⑫单击 Next 按钮，进入"Returned Value（返回值）"设置向导，在文本框中输入"=result"设置一个返回值变量，用来存储"消息框"运行时用户的选择，如图 6-217 所示。程序运行时，当用户单击"消息框"中的"确定"按钮时，则 result 的值为 1；当用户单击"消息框"中的"取消"按钮时，则 result 的值为 2。

图 6-216　"消息框知识对象"设置向导—标题/提示

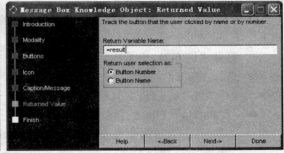
图 6-217　"消息框知识对象"设置向导—返回值

⑬ 设置完成之后单击 Next 按钮，进入"Finish（完成）"设置向导，如图 6-218 所示。单击"Preview Results（预览结果）"按钮，可以预览"消息框"的效果，如图 6-219 所示。

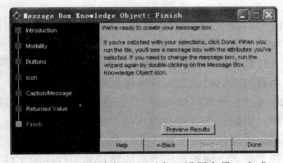
图 6-218　"消息框知识对象"设置向导—完成

图 6-219　"消息框"预览效果

⑭ 拖入一个判断图标到"消息知识对象"图标的下方，并设置其属性如图 6-220 所示，使其根据 Result 变量的值选择不同的分支。

⑮ 拖入一个计算图标到判断图标的右侧，命名为"退出"，双击打开其编辑窗口，输入函数 Quit()。

⑯ 再拖入一个计算图标到"退出"计算图标的右侧，并命名为"返回"，双击打开编辑窗口，输入"--return"语句。

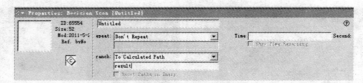

图 6-220　判断图标的属性设置

⑰ 保存文件，运行程序，观看效果。当用户单击"退出"按钮时，会弹出一个"提示消息框"。

6.8　Authorware 打包与发布

6.8.1　程序打包

程序的打包是指将 Authorware 设计的源程序编译成一个可以脱离 Authorware 软件而直接在 Windows 操作系统中运行的应用程序，下面以一个实例来说明在 Authorware 中对程序打包的过程。

【例 6-27】　打包程序。将一个已经制作好的程序进行打包，生成可执行程序。具体操作步骤如下：

① 打开"例 6-21 电子相册.a7p"文件。

② 选择"File（文件）"→"Publish（发布）"→"Package（打包）"命令，打开"Package File（打包文件）"对话框，如图 6-221 所示。

- "Package File（打包文件）"列表框：用来设置程序的打包方式。其中包括两个选项："Without Runtime（不包含运行文件）"选项，打包以后的文件扩展名为 a7r，并且在运行时需要 Authorware 7.0 的运行文件（runa7w32.exe）的支持。"For Windows XP, NT and 98 Variant"选项，打包以后的文件扩展名为 exe，是一种可执行文件，可以直接在 Windows 98、Windows NT 和 Windows XP 上运行。

图 6-221　"Package File（打包文件）"对话框

- "Resolve Broken Links at Runtime（运行时重组断开的链接）"复选框：如果选中该选项，则打包以后运行程序时系统会自动修复断开的链接。
- "Package All Libraries Internally（打包全部内部库文件）"复选框：如果选中该选项，则在打包程序时会自动将本程序中所有用到的内部库文件与源程序一起打包。
- "Package External Media Internally（打包外部媒体文件）"复选框：如果选中该选项，则在打包程序时会自动将本程序所涉及到的外部媒体文件也包含进去。
- "Use Default Names When Packaging（打包时使用默认文件名）"复选框：如果选中此选项，则打包时会使用默认的路径和文件名，即源程序所在的路径和源程序的文件名。

③ 选中"Package All Libraries Internally（打包全部内部库文件）"复选框和"Package External Media Internally（打包外部媒体文件）"复选框，单击"Save File(s) & Package（保存文件并且打包）"按钮，打开"Package File As（保存打包文件）"对话框，如图 6-222 所示。

④ 选择合适的路径，输入文件名之后单击"保存"按钮，系统开始自动打包并弹出如图 6-223 所示的"正在打包文件"对话框。

⑤ 打包完成，可以在 Windows 操作系统中直接运行此程序。

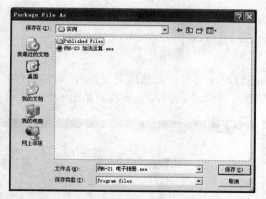

图 6-222 "Package File As（保存打包文件）"对话框

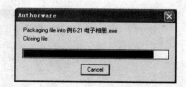

图 6-223 "正在打包文件"对话框

6.8.2 程序发布

Authorware 提供了强大的程序发布功能，能满足用户的各种需求，生成的应用程序可以在大多数的操作系统下运行。发布后的可执行 EXE 文件不能再编辑，也不能阅读，所以起到一定的保护源代码的作用。下面通过一个实例来说明发布多媒体作品的具体过程。

【例 6-28】 发布多媒体作品。将一个已经制作好的多媒体作品发布，生成可执行程序。具体操作步骤如下：

① 打开"例 6-23 加法运算.a7p"文件。

② 选择"File（文件）"→"Publish（发布）"→"Publish Settings（发布设置）"命令，打开"（一键发布）"对话框，如图 6-224 所示。

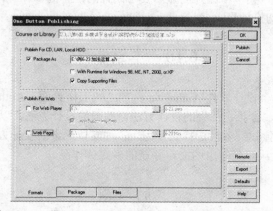

图 6-224 "One Button Publishing（一键发布）"对话框

③ 取消选择"For Web Player"选项和"Web Page"选项，这两个选项用于进行网络发布。

④ 选中"With Runtime for Windows 98,ME,NT,2000,or XP"选项，确定发布可独立运行的 EXE 文件。选中"Copy Supporting Files"选项，一同发布程序运行的支持文件。

⑤ 在"Package As（打包）"选项右边的文本框中输入发布作品的保存路径和文件名。

⑥ 单击"Publish（发布）"按钮，进行发布。

⑦ 发布结束后，弹出如图 6-225 所示的消息框，单击 OK 按钮即可生成可执行文件。

图 6-225 "一键发布完成"消息框

6.9　综合应用实训

制作一个"寓言故事学习"小课件，按样例进行制作（可在此基础上发挥），并将制作好的源文件保存为"寓言故事学习.a7p"，并输出为"寓言故事学习.exe"，演示效果如图 6-226 所示。

图 6-226　演示效果

要求：

（1）进入界面中的"寓言故事学习"文字要有动画效果。

（2）播放过程中可随时通过选择菜单项进行相应的播放。

（3）"学讲寓言故事"菜单中图片的显示要与朗诵的声音同步。

（4）图片显示要有切换效果。

6.10　本章小结

本章介绍了多媒体平台设计软件 Authorware 7.01 的工作界面，Authorware 中图标的基本使用方法，图形、图像、文本、音频、视频的设计方法，动画的设计方法，以及程序流程控制图标的使用。在学习本章之后，应该掌握各种图标的使用，各种媒体元素的设计方法，动画的设计方法以及实现对程序流程的控制，从而制作出图文声并茂的多媒体作品。

课后习题

1．填空题

（1）Authorware 软件能够将_____、_____、_____、_____、_____和_____等各种多媒体元素汇集在一起，赋予人机交互功能，达到多媒体作品制作的目的。

（2）显示图标的功能是_____。

（3）要画出一个正圆，可以使用_____工具并按住_____键。

（4）_____响应的对象是一个物,也就是一个对象,该对象可以是任何形状的,它和_____响应有所不同，_____所规定的只是一个矩形区域。

（5）_____响应主要是针对用户将某个对象拖动到指定的位置上的响应，它可以把错位了的图形复位等。

（6）◇是_____图标，该图标能够根据所设置的条件自动决定程序执行的情况。

（7）在 Authorware 7.01 中函数主要有两种：一种是_____，另一种是_____。

（8）Authorware 7.01 共提供了_____种动画方式。

（9）基点代表对象移动的_____，_____代表对象移动的终点，而_____表示对象移动的目的点。

（10）库主要是多媒体程序中_____的集合，用户可以创建、移动、修改、删除库里面的_____。

2．选择题

（1）Authorware 是一个（　　）式的多媒体开发工具。

 A．编程　　　　　　　　B．顺序　　　　　　　C．图标向导　　　　　D．分支

（2）以下标志中，（　　）是显示图标的标志。

 A．　　　　　　　　　B．　　　　　　　　　C．　　　　　　　　　D．

（3）双击矩形工具□，可以弹出（　　）工具箱。

 A．填充　　　　　　　　B．颜色　　　　　　　C．线条　　　　　　　D．模式

（4）以下不是 Authorware 7.01 的影片格式的是（　　）。

 A．MPEG　　　　　　　B．AVI　　　　　　　C．AIFF　　　　　　　D．FLC

（5）※表示的是（　　）响应。

 A．按钮　　　　　　　　B．热对象　　　　　　C．条件　　　　　　　D．目标区

（6）可以实现在多个判断之间的导航功能的图标是（　　）。

 A．　　　　　　　　　B．　　　　　　　　　C．▽　　　　　　　　D．

（7）Authorware 7.01 可以使用的变量类型有（　　）。

 A．系统变量　　　　　　　　　　　　　B．用户自定义变量

 C．函数变量　　　　　　　　　　　　　D．系统变量和用户自定义变量

（8）当移动对象的移动方式为指向固定直线上的某点时，其执行方式有（　　）。

 A．等待直到完成　　　B．同时　　　　　　　C．永久　　　　　　　D．到上一终点

3．思考题

（1）如何自定义文字样式？

（2）怎样载入 GIF 动画？

（3）热区域响应与目标区域响应有什么区别？

（4）导航图标一般使用在什么场合？

第 7 章 光盘制作技术

要实现多媒体作品的保存，通常我们会选择硬盘、U 盘、光盘等。由于光盘容量大、性能可靠、成本低廉、便于携带，因此被广泛使用。本章重点介绍光盘启动系统制作、光盘封面制作及光盘刻录等技术。

本章主要内容（主要知识点）：

- 光盘的分类
- AutoPlay Media Studio 工具软件介绍
- 光盘包装设计
- 刻录光盘

教学目标：

- 掌握 AutoPlay Media Studio 工具软件的使用
- 掌握光盘刻录技术
- 了解光盘的分类
- 了解光盘包装设计

本章重点：

- AutoPlay Media Studio 工具软件的使用
- 刻录光盘

本章难点：

- AutoPlay Media Studio 工具软件的使用

7.1 概 述

多媒体作品制作完成后，常常需要与《使用说明书》等文件一起刻录在光盘中以便进行保存或发售。光盘常常需要提供自动播放、菜单选择、链接应用程序、访问互联网等功能。光盘制作是多媒体制作技术的最后一步，要考虑数据的分类整理、自动启动系统制作及光盘封面设计等技术性问题。市面上常见的刻录光盘有如下几种类别。

1. 按照读写方式分类

（1）只读型（R 型）。信息写入只读型光盘后，就会永久保存，只能读取，不能擦除。这种光盘通常用于需要珍藏的不需要反复修改的信息，如在音响店出售的音乐光盘、电影光盘都属于只读型。

（2）读写型（RW 型）。信息写入读写型光盘后，可以擦除后再写入其他的信息，这种光盘适于保存还要进行反复修改的信息，也可作为普通的存储设备，进行信息转储和保存。

2. 按容量分类

（1）CD 光盘。根据 CD 光盘的直径大小，可分为 120mm 和 80mm 两种，常见的 CD 光盘通常是 120mm 的 CD-R，标准容量为 650MB，80mm 的 CD 光盘比较少见，其标准容量为 184MB。

（2）DVD 光盘。DVD 的存储方式主要有两种：单面存储和双面存储，有时 DVD 光盘的每一面可以存储两层资料，其主要的存储方式有：

单面单层（DVD-5）：存储容量为 4.7GB。

单面双层（DVD-9）：存储容量为 8.5GB。

双面单层（DVD-10）：存储容量为 9.4GB。

双面双层（DVD-18）：存储容量为 17GB。

具体在制作光盘时，可以根据实际需要来确定制作光盘的容量和类型，但如果要制作 DVD 光盘，一定要使用支持 DVD 光盘刻录的刻录机。根据光盘读写类型和光盘容量，相应出现 CD-R、CD-RW、DVD-R、DVD-RW 几种类型。

7.2　光盘自动启动系统制作

多媒体数据光盘中为了达到更人性化的操作，通常在光盘插入光驱中后，可以自动启动一个光盘播放界面，在该界面上可以选择光盘提供的各种功能。这就是光盘启动系统，其原理如图 7-1 所示，该系统由一组自动启动文件构成，借助专门的光盘自动启动系统制作工具生成。自动启动系统制作工具非常多，本章以 AutoPlay Media Studio 工具软件进行光盘自动启动系统制作讲解。

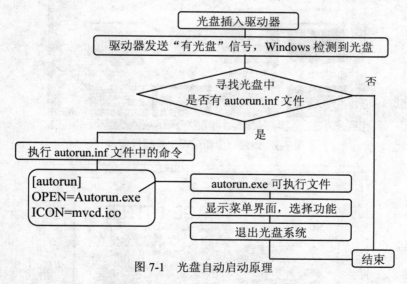

图 7-1　光盘自动启动原理

【例 7-1】　利用 AutoPlay Media Studio 工具软件制作光盘自动启动系统。

① AutoPlay Media Studio 启动操作界面如图 7-2 所示。

② 单击"创建一个新的工程文件"选项，选择"Blank Project（空白工程文件）"，也可以选择 AutoPlay Media Studio 设计好的各种启动界面模板，在这里选择 Autoplay 模板，如图 7-3 所示。

③ AutoPlay 模板如图 7-4 所示，利用这个模板可以制作光盘目录。在 Page 1 Link 上双击，弹出如图 7-5 所示的界面，在"文本"列表栏中输入光盘启动时需要显示的多媒体目录信息。用同样的方法双击，依次将 Page 2 Link，Page 3 Link，Page 4 Link 上的文本替换为合适的内容。

图 7-2　AutoPlay Media Studio 启动操作界面

图 7-3　创建一个新工程文件模板窗口

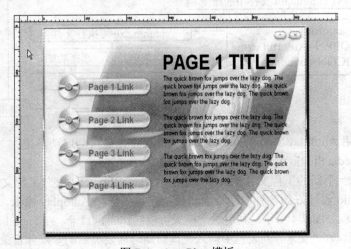

图 7-4　AutoPlay 模板

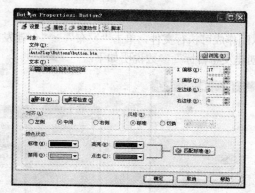

图 7-5　Page 1 Link 按钮属性

④ 对每个按钮及文本信息进行调整后的效果如图 7-6 所示。

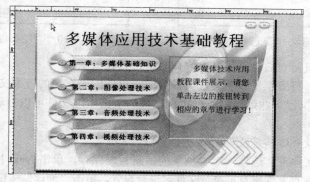

图 7-6　按钮及文本信息进行调整后的效果

⑤ 在设计文档的灰色空白处双击，或者在灰白处右击，选择"设置"命令，弹出如图 7-7 所示的启动界面参数设置对话框，调整启动系统界面的大小、背景颜色及窗口图标等。界面上按钮及文本的大小、颜色等参数可以在"属性"面板中调整，如图 7-8 所示。

图 7-7　启动界面参数设置对话框

图 7-8　"属性"面板

⑥ 双击任何一个导航按钮，设置鼠标单击此按钮产生的链接，如图 7-9 所示。选择"快速动作"选项卡，然后选择要运行的动作，例如 Open Document，通过"浏览"按钮可选择要打开的链

接文档。

　　⑦ 设计完成以后就可以制作成可执行文件，单击"发布"→"创建发布"命令，弹出"发布方案"对话框，如图 7-10 所示。"创建发布目标"参数说明如下：

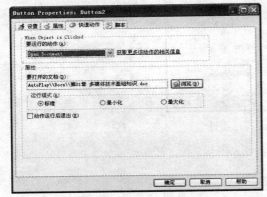

图 7-9　"快速动作"选项卡

图 7-10　"发布方案"选项窗口

- 　刻录数据：直接对启动系统及多媒体数据进行光盘刻录。
- 　硬盘文件夹：将方案发布到硬盘文件夹中，可以编辑发布的方案文件。
- 　网络/邮件可执行文件：压缩成可执行文件，双击压缩文件可以自动解压文件，然后开始自动运行。
- 　ISO 镜像：以 ISO 镜像文件格式发布文件。

例如选择"硬盘文件夹"选项，对要刻录的信息暂时保存，单击 Next 按钮。

　　⑧ 对启动系统的保存文件夹及可执行文件名进行设置，单击"创建"按钮，如图 7-11 所示。

　　⑨ 创建完成后，可以在对应的文件夹中找到启动系统对应的文件，如图 7-12 所示，单击 autorun.exe 图标可运行刚才创建的应用程序。

图 7-11　启动系统的参数设置

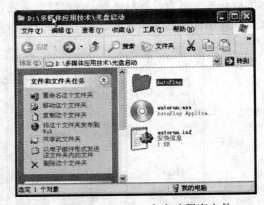

图 7-12　autorun.exe 自启动程序文件

7.3　光盘包装设计

　　完整的商业化多媒体产品光盘应该有精美的盘面设计及外包装设计，这样才能吸引用户的眼球。包装设计是一门学问，需要专门的专业知识，但简单地设计自己的包装盒并不是难事，只需要懂一些基本图像处理技术即可，光盘包装的对象主要有光盘、光盘盒（光盘纸袋）、外包装。

1. 简易包装纸袋设计

最简易的包装为光盘的包装纸袋，其成本低，同时可以起到保护光盘的作用，其外观如图 7-13 所示。

设计步骤如下：

（1）启动图像处理软件，新建文件或画布，宽度为 156cm，高度为 278cm。

（2）运用绘图工具栏中的梯形、圆形、矩形等工具绘制纸袋展开。

（3）保存图像，打印设计图。

（4）沿着轮廓线剪下，沿着矩形线折叠，将两侧的衬边与折叠过来的背面粘合。

2. 光盘盒封面设计

光盘盒大多数为透明塑料卡盒，包装时有两种形式，一种将塑料光盘盒包裹进包装纸盒内，另一种将设计图纸镶嵌进塑料卡盒内。包装纸盒设计与纸袋设计类似，不再赘述。这里展示封面和封底嵌进塑料卡盒的设计如图 7-14 所示。其设计尺寸为：封面 12cm×12cm，封底 15cm×11.7cm。

图 7-13　光盘简易包装纸袋效果图

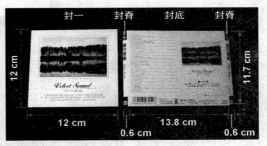

图 7-14　封面和封底嵌进塑料卡盒的设计效果图

3. 包装盒设计

包装盒用来放置光盘盒、说明书等的外包装，其设计与光盘盒设计类似，但尺寸上要略大于光盘盒尺寸。好的包装盒能够起到增强产品的美观程度，引吸消费者的作用。如会声会影 X4 光盘包装盒如图 7-15 所示。

图 7-15　光盘效果图

7.4　光盘刻录

要自己刻录制作光盘，则需要刻录机、可刻录的光盘和刻录软件。根据要刻录的是 CD 光盘或 DVD 光盘，刻录机也分为 CD 刻录机和 DVD 刻录机。刻录软件是用来管理、实际操作光盘刻录具体过程的软件，如 Easy-CD Pro、Easy-CD Creator、Nero、WinOnCD 等，下面以 Nero 的光盘刻录为例进行讲解。

Nero 是一个由德国公司出品的光盘刻录程序，支持 ATAPI(IDE) 的光盘刻录机，支持中文长文件名刻录，可以刻录多种类型的光盘片，它支持数据光盘、音频光盘、视频光盘、启动光盘、硬盘备份以及混合模式光盘刻录，操作简便，可以制作数据光盘（数据光盘容量最大为 700MB）、制作数据 DVD（最小容量为 4GB）、制作音频光盘、制作视频光盘、复制光盘等。

【例 7-2】用 Nero 光盘刻录程序刻录数据光盘。

① 打开 Nero Express 界面，如图 7-16 所示。

② 单击"数据光盘"，进入添加数据界面，单击"添加"按钮，选择要添加的数据，如图 7-17 所示。

图 7-16　创建数据光盘向导

图 7-17　"添加文件和文件夹"对话框

③ 添加刻录文件视光盘的容量情况而定。已经添加好文件的效果如图 7-18 所示，这里面可查看文件是否有误，可以删除，也可以继续添加文件，如果没有错误就可以准备刻录了。

图 7-18　添加文件后的容量图

④单击"下一步"按钮，出现如图 7-19 所示的界面，在这里可以给数据光盘起名、定义刻录份数、刻录后校验光盘数据等。继续单击"下一步"按钮，开始光盘刻录，进度如图 7-20 所示。

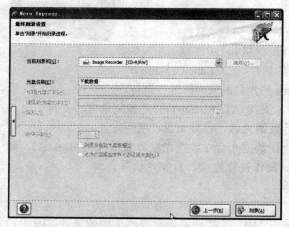

图 7-19　刻录参数设置

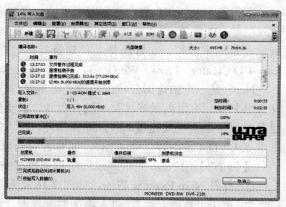

图 7-20　刻录进度图

刻录完成后，可以打开光盘文件检查刻录的完整性。

7.5 综合应用实训

实训 1：网上查询。

（1）主流刻录软件有哪些？最新版本有哪些新功能？

（2）当前主流的光盘自动启动系统制作工具有哪些？它们各自的优缺点有哪些？

（3）主流的视频处理软件有哪些?会声会影视频处理软件的最新版本是多少？最新功能有哪些?

实训 2：光盘自动启动系统制作。

（1）打开 AutoPlay Media Studio 软件，单击"创建一个新的工程文件"选项，打开如图 7-3 所示的图形，选择"Blank Project（空白工程文件）"。

（2）自己布局设计一个关于计算机专业介绍的光盘启动程序。要求按钮布局大方，背景淡雅稳重，可选择添加背景音乐等特效。

实训 3：光盘刻录。

仿照本章关于数据光盘的刻录步骤，自己动手搜集一段视频，然后刻录成 VCD 光盘。提示：准备一张空白 CD-R 或 CD-RW 光盘，打开 Nero，如图 7-17 所示，选择"制作视频光盘"选项，按提示完成制作。

7.6 本章小结

本章介绍了光盘的主要分类、光盘自动启动系统的制作和光盘刻录技术。

光盘自动启动系统的制作主要通过 AutoPlay Media Studio 工具软件进行介绍，光盘自动启动系统可以自动播放插入光驱的光盘，实现光盘的自动播放。刻录光盘需要熟悉光盘刻录软件的使用。

在本章的学习过程中应该掌握光盘自动启动系统的应用，能够使用光盘刻录软件刻录光盘，学会使用光盘保存自己的各种多媒体作品以及各种素材信息。

课后习题

1．思考题

（1）刻录光盘的种类主要包括哪些？比较其优缺点。

（2）CD-R 和 CD-RW 有何区别？

参考答案

第 1 章

1. 填空题

（1）表示 传输
（2）交互性 实时性
（3）图形 声音
（4）计算机辅助教学
（5）硬件系统 软件系统
（6）中央处理器
（7）外存储器 内存储器 随机存储器（RAM）
（8）击打式 非击打式
（9）针式打印机 喷墨打印机
（10）LCD（Liquid Crystal Display）液晶显示器

2. 思考题

（1）多媒体技术是一个涉及面极广的综合技术，是开放性的没有最后界限的技术。多媒体技术就是把文字、图片、声音、视频等媒体通过计算机集成在一起的技术。即通过计算机把文本、图形、图像、声音、动画和视频等多种媒体综合起来，使之建立起逻辑连接，并对它们进行采样量化、编码压缩、编辑修改、存储传输和重建显示等处理。

（2）教育领域、商业广告领域、影视娱乐领域、过程模拟、互联网领域等（对每个领域的具体应用自行进行阐述）。

（3）图形是采用算法语言或应用软件生成的从点、线、面到三维空间的黑白或彩色的几何图，它多为矢量图，如几何图、工程图、统计图等。图像是指通过计算机图像处理软件（如 Photoshop）等绘制、处理的或者通过数码相机实际拍摄得到的各种图片。

（4）上网查询并进行思考。

第 2 章

1. 填空题

（1）矢量图 位图
（2）图像分辨率 输出分辨率

（3）RGB 模式   HSB 模式

（4）越多

（5）有损压缩   无损压缩

（6）有损压缩

（7）无损压缩

（8）滚筒式扫描仪   笔式扫描仪

（9）长焦相机

（10）PrintScreen   Alt+PrintScreen

2．思考题

（1）可分为图形文件与图像文件。图形是指由外部轮廓线条构成的矢量图，图形对象可任意缩放不会失真。图像是由扫描仪、摄像机等输入设备捕捉实际的画面产生的数字图像，它是由像素点阵构成的位图，信息文件存储量较大，进行缩放后容易失真。

（2）从万维网中获取图像、扫描仪获取图像、数码相机获取图像、抓图软件获取图像、绘图软件制作图像。

（3）RGB 模式是基于可见光的原理而制定的，R 代表红色，G 代表绿色，B 代表蓝色；HSB 模式基于人类对颜色的感觉，也是最接近人眼观察颜色的一种模式，H 代表色相，S 代表饱和度，B 代表亮度。

（4）常见的图像文件格式有 BMP、JPEG、TIFF、GIF、SVG、PDF、PCX、TGA、CDR 等。

（5）Print Screen 键获取图像、Alt + Print Screen 组合键获取图像、抓图软件获取图像等。

第 3 章

1．填空题

（1）音调   音色   音强

（2）波形文件

（3）采样频率

（4）.cda

（5）唱片录放音   数字技术录放音

（6）"开始"→"程序"→"附件"→"娱乐"→"录音机"

（7）"选项"→"选项"

（8）"效果"→"淡入淡出"

（9）"编辑"→"混合文件"

（10）总长

2．思考题

（1）通过学习 GoldWave 软件进行思考并且完成回答。

（2）音调、音色、音强。

（3）CD 格式、WAV 格式、MP3 格式、MIDI 格式、WMA 格式、RM 格式、APE 格式、MPEG 格式、VOF 格式、OGG 格式、AMR 格式。

第 4 章

1．填空题

（1）菜单栏　时间轴　浮动面板　工具箱　编辑区

（2）多角星形工具

（3）12

（4）图形元件　按钮元件　影片剪辑元件

（5）帧

（6）引导动画

2．选择题

（1）C

（2）B

（3）B

（4）D

3．思考题

（1）

（2）元件是动画中比较特殊的对象，它在 Flash 中只需创建一次，然后可以在整个文档或其他文档中反复使用。对元件的编辑和修改可以直接应用于文档中所有应用该元件的实例。元件一旦从库中被拖到舞台上，就成为了元件的实例。在文档的所有地方都可以创建实例，一个元件可以创建多个实例，并且每个实例都有各自的属性。

（3）遮罩层是一种特殊的图层。创建遮罩层后，遮罩层下面图层的内容就像透过一个窗口显示出来一样。在遮罩层中绘制对象时，这些对象具有透明效果，可以把图形位置的背景显露出来。在 Flash 中，使用遮罩层可以制作出一些特殊的动画效果，例如聚光灯效果和过渡效果等。

第 5 章

1．填空题

（1）视频

（2）MPEG（Moving Pictures Experts Group，运动图像专家组）

（3）捕获

（4）.vsp

（5）"轨道管理器"

2．思考题

（1）MPEG 标准包括 MPEG 视频、MPEG 音频和 MPEG 系统（视频、音频同步）三个部分，MP3 音频文件就是 MPEG 音频的一个典型应用，而 Video CD（VCD）、Super VCD（SVCD）、DVD（Digital Versatile Disk）则是全面由 MPEG 技术所产生的新型消费类电子产品。

（2）通过网络查找进行回答。

（3）MPEG 文件格式、AVI 文件格式、RM/RMVB 文件格式、MOV 文件格式、ASF/WMV 流媒体文件格式、ISO、BIN、IMG 等镜像文件格式、DivX、Flv 等格式。

第 6 章

1．填空题

（1）文字　图形　图像　声音　动画　视频

（2）显示窗口中输入文字或图片对象　显示变量　函数值的实时变化

（3）矩形　Shift

（4）热对象　热区域　热对象

（5）目标区

（6）判断

（7）系统函数　用户自定义函数

（8）5

（9）起点　终点　目标

（10）图标　图标

2．选择题

（1）C

（2）C

（3）A

（4）C

（5）B

（6）D

（7）D

（8）D

3．思考题

（1）选择要设置的文本内容，然后在菜单栏的"文本"下拉菜单中选择"定义样式"命令。

（2）通过"插入"菜单中的"GIF 动画向导"来导入。

（3）热区交互响应是指在演示窗口中定义一个矩形区域作为热区，当鼠标指针指向该区域或在该区域内单击或双击鼠标时，发生交互响应并且执行相应的响应分支。目标区交互响应类型也叫移动交互响应类型，该响应类型是通过移动对象来触发的，即当我们把某个对象移动到指定的目标区域时，就会自动触发交互并且执行相应的交互响应分支。

（4）导航图标一般使用在以下两种场合：

- 程序自动执行的转移：当把导航图标放在流程线上，只要程序执行到导航图标时，就会自动跳到这个图标所指定的位置。
- 自动跳到导航图标指定的位置：有导航图标在交互图标上的交互结构程序中，当操作满足程序条件时，即可跳转。

第 7 章

1．思考题

（1）上网查询然后回答。

（2）CD-R（CD Recordable）光盘只能写入一次资料，而 CD-RW（CD Rewritable）光盘可以利用 CD-RW 光驱重复写入，如果旧的资料不要，可以像磁盘一样，进行格式化之后，再刻录新的资料。这两种型式的光盘都可以在一般光驱上读取。

参考文献

[1] 郭小燕，张明．多媒体应用技术基础教程．北京：中国人民大学出版社，2010．

[2] 向华，徐爱芸．多媒体技术与应用．北京：清华大学出版社，2009．

[3] 赵子江．多媒体技术应用教程（第六版）．北京：机械工业出版社，2010．

[4] 胡崧．Flash CS4 中文版标准教程．北京：中国青年出版社，2010．

[5] 宗绪锋，韩殿元，潘明寒，董辉．多媒体制作技术及应用（第二版）．北京：中国水利水电出版社，2010．

[6] 贺雪晨，贾振堂．多媒体技术基础及应用．北京：中国水利水电出版社，2010．

[7] 李建珍．多媒体 CAI 课件设计与制作．北京：中国水利水电出版社，2008．

[8] 余芳，谭星星．中文 Authorware 7.0 多媒体制作与实例教程．北京：冶金工业出版社，2006．

[9] 张明，郭小燕．多媒体课件制作教程．北京：机械工业出版社，2005．

[10] 施博资讯．新编中文版 Flash CS4 标准教程．北京：海洋出版社，2009．

[11] 陈淑慧．Authorware 多媒体制作技术．北京：中国铁道出版社，2006．

[12] 任平，黎捷．多媒体技术与应用．北京：中国计划出版社，2007．

[13] 韦文山，农正，秦景良．多媒体技术及应用案例教程．北京：机械工业出版社，2010．

[14] 彭波．多媒体技术教程．北京：机械工业出版社，2010．